中国海洋大学"985工程"海洋发展人文社会科学研究基地建设经费资助

教育部人文社科重点研究基地中国海洋大学海洋发展研究院资助

教育部人文社会科学研究规划基金项目（13YJA840023）

海洋、城市 与生态文明 建设研究

王书明　马学广　杨洋　等著

人民出版社

责任编辑:宫　共
封面设计:徐　晖

图书在版编目(CIP)数据

海洋、城市与生态文明建设研究/王书明等 著. -北京:人民出版社,2014.9
(海洋公共管理丛书/娄成武主编)
ISBN 978－7－01－013639－4

Ⅰ.①海…　Ⅱ.①王…　Ⅲ.①海洋-关系-城市-生态环境建设-研究-中国
　Ⅳ.①X321.2

中国版本图书馆 CIP 数据核字(2014)第 123655 号

海洋、城市与生态文明建设研究
HAIYANG CHENGSHI YU SHENGTAI WENMING JIANSHE YANJIU

王书明　马学广　杨　洋 等著

人民出版社 出版发行
(100706　北京市东城区隆福寺街 99 号)

北京市通州兴龙印刷厂印刷　新华书店经销

2014 年 9 月第 1 版　2014 年 9 月北京第 1 次印刷
开本:710 毫米×1000 毫米 1/16　印张:17.5
字数:286 千字

ISBN 978－7－01－013639－4　定价:46.00 元

邮购地址 100706　北京市东城区隆福寺街 99 号
人民东方图书销售中心　电话 (010)65250042　65289539

目　　录

第一章　城镇用地信息提取的方法 ……………………………………（1）

　　一、数据 ………………………………………………………（3）

　　二、方法 ………………………………………………………（4）

　　三、结果分析与验证 …………………………………………（7）

　　四、结论与讨论 ………………………………………………（9）

第二章　中国大陆城市蔓延状态的监测 …………………………（12）

　　一、数据 ………………………………………………………（16）

　　二、方法 ………………………………………………………（17）

　　三、结果分析与验证 …………………………………………（21）

　　四、结论与讨论 ………………………………………………（25）

第三章　栽培型普洱茶树大规模种植适宜性评价 ……………（26）

　　一、研究区概况 ………………………………………………（27）

　　二、研究方法 …………………………………………………（28）

　　三、结果与分析 ………………………………………………（32）

　　四、结论与讨论 ………………………………………………（36）

第四章　城市区域增长的网络化治理 ……………………………（38）

　　一、国外研究进展 ……………………………………………（38）

　　二、国内研究进展 ……………………………………………（43）

　　三、研究展望 …………………………………………………（45）

　　四、结论 ………………………………………………………（47）

第五章 "单位制"城市空间的社会生产 ……………………… （48）
　　一、"单位制"城市空间生产的政治经济基础 ………………… （49）
　　二、"单位制"城市空间生产的特点 ……………………… （51）
　　三、"单位制"城市空间生产的问题与趋向 ………………… （54）
　　四、结论 ……………………………………………………… （57）

第六章 城市边缘区空间重构的驱动机理 ……………………… （58）
　　一、国外研究现状及发展动态 ………………………………… （58）
　　二、国内研究现状及发展动态分析 …………………………… （61）
　　三、结论 ……………………………………………………… （63）

第七章 大都市边缘区制度性生态空间的多元治理 …………… （64）
　　一、研究背景 ………………………………………………… （65）
　　二、万亩果园空间治理政策网络的构成 ……………………… （67）
　　三、万亩果园空间治理政策网络的演变 ……………………… （72）
　　四、万亩果园空间治理政策网络的运作 ……………………… （76）
　　五、结论 ……………………………………………………… （80）

第八章 城市边缘区社会—空间转型中的征地冲突 …………… （81）
　　一、作为土地征用冲突的外在表现的利益冲突 ……………… （82）
　　二、作为土地征用冲突的运作环境的程序性冲突 …………… （84）
　　三、作为土地征用冲突根源的结构性冲突 …………………… （86）
　　四、土地征用引发的冲突的治理策略 ………………………… （88）
　　五、结论 ……………………………………………………… （89）

第九章 城中村空间的社会生产与治理机制 …………………… （91）
　　一、空间生产与城市空间政治经济学 ………………………… （92）
　　二、城中村空间生产的经济基础 ……………………………… （94）
　　三、城中村空间生产的属性和特征 …………………………… （97）
　　四、城中村空间生产的类型、过程与模式研究 ……………… （99）
　　五、城中村空间生产的治理机制 …………………………… （103）
　　六、结论 …………………………………………………… （105）

第十章 政府合作型跨境区域治理 …………………………… （107）
　　一、大珠三角西岸地区跨境治理发展历程 ………………… （108）

二、大珠三角西岸地区跨境治理的基本架构 …………………（111）

三、大珠三角西岸地区跨境治理的困境和问题 …………………（116）

四、大珠三角西岸地区跨境治理的策略 …………………（118）

五、结论 …………………………………………………………（120）

第十一章　为健康的未来建设生态城市 …………………（122）

一、未来主义范式 ………………………………………………（122）

二、人与自然平衡的原则 ………………………………………（127）

第十二章　建立和完善公众参与陆源污染防治机制 ……（132）

一、文献综述与研究谱系 ………………………………………（132）

二、合作治理的模式要求政府完善陆源污染防治法律制度，
保障公众参与机制畅通 …………………………………（139）

三、通过公众参与，调动利益相关者企业防治陆源污染的
积极性 ……………………………………………………（143）

四、加强对公众海洋环保意识的教育和管理 …………………（144）

第十三章　渤海污染及其治理研究回顾 …………………（147）

一、污染状况研究 ………………………………………………（147）

二、污染原因分析 ………………………………………………（150）

三、渤海污染治理对策研究 ……………………………………（154）

第十四章　环渤海环境治理机制的个案分析 ……………（162）

一、利益机制理论分析框架 ……………………………………（162）

二、环渤海利益机制互动博弈分析 ……………………………（164）

三、结论 …………………………………………………………（170）

第十五章　辽宁沿海经济带发展的环境风险及其治理 …（172）

一、辽宁沿海经济带发展的环境风险分析 ……………………（172）

二、沿海经济带环境风险的原因分析 …………………………（176）

三、沿海经济带发展产生的环境风险的治理对策 ……………（178）

第十六章　辽中南城市群的水环境问题及其治理 ………（183）

一、辽中南城市群水环境问题产生的原因分析 ………………（183）

二、辽中南水环境问题的治理对策 ……………………………（185）

第十七章　黄三角地区城市与生态文化建设的基本思路 ……………（189）

一、把软硬件文化设施打造成黄三角城市文化建设与发展的
基础平台 ……………………………………………………（189）

二、把文化产业打造成黄三角经济区文化建设的助推器 ………（192）

三、把社区文化打造成黄三角城市文化的细胞工程 ……………（196）

四、把生态文化打造成黄三角经济区文化的突出特色 …………（199）

第十八章　山东半岛海洋环境问题合作治理模式 ………………（205）

一、山东半岛海洋环境问题的治理政策的效果分析 ……………（205）

二、山东半岛环境问题合作模式的探索 …………………………（208）

第十九章　长三角区域环保制度创新研究进展 …………………（214）

一、关于长三角区域发展中的环境问题的研究 …………………（214）

二、长三角区域现行环境保护制度的缺陷研究 …………………（218）

三、长三角环保制度创新研究 ……………………………………（219）

四、新时期长三角环境保护工作的基本原则研究 ………………（221）

五、展望 ……………………………………………………………（225）

第二十章　利益相关者与北部湾生态功能区建设 ………………（227）

一、生态功能区建设是多元利益相关者共同参与的过程 ………（227）

二、加强北部湾经济区生态功能区建设 …………………………（230）

第二十一章　北部湾经济区开放型生态文明建设 ………………（235）

一、开放型生态文明建设的内容 …………………………………（237）

二、从环境建构主义视角看北部湾经济区开放型生态文明
建设的条件 …………………………………………………（243）

第二十二章　海南生态文明省建设的优势 ………………………（250）

一、海南生态省建设研究进展 ……………………………………（250）

二、海南的自然生态优势 …………………………………………（263）

三、海南独特的生态文化优势 ……………………………………（267）

四、海南生态省建设的战略优势 …………………………………（270）

五、结论 ……………………………………………………………（274）

后　记 ………………………………………………………………（276）

第一章　城镇用地信息提取的方法[①]

　　改革开放以来，中国大陆城镇化发展取得了举世瞩目的成就，但同时也在一定程度上加剧了城镇空间拓展失控[②]。快捷、准确地提取中国大陆城镇用地空间信息，对于认识和理解中国大陆城镇用地空间格局特征、调整和优化土地利用格局具有十分重要的作用[③]。目前，针对整个中国大陆城镇用地进行的代表性研究主要包括两类。一类基于统计数据，既经济又快捷[④]，但统计数据由于缺乏空间信息，往往难以满足城镇用地空间格局研究的需要。另一类基于遥感数据，主要以 Landsat TM 数据为基础、中巴地球资源二号卫星（CBERS-2）的 CCD 数据等为辅来获取整个中国的城镇用地空间信息[⑤]。但这类研究由于成本高、历时长，难以快速、便捷地提供整个中国大陆的城镇用地空间信息，在一定程度上限制了其普适性。

　　美国军事气象卫星（Defense Meteorological Satellite Program，DMSP）搭载的 Operational Linescan System（OLS）传感器获取的全球夜间灯光数据是

---

　　① 本章根据杨洋、何春阳、赵媛媛、李通、乔云伟《利用 DMSP/OLS 稳定夜间灯光数据提取城镇用地信息的分层阈值法研究》（《中国图像图形学报》2011 年第 4 期）修改而成。

　　② 方创琳：《改革开放 30 年来中国的城市化与城镇发展》，《经济地理》2009 年第 1 期。

　　③ He, C. Y. , Shi, P. J. , Li, J. G. , et al. , Restoring urbanization process in China in the 1990s by using non-radiance calibrated DMSP/OLS nighttime light imagery and statistical data, *Chinese Science Bulletin*, Vol. 51, No. 13, July 2006, pp. 1614 – 1620.

　　④ 葛全胜、赵名茶、郑景云：《20 世纪中国土地利用变化研究》，《地理学报》2000 年第 6 期。

　　⑤ Liu, J. Y. , Liu, M. L. , Zhuang, D. F. , et al. , Spatial pattern of land-use change in China during 1995—2000, *Science in China*, Vol. 46, No. 4, April 2003, pp. 373 – 384.

从事大尺度城市化研究的一种有效的数据手段[1][2]。目前，利用 DMSP/OLS 数据提取城镇用地信息的方法可分为两大类：一类是基于若干区域阈值的以图像分割为特征的方法，主要包括经验阈值法[3]、突变检测法[4]、基于较高分辨率数据的比较法[5]和基于统计数据的比较法[6]等；另一类是基于像元的以图像分类为特征的方法，包括支持向量机（Support Vector Machine，SVM）分类方法[7]和混合像元线性分解方法[8]等。目前国内外应用较广泛的方法是前一类基于若干区域阈值的以图像分割为特征的方法。而后一类基于像元的以图像分类为特征的方法由于起步较晚，其应用于国家尺度的大范围城镇用地信息提取的普适性还没有得到有效的证实。而在基于若干区域阈值的以图像分割为特征的方法中，经验阈值法虽然简单易行，但其主观性较强；突变检测法虽消除了人为主观影响，但却忽略了城市发展的区域性差异特征；基于较高分辨率数据的比较法虽能同时从空间上和数量上控制提取结果的精度，但其数据获取的高成本和高难度限制了该方法在大范围内的广泛应用。中国国土资源部几乎每年都要发布一次中国大陆范围内的城镇用地面积统计数据。在假定该数据能够反映中国大陆各行政单元内城镇用地总量特征的条件下，以此统计数据为参考依据，将具有空间信息的灯光数据在不同阈值下提取的城镇用地面积与之进行比较，无疑能够既经济又快速便捷地获取中国

①　陈晋、卓莉、史培军等：《基于 DMSP/OLS 数据的中国大陆城市化过程研究——反映区域城市化水平的灯光指数的构建》，《遥感学报》2003 年第 3 期。

②　卓莉、史培军、陈晋等：《20 世纪 90 年代中国大陆城市时空变化特征——基于灯光指数 CNLI 方法的探讨》，《地理学报》2003 年第 6 期。

③　Croft, T., Nighttime images of the earth from space, *Scientific American*, No. 239, 1978, pp. 68 – 79.

④　Imhoff, M. L., Lawrence, W. T., Stutzer, D. C., et al., A technique for using composite DMSP/OLS "city lights" satellite data to accurately map urban areas, *Remote Sensing of Environment*, Vol. 61, No. 3, September 1997, pp. 361 – 370.

⑤　Henderson, M., Yeh, E. T., Gong, P., et al., Validation of urban boundaries derived from global night-time satellite imagery, *International Journal of Remote Sensing*, Vol. 24, No. 3, 2003, pp. 595 – 609.

⑥　Cao, X., Chen, J., Imura, H., et al., A SVM-based method to extract urban areas from DMSP-OLS and SPOT VGT data, *Remote Sensing of Environment*, Vol. 113, No. 10, October 2009, pp. 2205 – 2209.

⑦　Lu, D. S., Tian, H. Q., Zhou, G. M., et al., Regional mapping of human settlements in southeastern China with multisensor remotely sensed data, *Remote Sensing of Environment*, Vol. 112, No. 9, September 2008, pp. 3668 – 3679.

⑧　Henderson, M., Yeh, E. T., Gong, P., et al., Validation of urban boundaries derived from global night-time satellite imagery, *International Journal of Remote Sensing*, Vol. 24, No. 3, 2003, pp. 595 – 609.

大陆城镇用地空间信息。因此，相比之下，已成功应用于中国大陆城市化空间过程的重建以及区域城镇用地信息提取研究[1][2]的基于统计数据的二分比较法由于成本低廉、方法简便，更能满足国家尺度城镇用地空间信息提取研究的实际需要。但该方法实现的快捷程度，与统计数据的行政单元个数密切相关，需逐一求取每个行政单元的阈值。即，若有 N 个行政单元，需求取 N 次阈值。因此，当 N 值较大时，该方法必将因过多的重复性操作而效率低下。

鉴于此，本文将针对当前基于统计数据的二分比较法的不足，发展一种无须逐个行政单元求取阈值的分层阈值法。进而以该方法为基础，利用 2002 年 DMSP/OLS 稳定夜间灯光数据和城镇用地面积统计数据提取中国大陆城镇用地信息，并对提取结果的数量特征和空间格局进行检验。

一、数据

（一）2002 年中国地区 DMSP/OLS 稳定夜间灯光数据。该数据源自全球 1992—2003 年逐年 DMSP/OLS 夜间灯光时间序列图像（version2），是由美国空军气象局（Air Force Weather Agency，AFWA）收集 DMSP/OLS 数据、NOAA 国家地球物理数据中心（National Geoscience Data Center，NGDC）对其进行处理而生成的（地图略）。全球灯光图像的获取时间为当地时间的 20：30 到 21：30 之间。经计算，中国范围内各地灯光影像的获取时间间隔前后相差不超过 15 分钟。数据的有效 DN 值范围是 1—63 之间的整数，包含城市、村镇以及其他类型的稳定灯光，而火灾等短暂性事件的瞬时亮光则已被摒除，可在 1 km 空间尺度上提供人类的活动信息[3]。从 2002 年全球 DMSP/OLS 稳定夜间灯光数据中得到中国地区的数据之后，将其投影转换为兰勃特等积方位投影（Lambert Azimuthal Equal Area Projection）。这类投影只会使角度和长度变形由投影中心向周围增大，而在面积上并不会产生变形，可

---

① 谢志清、杜银、曾燕等：《长江三角洲城市带扩展对区域温度变化的影响》，《地理学报》2007 年第 7 期。

② 李景刚、何春阳、史培军等：《基于 DMSP/OLS 灯光数据的快速城市化过程的生态效应评价研究——以环渤海城市群地区为例》，《遥感学报》2007 年第 1 期。

③ Elvidge, C. D., Imhoff, M. L., Baugh, K. E., et al., Night-time lights of the world：1994—1995, *ISPRS Journal of Photogrammetry & Remote Sensing*, Vol. 56, No. 2, December 2001, pp. 81 – 99.

避免因面积变形而在城镇用地提取过程中产生误差。

（二）2002 年中国大陆各省城镇用地面积统计数据[①]，用于控制灯光数据提取的城镇用地总量。

（三）2002 年季相较为一致且质量较好的 Landsat ETM + 影像。主要覆盖了北京（123/32）、合肥（121/38）、杭州—绍兴（119/39）三个地区，用于评价灯光数据提取结果的精度。对影像进行几何校正、投影变换等处理，投影方式及参数与灯光数据相同。

二、方法

（一）传统的二分比较法

基本思路是在 DMSP/OLS 图像中，采用二分法的思路，快速设定各行政单元的阈值，提取各行政单元的城镇用地空间格局特征和面积总量信息，并将提取结果中的面积信息与统计数据中各行政单元城镇用地面积进行比较，直到某一阈值条件下利用 DMSP/OLS 提取的各行政单元城镇用地面积总量与统计数据充分接近为止[②]。具体而言，该方法主要包括以下几个步骤：

（ⅰ）设定某行政单元的潜在城镇阈值 D_t，并计算该阈值下的城镇用地面积 D_a：

$$D_t = \text{int}\left[(D_{\max} + D_{\min})/2\right] \tag{1}$$

式中，$D_{\max}$、$D_{\min}$ 分别为该行政单元内灯光图像最大 DN 值、最小 DN 值；

$$D_a = \sum_{D_x = D_t}^{D_{\max}} f(D_x) \tag{2}$$

式中，D_x 表示介于 D_t 和 $D_{\max}$ 之间的某一 DN 值，$f(D_x)$ 表示该行政单元内 DN 值为 D_x 的城镇用地像元的总面积。

（ⅱ）比较该行政单元潜在阈值下的城镇用地面积 D_a 与统计数据中的城镇用地面积 S 之间的差值 $E(D_t)$，并调整阈值范围：

$$E(D_t) = D_a - S \tag{3}$$

---

① 樊志全：《土地统计》，地质出版社 2006 年版。

② He, C. Y., Shi, P. J., Li, J. G., et al., Restoring urbanization process in China in the 1990s by using non-radiance calibrated DMSP/OLS nighttime light imagery and statistical data, *Chinese Science Bulletin*, Vol. 51, No. 13, July 2006, pp. 1614 – 1620.

式中，若 E（D_t）<0，则 $D_{max}=D_t$；若 E（D_t）>0，则 $D_{min}=D_t$。

（iii）重新设定新的阈值，直到 D_a 与 S 充分接近为止。在步骤（ii）中确定的阈值范围中，转到公式（1）重新设定新的阈值，并按照公式（2）和公式（3）重复计算比较，直到满足公式（4）为止。此时的阈值 D_t 就是使提取的城镇用地面积总量与同期统计数据充分接近的该区最佳城镇用地提取阈值。

$$| E(D_t - 1) | \geqslant | E(D_t) | \leqslant | E(D_t + 1) | \tag{4}$$

式中，E（D_t），E（D_t-1），E（D_t+1）分别表示在阈值 D_t 及其邻域（取一个单位步长）条件下，依据公式（2）和公式（3）计算得到的 D_a 与 S 的差值。

（iv）重复（i）—（iii）中的步骤，逐个求取其他行政单元的最佳城镇用地提取阈值。

按照上述步骤，每个行政单元需单独求取 1 次阈值。如果有 N 个行政单元，则共需求取 N 次阈值。一旦行政单元数量庞大，则提取城镇用地信息的效率势必会受到影响。

（二）分层阈值法

1. 基本原理与流程

分层阈值法的基本思路是在采用二分法对整个行政区集合内 1—63 的阈值范围进行调整，使灯光数据提取的城镇用地面积总量与同期统计数据充分接近的同时，还根据城镇用地面积总量与同期统计数据之间的差值，采用分层分类的思想，不断地将集合内各个行政单元层层分类，使阈值相近的行政单元划分到同一个集合，阈值相差较大的尽可能划分到不同的集合，直至每个集合内的行政单元的阈值完全相同为止。设 A_iB_j 为第 i 层第 j 类组成的集合，A_0B_0 为整个研究区内所有行政单元组成的初始集合，分层阈值法的分层分类思想如图 1-1 所示。

该方法的具体步骤如下：

（I）根据二分法确定集合 A_iB_j 的最佳阈值 D_t，并计算该阈值下集合内各行政单元的城镇用地面积 D_k：

$$D_k = \sum_{D_x = D_t}^{D_{max}} f(D_x) \tag{5}$$

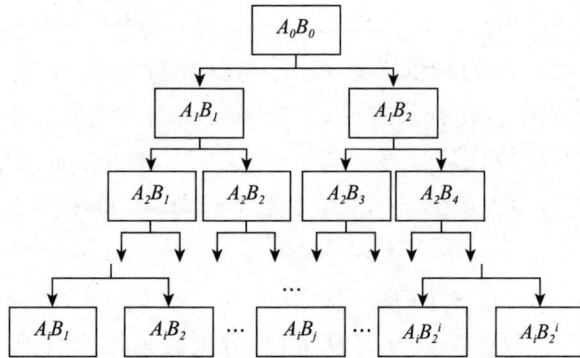

图 1 - 1　分层分类示意图

式中，k 为行政单元的编号，D_x 表示介于 D_t 和 D_{max} 之间的某一 DN 值，$f(D_x)$ 表示行政单元 k 内 DN 值为 D_x 的城镇用地像元的总面积。

（Ⅱ）比较集合 A_iB_j 潜在阈值 D_t 下集合内各行政单元的城镇用地面积 D_k 与统计数据中的城镇用地面积 S_k 之间的差值 $E(D_t)$，并将各行政单元分类：

$$E(D_t) = D_k - S_k \tag{6}$$

将 $E(D_t) < 0$ 的行政单元组成集合 $A_{i+1}B_{2j-1}$，此集合中 $D_{max} = D_t$；将 $E(D_t) > 0$ 的行政单元组成集合 $A_{i+1}B_{2j}$，此集合中 $D_{min} = D_t$。

（Ⅲ）令 $i = i + 1$，转到步骤（Ⅰ）重新计算各个集合的潜在阈值，并按照公式（6）重复计算比较，直到集合里所有的 $E(D_t)$ 值都满足公式（4）为止。此时，集合 A_iB_j 的最佳阈值即为集合内各个行政单元共同的最佳阈值。

2. 优势分析

由于 DMSP/OLS 稳定夜间灯光数据的 DN 值为 1—63 之间的整数，因此，即使该范围内的每个 DN 值都能对应一个集合，利用分层阈值法得到的第 i 层集合数 M 最多也只有 63 个。而根据分层阈值法的原理，第 i 层的 M 个集合是由第 1，2，3，…，$i-1$ 层集合层一分为二得来，故 i 的最大值为 6 层，第 i 层以上的集合数 $M_0 \leqslant (2^0 + 2^1 + 2^2 + 2^3 + 2^4 + 2^5) = 63$。每个集合按照二分法求取 1 次阈值，则不管行政单元的数量（N）多么庞大，利用分层阈值法求出所有行政单元的阈值，需要求取阈值的次数最多只有 63 次。

假设每次利用二分法求取阈值所耗时间相同，为 T，则分层阈值法最多

需时 $63T$，传统二分比较法需时 NT。可以得出：

（1）当 $N \leqslant 63$ 时，$63T \geqslant NT$，分层阈值法的效率不一定比传统二分法更高；

（2）当 $N > 63$ 时，$63T < NT$，分层阈值法所需时间比传统二分法所需时间少，至少可以省时 $(N-63)T$，至少比传统二分法提高效率 $\dfrac{(N-63)}{63T} = \dfrac{N-63}{63}$ 倍。

由此可以看出，当行政单元的个数大于 63 时，分层阈值法的效率将高于传统二分比较法，且行政单元的个数越多，分层阈值法的优势越明显。根据星球地图出版社出版发行的 1：460 万 2009 年中华人民共和国地图，截至 2008 年 6 月底，中国地级市、自治州、地区、盟共有 333 个，县级市、县、自治县、旗、自治旗、市辖区及其他县级行政单元共 2859 个。若分别在中国地级行政单元和县级行政单元尺度上求取阈值，则分层阈值法比传统二分法求取阈值的效率将要分别高出约 4 倍和 44 倍。若在全球范围内提取城镇用地信息，分层阈值法获取结果的高效优势将会更加突出。

三、结果分析与验证

基于分层阈值法，利用 2002 年 DMSP/OLS 稳定夜间灯光数据和现有的中国大陆各省城镇用地面积统计数据，求取各省城镇用地提取阈值并提取中国大陆城镇用地信息（地图略）。

利用现有统计数据对灯光数据提取的中国大陆 2002 年城镇用地总量进行精度评价。在全中国大陆尺度，相对误差小于 2%；在省级尺度上，60% 以上省份的相对误差在 5% 以内，相对误差最大的省份其相对误差也没有超过 12%（见表 1-1）。可见，利用分层阈值法从 DMSP/OLS 数据中提取的城镇用地信息在面积上与统计数据是非常接近的。

进一步地，参考已有工作[①]，选用较高分辨率的 Landsat ETM + 遥感影像从空间上对 DMSP/OLS 数据提取结果进行精度评价。由于基于 5，4，3 波段

---

① Henderson, M., Yeh, E. T., Gong, P., et al., Validation of urban boundaries derived from global night-time satellite imagery, *International Journal of Remote Sensing*, Vol. 24, No. 3, 2003, pp. 595 – 609.

合成的 Landsat ETM + 影像的空间分辨率为 30 m，远高于 DMSP/OLS 数据的 1 km，我们认为这种评价是基本可行和可靠的。考虑到数据成本和资料限制问题，结合已有数据积累情况，参考国家统计局中国经济景气监测中心发布的《中国城市发展研究报告》，分别从"大城市"、"中等城市"和"小城市"这三个不同等级的城市代表中，各选择一个城市代表进行精度评价。具体地，"大城市"中选取的城市代表为北京，"中等城市"中选取的城市代表为合肥，"小城市"中选取的城市代表为绍兴，但鉴于绍兴与杭州在地理位置上紧邻，故而可利用同一景 Landsat ETM + 影像同时评价杭州—绍兴地区 DMSP/OLS 数据提取结果的精度。在对 Landsat ETM + 影像进行几何纠正、投影转换等相关预处理后，首先提取北京、合肥、杭州—绍兴地区的城镇用地信息，然后将其与 DMSP/OLS 数据提取结果进行比较。由表 1 – 2 可见，以基于 ETM + 影像提取的城镇用地信息作为参考，三个地区 DMSP/OLS 提取结果的总精度都在 80% 以上，DMSP/OLS 提取的城镇用地空间格局与 ETM + 提取的城镇用地格局特征基本吻合。

表 1 – 1 利用统计数据对灯光数据提取结果的精度评价

北京	2506.67	2526	0.77	湖北	9653.33	8932	– 7.47
天津	2320.00	2358	1.64	湖南	10360.00	10886	– 5.08
河北	14646.67	14071	– 3.93	广东	12993.33	12987	– 0.05
山西	7340.00	7032	– 4.2	广西	6526.67	6345	– 2.78
内蒙古	11553.33	12469	7.93	海南	2173.33	2301	5.87
辽宁	11006.67	10777	– 2.09	四川	13013.33	13470	3.51
吉林	8246.67	7412	– 10.12	贵州	4326.67	3811	– 11.92
黑龙江	11400.00	11664	2.32	云南	5786.67	5835	0.84
上海	2066.67	2063	– 0.18	西藏	373.33	372	– 0.36
江苏	14106.67	14001	– 0.75	重庆	4520.00	4662	3.14
浙江	6360.00	6418	0.91	陕西	6880.00	6710	– 2.47
安徽	12760.00	13439	5.32	甘肃	8700.00	7840	– 9.89
福建	4333.33	4206	– 2.94	青海	2513.33	2475	– 1.53

续表

江西	6126.67	5780	-5.66	宁夏	1626.67	1572	-3.36
山东	19120.00	18617	-2.63	新疆	9460.00	9963	5.32
河南	18140.00	17011	-6.22	总计	250940.00	248005	-1.17

表 1-2 利用 ETM+数据对 DMSP/OLS 提取结果的精度评价

北京	城镇用地比例/%	22.48	16.35	38.84
	非城镇用地比例/%	3.32	57.84	61.16
	总和/%	25.80	74.20	100.00
	总精度 80.32%			
合肥	城镇用地比例/%	10.16	13.89	24.05
	非城镇用地比例/%	0.43	75.52	75.95
	总和/%	9.99	90.01	100.00
	总精度 85.68%			
杭州—绍兴	城镇用地比例/%	9.17	13.51	22.68
	非城镇用地比例/%	1.33	75.99	77.32
	总和/%	10.50	89.50	100.00
	总精度 85.16%			

综上，灯光数据提取结果在数量上与统计数据保持基本一致，在空间上与 Landsat ETM+遥感影像提取的城镇用地格局也基本吻合。可见，利用分层阈值法从灯光数据中提取的城镇用地信息，基本上可以反映 2002 年中国大陆城镇用地信息的实际情况，具有一定的可信度。

四、结论与讨论

在传统二分比较法基础上发展而来的分层阈值法，其基本思路是根据城镇用地面积总量与同期统计数据之间的差值，采用分层分类的思想，不断地将各个行政单元层层分类，使阈值相近的行政单元尽可能划分到同一个集合，阈值相差较大的尽可能划分到不同的集合，直至每个集合不能再继续分割出子集合为止。其本质不再是求取单个行政单元的阈值，而是求取行政单元集合的阈值，从而优化了传统二分比较法的阈值求解过程，克服了原有方法需要逐个行政单元求取阈值的缺陷。当行政单元个数 N 超过 63 时，采用分层阈值法能明显提高求取阈值的效率，其效率是传统二分比较法的 N/63倍。行政单元个数越多，分层阈值法的优势越明显。若分别在中国地级行政单元和县级行政单元尺度上求取阈值，则分层阈值法比传统二分比较法求取阈值的效率约分别高出 4 倍和 44 倍。若在全球范围内提取城镇用地信息，分层阈值法的高效优势将会更加突出。

基于分层阈值法，本章从 2002 年 DMSP/OLS 稳定夜间灯光数据中提取了中国大陆的城镇用地信息。利用统计数据对分层阈值法提取的城镇用地面积进行精度评价，结果表明二者在全中国大陆尺度上的相对误差小于 2%，60% 以上省份的相对误差在 5% 以内。同时，进一步的评价结果也表明，DMSP/OLS 提取的城镇用地与利用较高分辨率的 Landsat ETM + 数据获取的结果在空间形态上也是基本吻合的，二者的相似度在 80% 以上。这说明分层阈值法是具有一定的可靠性和推广价值的。

分层阈值法不仅能在一定程度上弥补现有统计资料空间信息不足的缺陷，而且在数据成本上也比 Landsat 等较高分辨率遥感数据低廉，能够利用遥感信息快速从统计数据中恢复大范围的空间信息，值得在大尺度的城镇用地信息提取研究中推广应用。需要指出的是，鉴于已有统计数据的收集情况，本研究中基于省级行政单元开展的案例应用旨在检验分层阈值法提取结果的可靠性，而非验证分层阈值法的效率优势。若能获取全国范围内市级甚至是县级行政单元的城镇用地面积统计数据，基于分层阈值法从统计数据中恢复城镇用地空间信息的精度将会进一步提高，且分层阈值法相对于传统二分比较法的效率优势将会得到更有效的证实。可以预期的是，随着详细的中国乃至全球城镇用地数据库的逐步建立、更新和完善，基于 DMSP/OLS 稳定夜间灯光数据的分层阈值法在宏观城市空间信息提取方面的研究中将发挥更大的作用。

鉴于研究的基本目的是进行城镇用地空间信息提取新方法的探索，同时综合考虑实验数据被使用的广泛程度和验证数据的匹配情况，文中使用的数据为 2002 年数据。在下一步研究中，将以城镇用地空间格局和扩展过程分析为目的，在对 NGDC 于 2010 年最新发布的 1992—2009 年 DMSP/OLS 稳定夜间灯光数据进行严格订正的基础上，开展时效性强且具有一定可靠性的中国大陆景观城市化过程研究。

第二章　中国大陆城市蔓延状态的监测[①]

　　城市蔓延是 20 世纪 50 年代后期西方发达国家城市发展过程中出现的一个重大问题[②]。它是经济快速发展、城市化进程加速的产物，具有一系列的负面影响，如人均服务设施成本的增加、无节制的土地消耗、开敞空间的损失等[③]。改革开放以来，伴随着人口的持续增长和经济的快速发展，中国城市化进程已经进入了快速发展的阶段[④⑤]。1990—2000 年间，在东部沿海地区城市用地经历快速扩展的同时，西部地区城市用地扩张速度大幅加快，西部地区城市用地增长面积占全国的比重迅速由 1990—1995 年的 11. 85% 增至 1995—2000 年的 42. 17%[⑥⑦]。近十几年来，中国大陆城市化进程逐渐脱离了循序渐进的原则，城市用地空间失控现象极为严峻[⑧]。"冒进式"城市化和"蔓延式"空间扩张的出现，致使建设布局混乱、耕地被大规模占用、生态

---

　　①　本章根据杨洋、何春阳、刘志锋《中国大陆城市蔓延状态监测研究》（《城市与区域规划研究》2012 年第 3 期）修改而成。

　　②　Gottmann, J., Megalopolis: *The Urbanized Northeastern Seaboard of the United States*, Twentieth Century Fund , 1961.

　　③　Burchell, R. W. , Downs, A. , Seskin, S. , et al. , *The costs of sprawl revisited*, Washington: National Academy Press, 1998.

　　④　Knox, P. L. and McCarthy, L. , *Urbanization: an introduction to urban geography（2nd edition）*, Prentice Hall, Inc 2005.

　　⑤　顾朝林、庞海峰：《建国以来国家城市化空间过程研究》，《地理科学》2009 年第 1 期。

　　⑥　刘纪远、战金艳、邓祥征：《经济改革背景下中国城市用地扩展的时空格局及其驱动因素分析》，《AMBIO—人类环境杂志》2005 年第 6 期。

　　⑦　田光进：《中国城镇化过程时空模式》，科学出版社 2009 年版。

　　⑧　李强、杨开忠：《城市蔓延》，机械工业出版社 2007 年版。

环境受到严重破坏①。及时准确地揭示中国大陆城市蔓延状态，识别中国大陆城市蔓延显著的重点区域，对于寻找城市蔓延问题的解决之法，科学制定针对性调控对策具有重要的理论和实践意义②③。

目前，监测城市蔓延的方法主要可分为单指标法和多指标法两大类。单指标法主要利用与城市蔓延本质特征密切相关的人口或城市用地面积等因素来设计单维度指标对城市蔓延进行监测，其常用指标包括城市用地增量、人口密度、居住密度等④⑤⑥。多指标法通常是指利用根据某个区域内具体蔓延特征提炼而出的多维指标对该区域的城市蔓延状况进行监测，常涉及城市建设用地集中度、土地利用多样性、新道路基础设施的无效率程度、开敞空间的损失、工作和就业混合程度等多个方面⑦⑧。相比之下，多指标法考虑的指标内容比较全面，但其数据要求高，在宏观尺度研究中可操作性较差；单指标法虽不能同时考虑某个地区城市蔓延的多维、具体特征，但其普适性较强且相对简单易行，能够有效判别城市蔓延的总体特征，在宏观尺度的城市蔓延监测研究中更具适用性⑨⑩。

随着城市蔓延问题在国内日益备受关注，已有不少学者开展了中国大陆城市蔓延监测研究，发现目前中国大陆部分城市正处于不同程度的城市蔓延

①　陆大道：《我国的城市化进程与空间扩张》，《城市规划学刊》2007 年第 4 期。

②　蒋芳、刘盛和、袁弘：《北京城市蔓延的测度与分析》，《地理学报》2007 年第 6 期。

③　刘卫东、谭韧骠：《杭州城市蔓延评估体系及其治理对策》，《地理学报》2009 年第 4 期。

④　Fulton, W., Pendall, R., Nguyen, M., et al., Who sprawls most? How growth patterns differ across the U. S., *Brookings Institution*, 2001.

⑤　Kahn, M., Does sprawl reduce the black/white housing consumption gap, *Housing policy debate*, Vol. 12, No. 1, 2001, pp. 77 – 86.

⑥　Lopez, R. and Hynes, H. P., Sprawl in the 1990s: Measurement, distribution and trends, *Urban Affair Review*, Vol. 38, No. 3, January 2003, pp. 325 – 355.

⑦　Galster, G., Hanson, R. and Ratcliffe, M. R., Wrestling sprawl to the ground: Defining and measuring an elusive concept, *Housing Policy Debate*, Vol. 12, No. 4, 2001, pp. 681 – 717.

⑧　Hasse, J. E. and Lathrop, R. D., Land resource impact indicators of urban sprawl, *Applied Geography*, Vol. 23, No. 2 – 3, April-July 2003, pp. 159 – 175.

⑨　Jaeger, J. A. G., Bertiller, R., Schwick, C., et al., Suitability criteria for measures of urban sprawl, *Ecological Indicators*, Vol. 10, No. 2, March 2010, pp. 397 – 406.

⑩　Bhatta, B., Saraswati, S. and Bandyopadhyay, D., Urban sprawl measurement from remote sensing data, *Applied Geography*, Vol. 30, No. 4, December 2010, pp. 731 – 740.

状态当中①②③。但目前这些研究大都还集中于中国大陆的某些单个城市或局部地区，而从宏观尺度对中国大陆整体城市蔓延状态进行监测的研究还比较缺乏。原因主要在于，在整个中国大陆的尺度上，与城市蔓延状态监测密切相关的城市用地等信息难以快速、便捷地有效获取。

美国军事气象卫星（Defense Meteorological Satellite Program，DMSP）搭载的 Operational Linescan System（OLS）传感器获取的全球夜间灯光数据是从事大尺度城市化研究的一种有效数据手段④。OLS 传感器有别于利用地物对太阳光的反射辐射特征进行监测的 LANDSAT TM、SPOT HRV 和 NOAA AVHRR 传感器，该传感器可在夜间工作，能够探测到城市灯光甚至小规模居民地、车流等发出的低强度灯光，并使之明显区别于黑暗的乡村背景⑤⑥⑦⑧。DMSP/OLS 夜间灯光数据与 AVHRR 的空间和时间分辨率相当，比较适合大尺度的城市信息监测⑨。已有众多研究者在全球、大洲和不同国家的工作表明，利用 DMSP/OLS 数据可以比较有效地获取大尺度的城市化

① Yu, X. J. and Ng, C. N., Spatial and temporal dynamics of urban sprawl along two urban-rural transects: A case study of Guangzhou, China, *Landscape and Urban Planning*, Vol. 79, No. 1, January 2007, pp. 96 – 109.

② Ma, R. H., Gu, C. L., Pu, Y. X., et al., Mining the Urban Sprawl Pattern: A Case Study on Sunan, China, *Sensors*, Vol. 8, No. 10, 2008, pp. 6371 – 6395.

③ Tong, X. H., Zhang, X. and Liu, M. L., Detection of urban sprawl using a genetic algorithm-evolved artificial neural network classification in remote sensing: a case study in Jiading and Putuo districts of Shanghai, China, *International Journal of Remote Sensing*, Vol. 31, No. 6, 2010, pp. 1485 – 1504.

④ Owen, T. W., Gallo, K. P., Elvidge, C. D., et al., Using DMSP-OLS light frequency data to categorize urban environments associated with US climate observing stations, *International Journal of Remote Sensing*, Vol. 19, No. 17, 1998, pp. 3451 – 3456.

⑤ Elvidge, C. D., Baugh, K. E., Hobson, V. H., et al., Satellite inventory of human settlements using nocturnal radiation emissions: A contribution for the global toolchest, *Global Change Biology*, Vol. 3, No. 5, October 1997, pp. 387 – 395.

⑥ Elvidge, C. D., Baugh, K. E., Kihn, E. A., et al., Mapping city lights with nighttime data from the DMSP Operational Linescan System, *Photogrammetric Engineering and Remote Sensing*, Vol. 63, No. 6, 1997, pp. 727 – 734.

⑦ Elvidge, C. D., Ziskin, D., Baugh, K. E., et al., A Fifteen Year Record of Global Natural Gas Flaring Derived from Satellite Data, *Energies*, Vol. 2, No. 3, 2009, pp. 595 – 622.

⑧ Small, C., Elvidge, C. D., Balk, D., et al., Spatial scaling of stable night lights, *Remote Sensing of Environment*, Vol. 115, No. 2, February 2011, pp. 269 – 280.

⑨ 陈晋、卓莉、史培军等：《基于 DMSP/OLS 数据的中国大陆城市化过程研究——反映区域城市化水平的灯光指数的构建》，《遥感学报》2003 年第 3 期。

进程信息①②③④。

2003 年，Sutton 首次复合 DMSP/OLS 夜间灯光数据和人口统计数据，在国家层面上对 20 世纪 90 年代中期美国城市人口在 50000 以上的城市的蔓延状态进行了监测，表明了综合利用夜间灯光数据和统计数据在宏观尺度快速监测城市蔓延状态的可行性⑤。该研究打开了复合 DMSP/OLS 数据和统计数据开展大尺度城市蔓延监测研究的新局面，具有良好的借鉴意义。但是，Sutton 的研究仅利用全局阈值法在整个研究区内从 DMSP/OLS 数据中获取城市用地信息，其信息获取的精度和可靠性有待进一步提高，无法满足在大尺度地区准确监测城市蔓延状态的实际需要。

为此，在参考 Sutton 的城市蔓延状态监测思路的基础上，利用我们发展的分层支持向量机（Stratified Supporting Vector Machine，SSVM）方法⑥，准确地从 DMSP/OLS 夜间灯光数据中获取可靠的城市用地信息，进而复合同期人口统计数据，首次在国家层面上快速监测并识别了中国大陆 2008 年城市蔓延状态特征。目的在于及时获取中国大陆城市蔓延状态信息，为寻求中国大陆城市蔓延问题的解决途径提供参考。

①　Imhoff, M. L., Lawrence, W. T., Stutzer, D. C., et al., A technique for using composite DMSP/OLS "city lights" satellite data to accurately map urban areas, *Remote Sensing of Environment*, Vol. 61, No. 3, September 1997, pp. 361 –370.

②　Eva, H. D., Belward, A. S., De Miranda, E. E., et al., A land cover map of South America, *Global Change Biology*, Vol. 10, No. 5, May 2004, pp. 731 –744.

③　Elvidge, C. D., Tuttle, B. T., Sutton, P. C., et al., Global distribution and density of constructed impervious surfaces, *Sensors*, Vol. 7, No. 9, 2007, pp. 1962 –1979.

④　Zhang, Q. and Seto, K. C., Mapping urbanization dynamics at regional and global scales using multi-temporal DMSP/OLS nighttime light data, *Remote Sensing of Environment*, Vol. 115, No. 9, September 2011, pp. 2320 –2329.

⑤　Sutton, P. C., A scale-adjusted measure of "Urban sprawl" using nighttime satellite imagery, *Remote Sensing of Environment*, Vol. 86, No. 3, August 2003, pp. 353 –369.

⑥　Yang, Y., He, C. Y., Zhang, Q. F., et al., Timely and accurate national-scale mapping of urban land in China using Defense Meteorological Satellite Program's Operational Linescan System nighttime stable light data, *Journal of Applied Remote Sensing*, No. 7, 2013, pp. 1 –18.

一、数据

（一）中国大陆 2008 年 DMSP/OLS 稳定夜间灯光数据

源自全球 1992—2009 年逐年 DMSP/OLS 夜间灯光时间序列图像（version4），是由美国空军气象局（Air Force Weather Agency，AFWA）收集 DMSP/OLS 数据、NOAA 国家地球物理数据中心对其进行处理而生成，可从 http：//www. ngdc. noaa. gov/dmsp/downloadV4composites. html 下载。数据分辨率为 30 秒弧度，数据经度范围为 [- 180，180]，纬度范围为 [- 65，65]。其值代表年平均灯光强度，范围是 1—63，背景值为 0。数据包含城市、村镇以及其他类型的稳定灯光，火灾等短暂性事件的瞬时亮光已被摒除，并已经过严格的处理去除了太阳光、月光、云和极光等的影响[1][2][3][4]。从全球 2008 年 DMSP/OLS 稳定夜间灯光数据中获取中国大陆的数据后，将栅格分辨率重采样为 1 km、投影参数设置为兰伯特（Lambert）方位角等间隔投影，以方便计算。

（二）中国大陆 2008 年 4—9 月的 SPOT/VGT NDVI 最大值合成数据

通过对法国 SPOT-4 卫星搭载的 VEGETATION（VGT）传感器获取的 2008 年 4—9 月逐旬 SPOT/VGT NDVI S10 数据（可从 http：//free. vgt. vito. be/origin 下载）进行最大值合成得到，空间分辨率为 1 km。

（三）覆盖中国大陆主要城市 2008 年的非农人口、GDP 及三产产值统计数据

源自中国统计出版社出版的《中国城市统计年鉴 2009》、《中国区域经

---

① Elvidge, C. D., Baugh, K. E., Hobson, V. H., et al., Satellite inventory of human settlements using nocturnal radiation emissions: A contribution for the global toolchest, *Global Change Biology*, Vol. 3, No. 5, October 1997, pp. 387 –395.

② Elvidge, C. D., Baugh, K. E., Kihn, E. A., et al., Mapping city lights with nighttime data from the DMSP Operational Linescan System, *Photogrammetric Engineering and Remote Sensing*, Vol. 63, No. 6, 1997, pp. 727 –734.

③ Elvidge, C. D., Imhoff, M. L., Baugh, K. E., et al., Night-time lights of the world: 1994—1995, *ISPRS Journal of Photogrammetry & Remote Sensing*, Vol. 56, No. 2, December 2001, pp. 81 –99.

④ Elvidge, C. D., Ziskin, D., Baugh, K. E., et al., A Fifteen Year Record of Global Natural Gas Flaring Derived from Satellite Data, *Energies*, Vol. 2, No. 3, 2009, pp. 595 –622.

济统计年鉴 2009》和群众出版社出版的 2008 年《中华人民共和国全国分县市人口统计资料》。

二、方法

（一）提取中国大陆 2008 年城市用地信息

结合我们已有的研究成果①，基于 DMSP/OLS 数据，利用 SSVM 图像分类法获取中国大陆 2008 年城市用地信息。基本思路是按照城市发展水平的差异将整个中国大陆分成八大经济区，根据各区数据的统计特征，自适应地获取能够反映各区实际情况的训练样本，进而在对各区进行 SVM 迭代分类之后，分别对各区分类结果进行差别化的后处理，从而得到较为可靠的中国大陆 2008 年城市用地信息（地图略）。

（二）监测中国大陆 2008 年城市蔓延状态

城市蔓延是一种低密度的城市化现象②，其本质特征集中体现在城市用地的低密度开发与城市人口的大范围扩散。一般地，城市用地面积与城市人口之间存在着非线性的函数关系③。当某城市的实际城市人口低于利用城市用地面积回归得到的模拟城市人口时，该城市可看作处于蔓延状态④。

在中国大陆，城市人口是指居住于城市、集镇的人口，主要依据人群的居住地进行归类⑤，其数据主要源于 1953 年、1964 年、1982 年、1990 年、2000 年和 2010 年六次人口普查结果。由于最新的第六次人口普查数据并未全部对外公开，本文主要采用的是相关统计部门每年都会对外发布的中国大陆非农人口数据。非农人口是指从事农业以外的职业维持生活的人口以及由

---

① Yang, Y., He, C. Y., Zhang, Q. F., et al., Timely and accurate national-scale mapping of urban land in China using Defense Meteorological Satellite Program's Operational Linescan System nighttime stable light data, *Journal of Applied Remote Sensing*, No. 7, 2013, pp. 1 – 18.

② Pendall, R., Do land-use controls cause sprawl, *Environment and Planning*, Vol. 26, No. 4, January 1999, pp. 555 – 571.

③ Stewart, J. and Warntz, W., Physics of population distribution, *Journal of Regional Science*, Vol. 1, No. 1, June 1958, pp. 99 – 121.

④ Sutton, P. C., A scale-adjusted measure of "Urban sprawl" using nighttime satellite imagery, *Remote Sensing of Environment*, Vol. 86, No. 3, August 2003, pp. 353 – 369.

⑤ 国务院第六次全国人口普查办公室、国家统计局人口和就业统计司：《2010 年第六次全国人口普查主要数据》，中国统计出版社 2011 年版。

他们抚养的人口，主要依据所从事的产业进行归类①，其数据主要源于公安部发布的历年户籍统计结果。

中国大陆 2008 年城市蔓延状态监测流程如图 2 - 1 所示。

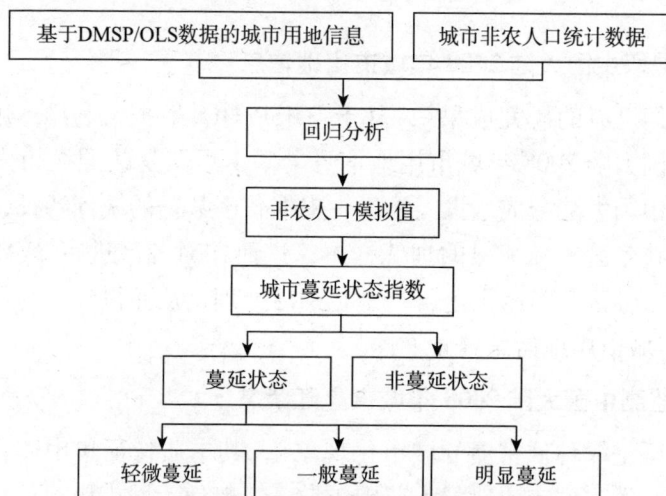

图 2 - 1　城市蔓延状态监测流程

首先利用中国大陆各主要城市 2008 年城市用地面积与非农人口之间的相关关系，在式（1）的基础上，通过回归分析建立中国大陆主要城市的非农人口模拟模型：

$$\ln(UP) = a + b\ln(UA) \tag{1}$$

式中，UP 为中国大陆某城市 2008 年非农人口（单位：万人），UA 为该城市 2008 年城市用地面积（单位：km^2），a、b 为常数。部分区域由于灯光强度太弱，城市用地信息未能提取出来，因此将这类地区设定为无数据区，排除在非农人口模拟区域之外。回归结果如图 2 - 2 所示，回归方程通过了 0.001 水平的显著性检验，$R^2 = 0.46$。

在图 2 - 2 中，回归趋势线表示中国大陆 2008 年的城市蔓延标准线。在城市蔓延标准线以上的点，其对应城市的非农人口实际值高于模拟值，表示该城市拥有较低的人均城市用地水平，这些城市可以被看作处于非城市蔓延

---

①　国家统计局城市社会经济调查司：《中国城市统计年鉴 2009》，中国统计出版社 2010 年版。

状态。相反地，在城市蔓延标准线以下的点，其对应城市的非农人口实际值低于模拟值，即该城市拥有较高的人均城市用地水平，这些城市则可以被看作是处于城市蔓延状态，且非农人口实际值低出模拟值的比例越大，城市蔓延越严重[1]。因此，进一步将利用回归方程计算得到的中国大陆各主要城市的非农人口模拟值与相应城市的非农人口统计数据实际值进行定量比较，计算城市蔓延状态指数 $USSI$：

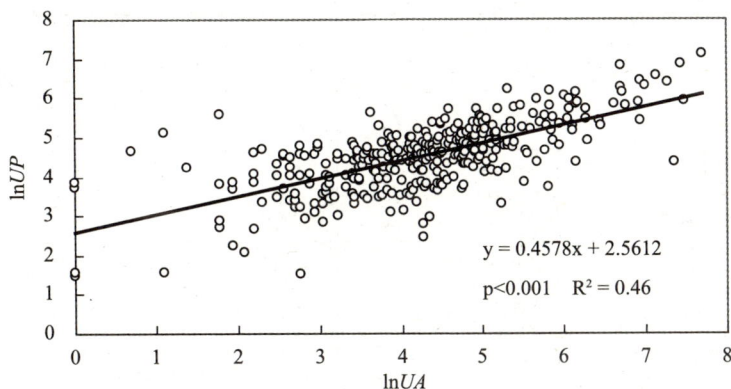

图 2-2 中国大陆主要城市 2008 年城市用地面积与非农人口回归模型

$$USSI = \frac{\ln UP_{sim} - \ln UP_{act}}{\ln UP_{act}} \times 100\% \tag{2}$$

式中，UP_{sim} 为中国大陆某城市 2008 年非农人口的模拟值，UP_{act} 为该城市 2008 年非农人口的统计数据实际值。某城市的 $USSI > 0$ 表示其 2008 年处于蔓延状态，且 $USSI$ 越大，其城市蔓延等级越高；$USSI \leqslant 0$ 表示其 2008 年处于非蔓延状态。对处于蔓延状态的城市，根据其 $USSI$ 均值和标准差，采用标准差分级法[2]，可进一步划分为轻微蔓延、一般蔓延和明显蔓延三种蔓延状态类型进行分析（见表 2-1，地图略，表 2-2）。

---

[1] Sutton, P. C., A scale-adjusted measure of "Urban sprawl" using nighttime satellite imagery, *Remote Sensing of Environment*, Vol. 86, No. 3, August 2003, pp. 353-369.

[2] 陈云浩、李晓兵、陈晋等：《1983—1992 年中国陆地植被 NDVI 演变特征的变化矢量分析》，《遥感学报》2001 年第 1 期。

表 2 – 1　中国大陆 2008 年城市蔓延状态指数分级标准

划分标准	$(-\infty, 0]$	$(0, \bar{x}+0.5s]$	$\bar{x}+0.5s, \bar{x}+1.5s]$	$(\bar{x}+1.5s, +\infty)$
USSI（%）	$(-\infty, 0]$	$(0, 12.39]$	$(12.39, 31.66]$	$(31.66, +\infty)$

注：其中，$\bar{x}$ 为中国大陆 2008 年处于蔓延状态城市的 USSI 均值，s 为其标准差。

表 2 – 2　中国大陆 2008 年处于明显蔓延状态的 20 个主要城市

迪庆藏族自治州	57.15	16	4.65	1.54	3.83	149.19
黄南藏族自治州	33.95	3	4.83	1.57	3.06	94.68
阿拉善盟	178.18	72	11.56	2.45	4.52	84.63
山南地区	40.29	1	4.33	1.46	2.56	74.87
日喀则地区	67.35	8	8.06	2.09	3.51	68.32
昌都地区	47.33	1	4.89	1.59	2.56	61.36
嘉峪关市	144.10	72	16.52	2.80	4.52	61.13
拉萨市	142.05	78	19.41	2.97	4.56	53.61
海南藏族自治州	51.60	7	9.59	2.26	3.45	52.67
克拉玛依市	661.21	189	26.83	3.29	4.96	50.81
南宁市	1316.21	334	40.65	3.70	5.22	40.93
金昌市	194.43	48	21.86	3.08	4.33	40.48
海西蒙古族藏族自治州	191.22	56	23.26	3.15	4.40	39.95
吐鲁番地区	199.57	21	17.23	2.85	3.95	38.93
东莞市	3702.53	1585	76.80	4.34	5.93	36.70
池州市	184.80	66	27.79	3.32	4.48	34.72
固原市	75.79	25	20.59	3.02	4.03	33.39
克孜勒苏柯尔克孜自治州	26.77	9	14.57	2.68	3.57	33.17
鄂尔多斯市	1620.40	248	46.89	3.85	5.09	32.16
海东地区	121.82	17	18.68	2.93	3.86	31.81

三、结果分析与验证

（一）结果分析

（1）从总体上看，中国大陆 2008 年共有 150 个主要城市处于城市蔓延状态，约占中国大陆主要城市总个数（不含无数据的区域）的 45.73%。其中，处于轻微蔓延的有 84 个，一般蔓延的有 46 个，明显蔓延的有 20 个，分别占蔓延城市总个数的 56.00%、30.67% 和 13.33%；西部有 62 个，中部有 45 个，东部有 43 个，分别占蔓延城市总个数的 41.33%、30.00% 和 28.67%（见图 2-3）。

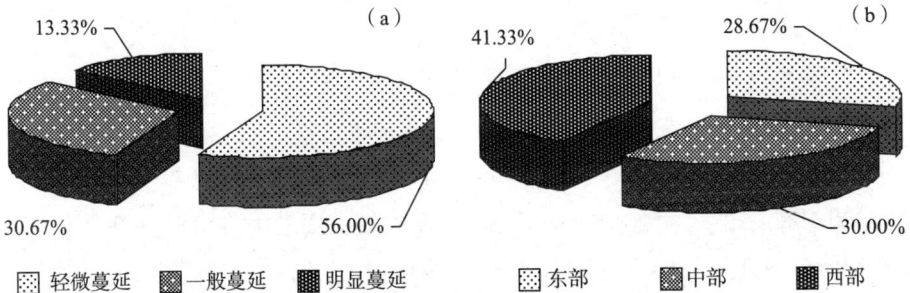

图 2-3　中国大陆主要城市蔓延状态分布情况

（a）各级蔓延状态所含城市个数占中国大陆蔓延城市总个数的比例；（b）东、中、西三大经济区中所含蔓延城市个数占中国大陆蔓延城市总个数的比例。

（2）从空间上看，中国大陆 2008 年处于明显蔓延和一般蔓延状态的城市主要集中分布在我国西部。在 20 个处于明显蔓延状态的城市中，西部占有 75%，中部和东部则分别仅有 15% 和 10%；在 46 个处于一般蔓延状态的城市中，西部占有 56.52%，中部和东部分别仅有 23.91% 和 19.57%（见图 2-4）。

（3）从人口上看，中国大陆 2008 年处于明显蔓延和一般蔓延状态的城市非农人口多在 50 万以下。在 20 个处于明显蔓延状态的城市中，非农人口在 20 万以下的有 60%，20 万—50 万的有 35%，50 万—100 万的有 5%；在 46 个处于一般蔓延状态的城市中，非农人口在 20 万以下的有 4.35%，20 万—50 万的有 76.29%，50 万—100 万的有 19.56%（见图 2-5）。

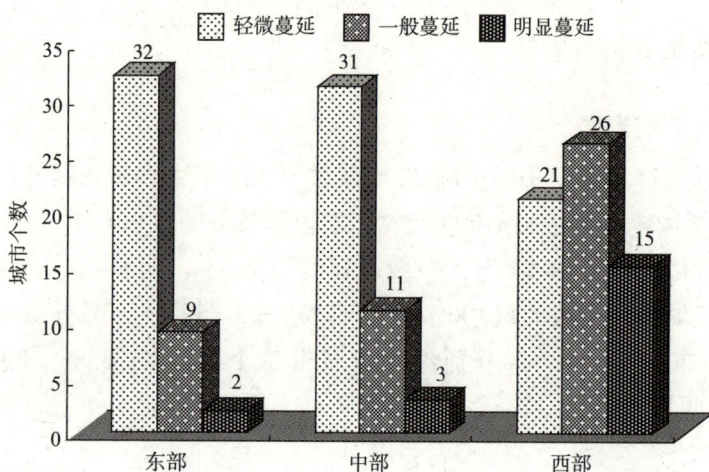

图 2 - 4 东、中、西三大经济区内 2008 年处于各级蔓延状态的城市个数

（4）从 GDP 来看，中国大陆 2008 年处于明显蔓延状态的区域主要集中于 GDP 在 200 亿以下的城市，处于一般蔓延状态的区域主要集中于 GDP 在 200 亿—500 亿的城市。在 20 个处于明显蔓延状态的城市中，GDP 在 200 亿以下的有 80%，500 亿—1000 亿的有 5%，1000 亿以上的有 15%；在 46 个处于一般蔓延状态的城市中，GDP 在 200 亿以下的有 32.61%，200 亿—500 亿的有 52.17%，500 亿—1000 亿的有 8.7%，1000 亿以上的有 6.52%（见图 2 - 6）。

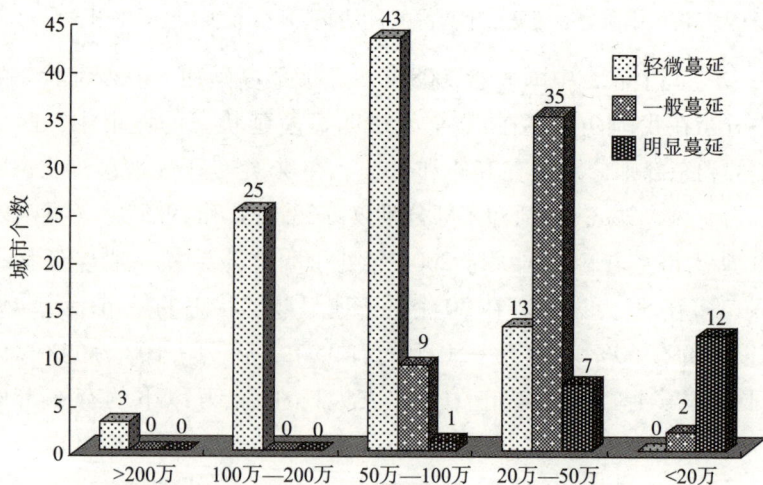

图 2 - 5 中国大陆不同非农人口等级内 2008 年处于各级蔓延状态的城市个数

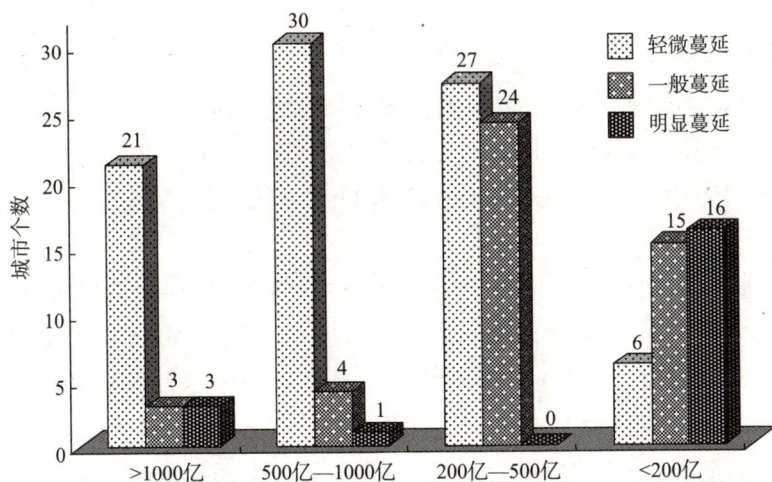

图 2－6　中国大陆不同 GDP 等级内 2008 年处于各级蔓延状态的城市个数

（5）从产业格局来看，中国大陆 2008 年 50% 以上处于明显蔓延和一般蔓延状态的区域集中在产业格局为"二三一"的城市。在 20 个处于明显蔓延状态的城市中，产业格局为"二三一"的有 50%，"三二一"的有 20%，"三一二"的有 15%，"二一三"的有 10%，"一三二"的有 5%；在 46 个处于一般蔓延状态的城市中，产业格局为"二三一"的有 69.57%，"三一二"的有 17.39%，"三二一"的有 10.87%，"一二三"的有 2.17%（见图 2－7）。

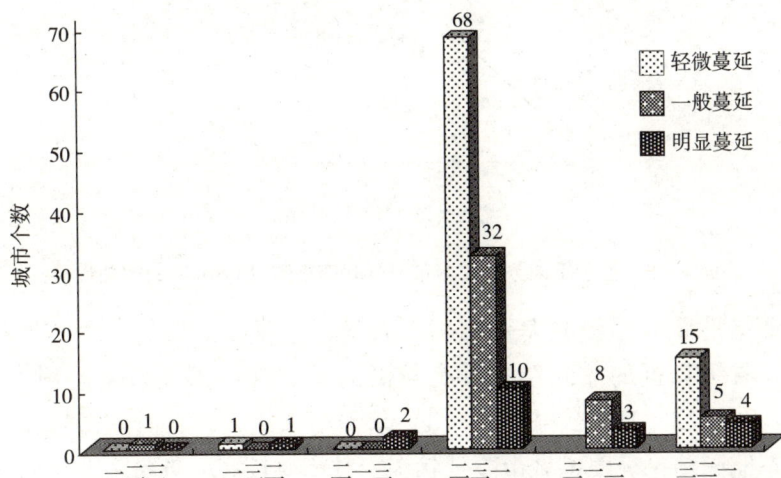

图 2－7　中国大陆不同产业格局中 2008 年处于各级蔓延状态的城市个数

（二）结果验证

由于第六次人口普查数据中的中国大陆市级城镇人口信息并未全部对外公开，我们利用中国统计出版社 2011 年出版的《2010 年第六次全国人口普查主要数据》中的第六次人口普查省级城市人口数据对本文的研究结果进行验证。

具体地，我们首先从基于 DMSP/OLS 夜间灯光数据提取的城市用地信息中获取中国大陆省级城市用地信息；其次，将基于 DMSP/OLS 夜间灯光数据的省级城市用地信息分别与第六次人口普查数据中的省级城镇人口数据和公安部发布的省级非农人口数据进行复合，在省级尺度上监测中国大陆城市蔓延状态；最后，利用基于第六次人口普查省级数据的监测结果，对比验证基于非农人口数据监测结果的可靠性（见图 2 - 8）。

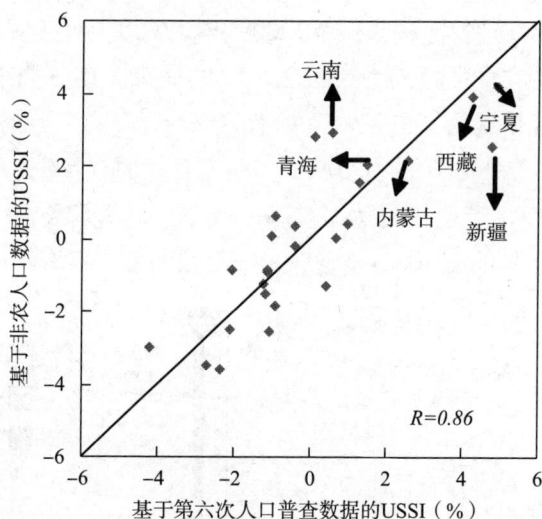

图 2 - 8　基于不同数据的城市蔓延状态指数（USSI）的相关性

验证结果显示：（1）基于第六次人口普查省级数据的监测结果与基于非农人口省级数据的监测结果具有较高的一致性，相关系数达到了 0.86，通过了 0.01 水平的显著性检验；（2）基于第六次人口普查省级数据的城市蔓延状态监测结果表明，城市蔓延状态指数相对较高的省份主要集中于我国的宁夏、新疆、西藏、内蒙古、云南、青海等地，本文研究结果中基于非农人口市级数据的城市蔓延状态监测结果与之基本一致。可见，本文在市级尺度上基于 DMSP/OLS 夜间灯光数据和非农人口数据监测的中国大陆城市蔓延状态结果是具有一定可靠性的。

四、结论与讨论

本章基于 DMSP/OLS 稳定夜间灯光数据获取的中国大陆 2008 年城市用地信息，结合相关非农人口统计数据，计算了中国大陆各主要城市 2008 年的城市蔓延状态指数，进而判定和揭示了中国大陆主要城市 2008 年的城市蔓延状态与分布特征。

中国大陆 2008 年共有 150 个（45.73%）主要城市处于蔓延状态，并以轻微蔓延为主，但仍有 20 个（13.33%）和 46 个（30.67%）城市分别处于明显蔓延和一般蔓延状态。从空间上看，处于明显蔓延和一般蔓延状态的城市主要集中在我国西部，西部所占蔓延城市个数比例依次高达 75% 和 56.52%；从人口来看，处于明显蔓延和一般蔓延状态的城市非农人口多在 50 万以下，且 60% 处于明显蔓延状态的城市非农人口在 20 万以下，76.29% 处于一般蔓延状态的城市非农人口在 20 万—50 万之间；从 GDP 来看，80% 处于明显蔓延状态的城市 GDP 在 200 亿以下，52.61% 处于一般蔓延状态的城市 GDP 在 200 亿—500 亿之间；从产业格局来看，50% 以上处于明显蔓延和一般蔓延状态的城市产业格局为"二三一"格局。

由于中国大陆主要城市的实际居住人口数据难以获取，本文主要采用相关部门发布的非农人口数据来反映该城市的实际居住人口信息，这使得目前的结果在一定程度上还存在不确定性。但是，利用基于第六次人口普查省级数据的监测结果对研究结果进行验证表明，本文在市级尺度上基于 DMSP/OLS 夜间灯光数据和非农人口数据监测的中国大陆城市蔓延状态结果还是具有良好可靠性的。此外，本文采用的基于 DMSP/OLS 稳定夜间灯光数据和统计数据的城市蔓延状态监测方法简单易行，能够快速有效地在国家层面上获取中国大陆城市蔓延状态信息，具有一定的推广应用价值。

本研究主要侧重于对中国大陆同一时期不同城市的蔓延状态进行对比监测，目的在于认识和理解近期中国大陆城市蔓延的最新状态空间特征。对各城市在不同时期内的城市蔓延动态过程进行监测，将是我们下一步研究的方向。

第三章　栽培型普洱茶树大规模种植适宜性评价①

　　21 世纪将是茶的世纪②。随着我国经济的发展、人民物质生活水平和精神生活需求的日益提高，"茶为国饮"的时代已经到来③。而被誉为"茶中之茶"的普洱茶（Camellia sinensis var. assamica（Mast.）Kitamura），早已受到国内外专家、学者的广泛关注。普洱茶是以符合普洱茶产地环境条件的云南大叶种晒青茶为原料，按特定的加工工艺生产、具有独特品质特征的茶叶。因其独特的医药保健功效④⑤与厚重的茶文化底蕴⑥⑦，普洱茶在国内外市场上都有着广阔的发展空间和巨大的发展潜力。其中，尤以便捷化、大众化的普洱茶饮品的发展机遇最佳，将有可能占到整个普洱茶市场份额的70%—80%。以市场为导向，走集团化运作、科技化提升、产业化经营之路是当前普洱茶产业科学发展的必然要求⑧，而规模化、标准化和规范化地种植栽培型普洱茶树，提供足量、高质的普洱茶叶资源，无疑是普洱茶产业持续快速发展的重要基础。云南普洱茶树基本上可以划分为野生型普洱茶树和

---

　　① 本章根据杨洋、何春阳、李晓兵《基于 GIS 的云南栽培型普洱茶树大规模种植适宜性评价》（《北京林业大学学报》2010 年第 3 期）修改而成。

　　② 丁俊之：《论茶叶在当代饮料中的地位及大趋势——21 世纪的饮料将是茶的世界》，《农业考古》2001 年第 4 期。

　　③ 王美津：《普洱茶文化之旅·临沧篇》，云南人民出版社 2006 年版。

　　④ 周红杰、秘鸣、韩俊等：《普洱茶的功效及品质形成机理研究进展》，《茶叶》2003 年第 2 期。

　　⑤ 吕海鹏、谷记平、林智等：《普洱茶的化学成分及生物活性研究进展》，《茶叶科学》2007 年第 1 期。

　　⑥ 丁俊之：《普洱茶的和谐健康可持续发展之道（上）》，《茶世界》2007 年第 3 期。

　　⑦ 熊昌云、彭远菊：《普洱市普洱茶产业现状与发展策略分析》，《茶叶》2007 年第 3 期。

　　⑧ 沈培平：《普洱茶大趋势之我见》，《普洱》2008 年第 2 期。

栽培型普洱茶树两大类。前者是非人为栽培、处于自然生长状态下的普洱茶树；后者指人工栽培管理状态下的普洱茶树①。相对于野生型普洱茶树，栽培型普洱茶树多具有产量较高、易于推广和适宜规模化种植的特点，更容易满足普洱茶工业化、规模化发展的需要。科学评估栽培型普洱茶树在云南规模化种植的适宜性用地条件，对于规模化、标准化种植普洱茶树无疑具有积极的现实意义。目前，已有不少研究者开展了普洱茶树生长适宜性评价的研究②③④，其结果具有很好的参考价值，但这些研究大都集中在云南省普洱市、临沧市等局部地区，同时主要考虑的是普洱茶树的自然立地条件，并且多为定性分析评价。而在云南全省范围内，从规模化、工业化生产的角度出发，综合考虑普洱茶树生长的自然立地条件和大规模生产便利条件，利用空间分析手段，将定性与定量分析相结合的适宜性用地评价研究还极少，难以满足当前普洱茶产业科学发展的需要。

随着 GIS 技术在土地评价中的广泛应用，基于 GIS 的土地适宜性评价方法已成为国内研究的主流方向⑤⑥⑦⑧。因此，本文利用气候观测、DEM 和遥感资料等多源数据，综合考虑普洱茶树生长的自然立地条件和大规模种植生产的便利条件，基于 GIS 技术，对栽培型普洱茶树的用地适宜性进行评价，评定云南省内土地用于大规模种植栽培型普洱茶树是否适宜以及适宜的程度，为解决目前普洱茶树无序发展的问题，以及通过保障质量进一步强化普洱茶地域品牌提供参考依据。

一、研究区概况

研究区位于 21°8′32″—29°15′8″N、97°31′39″—106°11′47″E 之间，面积约为

---

①　沈培平：《走进茶树王国》，云南科技出版社 2008 年版。
②　阮殿蓉：《普洱茶再发现》，云南人民出版社 2007 年版。
③　滇濮茶人：《中国普洱茶》，中国水利水电出版社 2006 年版。
④　曹潘荣：《普洱茶品质的地域性差异分析》，《广东茶业》2007 年第 6 期。
⑤　王桂芝：《基于 GIS 的土地适宜性评价模型研究——以三亚市热作土地为例》，《中国土地科学》1996 年第 5 期。
⑥　刘长胜、卢伟、金晓斌等：《GIS 支持下土地整理中未利用地适宜性评价——以广西柳城县为例》，《长江流域资源与环境》2004 年第 4 期。
⑦　徐梦洁、梅艳、宋奇海：《国内基于 GIS 的土地评价研究进展》，《土壤》2007 年第 4 期。
⑧　俞艳、何建华、袁艳斌：《土地生态经济适宜性评价模型研究》，《武汉大学学报（信息科学版）》2008 年第 3 期。

3.8 万平方公里。其中，山地约占84%，高原、丘陵约占10%，盆地、河谷约占6%。地势北高南低，海拔相差甚大。雨量充沛，河流湖泊众多，主要受南孟加拉高压气流影响形成高原季风气候，大部分地区冬暖夏凉，四季如春，适宜多种农作物和经济作物的生长。有悠久的茶叶生产历史，有丰富的种质资源和低纬高原气候优势，是世界公认的茶树原产地和中国重要的茶叶生产基地；茶叶种植面积和产量分居全国第一和第三位，发展茶叶产业有着巨大的潜力和竞争优势。云南省辖有昆明市、曲靖市、玉溪市、保山市、昭通市、丽江市、普洱市、临沧市等8个地级市和文山壮族苗族自治州、红河哈尼族彝族自治州、西双版纳傣族自治州、楚雄彝族自治州、大理白族自治州、德宏傣族景颇族自治州、怒江傈僳族自治州、迪庆藏族自治州等8个自治州。其中，普洱地区、临沧地区、西双版纳傣族自治州等地是云南普洱茶当前的主要产区（地图略）。

二、研究方法

（一）评价模型

1. 评价依据

参考由普洱市茶叶协会发布、经普洱市质量技术监督局批准的《普洱市茶叶企业标准——云南大叶种晒青茶生产技术规程》及其他相关资料[1][2][3][4]，确定栽培型普洱茶树用地的自然立地适宜性评价依据如下：1）适宜普洱茶树生长的年平均气温为 17℃—22℃，13℃—17℃ 的适宜程度次之，其他范围内的年平均气温不适宜普洱茶树的生长；2）最适宜普洱茶树生长的年降雨量为 1200—1500 毫米，1500—1800 毫米和 1000—1200 毫米的年降雨量也比较适宜普洱茶树生长，但适宜程度依次减小，其他范围内的年降雨量不适宜普洱茶树的生长；3）适宜普洱茶树生长的相对湿度的理想值为 85%，实际值与理想值越接近，越有利于普洱茶树的生长；4）适宜普洱茶树生长的土壤为土质疏松、土层深厚，排水、透气良好的微酸性土壤

---

① 王美津：《普洱茶文化之旅·临沧篇》，云南人民出版社 2006 年版。
② 阮殿蓉：《普洱茶再发现》，云南人民出版社 2007 年版。
③ 滇濮茶人：《中国普洱茶》，中国水利水电出版社 2006 年版。
④ 曹潘荣：《普洱茶品质的地域性差异分析》，《广东茶业》2007 年第 6 期。

（pH 值在 4—6 之间），其中，红壤最适宜，黄壤和砖红壤略次之，紫色土再次之，其他土壤类型不适宜普洱茶树的生长；5）最适宜普洱茶树生长的海拔为 1400—1800 米之间，1800—2100 米、1000—1400 米和 500—1000 米之间的海拔适宜性依次减小，其他海拔高度不适宜普洱茶树的生长；6. 坡度在 15°以下的平地和缓坡地适合高度开垦为普洱茶园，15°—25°之间坡度的土地适宜建筑梯级园地，其他坡度不适宜普洱茶树的大规模种植。

同时，从区位论原理和实际种植情况出发，确立栽培型普洱茶树大规模种植适宜性评价依据如下：1）假定种植基地距灌溉水源地的距离与大规模种植普洱茶树的便利程度成负相关关系；2）假定种植基地距城镇中心的距离与大规模种植普洱茶树的便利程度成负相关关系；3）假定种植基地距道路交通的距离与大规模种植普洱茶树的便利程度成负相关关系；4）假定耕地、草地、林地等利用类型的土地改造为普洱茶园的难度依次增大，城乡、工矿、居民用地和水域等土地利用类型则不适宜改造为普洱茶园。

2. 评价单元

为方便图形的空间叠加和面积数据的统计，综合考虑各因子数据间的统一性、研究区的面积大小、各因子作用分的计算精度以及软硬件设备的性能状况等，最终将评价单元确定为 1 公里×1 公里。

3. 评价模型

建立综合分析自然立地条件与大规模生产便利条件两方面适宜性的评价模型如下：

$$W = \sum_{i=1}^{m} P_i \cdot \alpha_i + \sum_{j=1}^{n} Q_j \cdot \beta_j \tag{1}$$

式中：W 为评价单元的适宜性分数，P_i 为自然立地条件的第 i 个评价因子，Q_j 为大规模生产便利条件的第 j 个评价因子，α_i、β_j 分别为 P_i 与 Q_j 因子的权重，m、n 分别为自然立地条件和大规模生产便利条件的因子总个数。

4. 评价指标体系

在充分利用现有资料的基础上，结合评价模型，确定对普洱茶树生长栽培和大规模种植具有长期而直接影响并相互独立的主要因素和因子，构建评价指标体系（见图 3-1）。

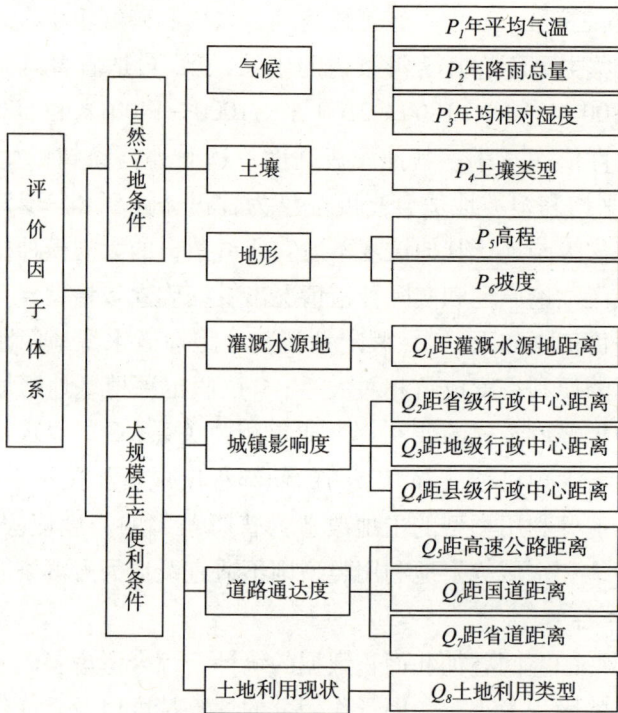

图 3-1 评价指标体系

（二）评价流程

1. 数据库建立

按精度要求扫描由西安测绘信息技术总站编制的 1：1250000 的 2007 年云南省地图，在 ARCGIS 9.2 中将其数字化，并进行亚尔勃斯等积投影（Albers Equal Area Projection）转换后，作为本次研究的工作底图。以底图为标准，在统一的投影系统和坐标系统下，构建参评因子及验证数据库如下：

（1）气候数据。数据来源于中国气象局，时段为 1957 年 1 月至 2006 年 12 月。数据内容为云南省内 36 个气象站点的经、纬度，各站点的地面日平均气温、日降雨量和日平均相对湿度。经 Kriging 空间数据内插等处理后，得到云南省年平均气温、年降雨总量和年平均相对湿度数据。

（2）地形数据。数据来源于美国联邦地质调查局（USGS）的 HYDRO1k 全球 1 km 精度的 DEM 数据。从中提取云南省 DEM 作为高程因子数据，平均高程为 1882 m，高程变化范围为 122—6142 m。利用 GIS 进行表面分析，得到云南省坡度因子数据，坡度变化范围为 0°—49.6°。

（3）土壤数据。数据来源于扫描数字化的由云南省土壤普查办公室编制的 1：750000 的 1987 年云南省土壤图。

（4）灌溉水源地、城镇中心和道路数据。数据来源于研究区工作底图，包括云南省河流水系图、云南省行政中心分布图和云南省道路分布图。利用 GIS 进行距离分析，分别得到云南省距灌溉水源地距离、距省/地/县级行政中心距离、距高速公路/国道/省道距离等 3 类因子数据。

（5）土地利用数据。数据来源于中国资源环境遥感数据库（http：//www. remotesensing. csdb. cn/rsdata）和国家基础地理信息中心，分类系统包括耕地、林地、草地、水域、城乡工矿居民用地和未利用土地 6 个一级类型和水田、旱地等 25 个二级类型[1][2]，数据年份包括 2000 年和 2004 年。

2. 因子标准化

参考相关研究[3][4][5]，并结合本研究的实际需要，主要采用以下 5 种方法将评价因子标准化到 0—100 之间。

（1）正向因子量化

$$Sr = \frac{(X_r - X_{\min})}{(X_{\max} - X_{\min})} \times 100 \tag{2}$$

式中：X_r 为研究区内任意评价单元的因子 r 的实际值，$X_{\max}$、$X_{\min}$ 分别为研究区内该因子的最大值和最小值。

（2）负向因子量化

$$Sr = \left(1 - \frac{X_r}{X_{\max}}\right) \times 100 \tag{3}$$

①　刘纪远、张增祥、庄大方等：《20 世纪 90 年代中国土地利用变化时空特征及其成因分析》，《地理研究》2003 年第 1 期。

②　胡云锋、刘纪远、庄大方等：《20 世纪 90 年代内蒙古自治区土地利用动态与风力侵蚀动态对比研究》，《干旱区环境与资源》2004 年第 1 期。

③　吴勤书、吴国平、宋崇辉等：《基于 GIS 的城市化背景下的村域农用地评价》，《现代测绘》2007 年第 2 期。

④　俞艳、何建华、袁艳斌：《土地生态经济适宜性评价模型研究》，《武汉大学学报（信息科学版）》2008 年第 3 期。

⑤　潘世兵、王忠静、孙江涛：《基于 GIS 的黄河三角洲地下水开发适宜性评价模型》，《水文地质工程地质》2001 年第 6 期。

（3）适度因子负向量化

$$Sr = \begin{cases} 100, & X_r < D_{r1} \\ \left[1 - \dfrac{(X_r - X_{\min})}{(X_{\max} - X_{\min})}\right] \times 100, & D_{r1} \leqslant X_r < D_{r2} \\ 0, & X_r \geqslant D_{r2} \end{cases} \qquad (4)$$

式中：$X_r < D_{r1}$ 时适宜性最高，$X_r \geqslant D_{r2}$ 时适宜性最低。

（4）分级取值量化。这类因子的需求范围内存在一个适宜区间，过多或过少的均将成为限制因素。但在适宜区间内，适宜程度难以用数理公式表达其变化规律，需遵循评价依据划分成不同的级别。

（5）定性因子量化。定性因子往往很难用连续的数量来描述或表达，其量化有时需要用间接方法或结合实际经验加以判断。

3. 权重确定

关于权重的确定，目前已有不少方法，如回归分析法、特尔斐（Delphi）法、关联度分析法、模糊综合评判法和变异系数法等。鉴于特尔斐（Delphi）法操作简便，直观性强，应用范围广，本文采用该法来确定各参评因子权重。参与打分的专家共计 21 人，包括对普洱茶生存环境进行过较长时间研究并有一定认识的学者（12 人）和云南省当地经验丰富的普洱茶种植专家（9 人）。

三、结果与分析

（一）评价结果

根据前文中确定的评价依据，采用因子标准化方法，对各参评因子进行标准化处理（地图略，见表 3-1）。其中，采用正向因子量化方式进行标准化处理的为年均相对湿度（P_3）因子；采用负向因子量化方式的有距灌溉水源地距离（Q_1）、距省级行政中心距离（Q_2）、距地级行政中心距离（Q_3）、距县级行政中心距离（Q_4）、距高速公路距离（Q_5）、距国道距离（Q_6）、距省道距离（Q_7）等 7 个因子；采用适度因子负向量化法的为坡度（P_6）因子（地图略），采用分级取值量化方式进行标准化的为年平均气温（P_1）、年降雨总量（P_2）和高程（P_5）等 3 个因子；采用定性因子量化方式的为土壤类型（P_4）和土地利用类型（Q_8）2 个因子（见表 3-1）。利用特尔斐（Delphi）法，经反复信息交流和反馈修正，最终得到各参评因子的权重值（见表3-2）。

结合云南省茶业发展现状和栽培型普洱茶树大规模种植用地适宜性分布特点，将云南省划分为栽培型普洱茶树大规模种植用地的最适宜区、适宜区、次适宜区、不适宜区和最不适宜区5个等级（地图略）。对各市（州）最适宜区的土地数量和比例进行统计（见图3-2）。

表3-1 分级取值量化与定性因子量化

年平均气温 P_1	17℃—22℃	100
	13℃—17℃	50
	<13℃或>17℃	0
年降雨总量 P_2	1200—1500 mm	100
	1500—1800 mm	60
	1000—1200 mm	30
	<1000 mm或>1800 mm	0
土壤类型 P_4	红壤	100
	黄壤、砖红壤	80
	紫色土	60
	其他土壤类型	0
高程 P_5	1400—1800 m	100
	1800—2100 m	80
	1000—1400 m	60
	500—1000 m	30
	<500 m或>2100 m	0
土地利用类型 Q_8	耕地	100
	草地	60
	林地	30
	其他土地利用类型	0

表 3 – 2　因子权重

自然立地条件	气候	年平均气温	0.15
		年降雨总量	0.07
		年均相对湿度	0.08
	土壤	土壤类型	0.10
	地形	高程	0.12
		坡度	0.08
规模生产便利条件	灌溉水源地	距灌溉水源地距离	0.09
	城镇影响度	距省级行政中心距离	0.04
		距地级行政中心距离	0.03
		距县级行政中心距离	0.03
	道路通达度	距高速公路距离	0.06
		距国道距离	0.05
		距省道距离	0.03
	土地利用现状	土地利用类型	0.07

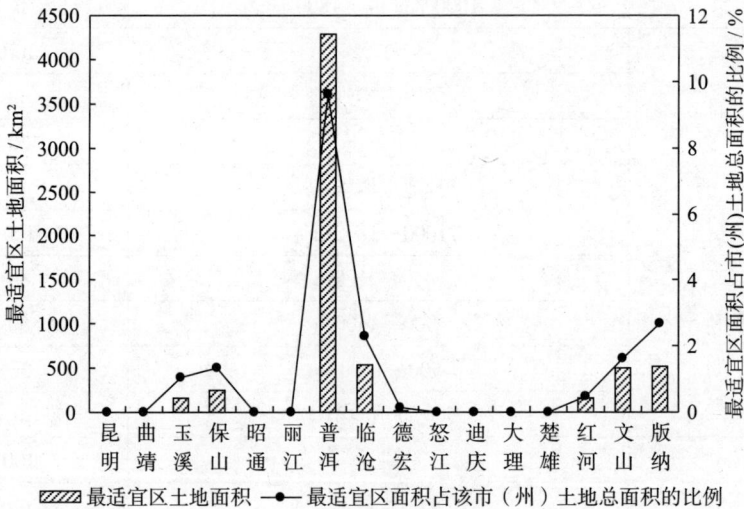

图 3 – 2　最适宜区的面积与比例

（二）结果验证与分析

利用 2004 年土地利用数据和 GIS 的空间分析功能对适宜性评价结果进

行验证得到：最适宜区的土地利用类型主要是林地和耕地。林地面积为 6099 km²，占最适宜区总面积的 95.30%，其中有林地 2862 km²，灌木林地 2023 km²，疏林地 1088 km²，其他林地 126 km²；耕地面积为 301 km²，占最适宜区总面积的 4.70%，包括水田 16 km²，旱地 285 km²。总体来看，适宜性评价结果较为合理，具有一定的可信度。同时，与已有研究结果和资料相比较，发现本次适宜性评价结果中的最适宜区与阮殿蓉[①]、曹潘荣[②]、滇濮茶人[③]等分析的普洱茶主产区分布情况基本相符，可以在一定程度上定量、直观地为云南省大范围推广种植栽培型普洱茶树提供参考。

评价结果显示，云南省内共有面积约为 6400 km²、占全省土地总面积的 1.68% 的土地比较适宜大规模种植栽培型普洱茶树。对比云南省茶业产业办公室统计的 2007 年云南省茶叶种植面积（约为 2809 km²），云南省内的普洱茶树还具有较大的规模化栽培种植的发展空间和生产潜力。栽培型普洱茶树大规模种植的最适宜区大多集中分布于滇南地区，滇东南、滇西和滇中等地亦有少量分布。最适宜种植面积大于 150 km² 的市（州）主要有普洱市、临沧市、西双版纳傣族自治州、文山壮族苗族自治州、保山市、玉溪市和红河哈尼族彝族自治州；占市（州）土地总面积的比例大于 1% 的主要有普洱市、西双版纳傣族自治州、临沧市、文山壮族苗族自治州、保山市和玉溪市。

在云南省各市（州）普洱茶产量数据缺乏的情况下，选取最适宜区面积占土地总面积的比例大于 1% 的 6 个市（州）的茶叶总产量对评价结果做进一步探讨。这 6 个市（州）适宜大规模种植普洱茶树的面积比例较大，且其中的普洱市、临沧市、西双版纳傣族自治州是当前公认的普洱茶主产区，其普洱茶产量是各自市（州）茶叶总产量的主要组成部分。这 6 个市（州）普洱茶树最适宜种植区的面积比例和茶叶产量比例如图 3 - 3 所示。其中，为消除市场因素对茶叶产量的波动影响，茶叶产量取自 1997—2005 年间的多年平均值。

---

① 阮殿蓉：《普洱茶再发现》，云南人民出版社 2007 年版。
② 曹潘荣：《普洱茶品质的地域性差异分析》，《广东茶业》2007 年第 6 期。
③ 滇濮茶人：《中国普洱茶》，中国水利水电出版社 2006 年版。

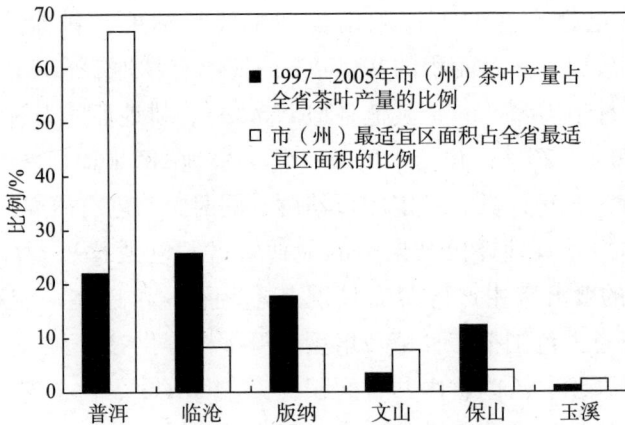

图 3 - 3　最适宜区面积比例与茶叶产量比例

　　分析图 3—3 发现，普洱市、文山壮族苗族自治州和玉溪市的最适宜区面积比例均高于各自的茶叶产量比例，这 3 个市（州）的普洱茶树生长种植还存在较大的潜力和发展空间，其中尤以普洱市为最。而保山市、西双版纳傣族自治州和临沧市的最适宜区面积比例则低于茶叶产量比例，原因为：1. 在非普洱茶主产区（如保山市），其普洱茶产量比例低于其茶叶总产量比例；2. 在普洱茶主产区（如西双版纳傣族自治州和临沧市），已经具备了较好的普洱茶产业发展基础，故而收获了相对较高的茶叶产量。

　　从总体上看，适宜性评价结果大体反映了云南省内不同空间位置普洱茶树大规模种植用地的适宜性差异。最适宜区多具有热量丰富，雨量充沛，湿度大，雾露多，土壤有机质含量丰富，保水透气性好等特点。可见，自然立地条件是决定普洱茶品质及其价值的至关重要因素。云南省气候类型独特、地貌类型复杂、酸性土壤发育良好，为普洱茶树的生长提供了得天独厚的自然立地环境，普洱茶是云南特有的地理标志产品。

四、结论与讨论

　　1. 本文利用气候观测、DEM、遥感影像等多源数据，基于 GIS 技术，结合栽培型普洱茶树规模化生产的实际需要，综合考虑影响其生长的自然立地条件和影响其生产流通的便利条件，建立适宜性评价模型，在云南全省内对栽培型普洱茶树大规模种植用地进行适宜性评价，统计适宜地区的土地数量，并分析其空间分布规律。该方法能够定量、直观地获取适宜区的数量与空间信息，可操作性较强，具有一定的推广应用价值，同时弥补了以往相关研究大多局限于云南省个别市、县局部地区，且仅从自然立地条件考虑适宜性的不足，可为大规模推广种植普洱茶树提供科学决策依据。

2. 评价结果中，普洱茶树大规模种植用地最适宜区约有 95.3% 的土地利用类型为林地，较为合理；评价结果划分的普洱茶树大规模种植用地最适宜区与前人研究分析的普洱茶主产区分布情况基本相符，具有一定的可信度。

3. 从总体上看，云南省内共有面积约为 6400 km^2、占全省土地总面积 1.68% 的土地比较适宜种植普洱茶树。这些区域大多集中分布于滇南地区，滇东南、滇西和滇中等地亦有少量分布。其中，普洱市、文山壮族苗族自治州和玉溪市普洱茶树生长种植的发展潜力相对较大（尤以普洱市为最），需加大这些地区的栽培型普洱茶树的种植生产力度，抓好现代茶园建设，夯实其普洱茶产业的发展基础。当前主产区中的西双版纳傣族自治州和临沧市已较好地发掘了普洱茶生产的潜力，应大力推动普洱茶消费，积极做好茶叶质量品牌的相关工作。

4. 自然立地条件是决定普洱茶树生长种植的至关重要因素。云南省降水资源丰富、干湿季节分明、地形复杂而独特、酸性土壤发育良好，为普洱茶树的生长提供了良好的生态环境条件，普洱茶是云南特有的地理标志产品。

5. 本研究目前主要还侧重于评价方法的探讨，由于数据精度和分辨率的限制，评价结果的准确性还存在进一步提高的空间。此外，GIS 技术运用于土地评价中通常存在地理表达与真实之间的差别，这是评价过程中无法回避的事实。在各个评价流程中，应严格控制引起 GIS 不确定性的源头，如 GIS 来源数据的统一性等，应尽可能提高 GIS 数据的质量，减小评价结果的不确定性。

第四章　城市区域增长的网络化治理①

　　20 世纪 70 年代以来，生产的分散化与管理的集中化导致国家间的竞争逐步演变为骨干城市及其所依托的城镇群体之间的竞争，全球化的经济治理机制不再集中在国家机器上而更多地聚焦于世界城市上。这些世界城市及其周边所连成的巨型都会区域取代了国家的角色而成为世界经济调节网络的重要节点。"城市区域"成为国内外把握城市与区域发展方向的认识工具和实践工具，成为我国推进城镇化的抓手、发展区域经济的重要空间方式和参与全球竞争的前沿阵地。但城市区域内部高度繁密的行政分割造成行政区之间以邻为壑与重复建设，经济发展诱发的利益群体分化和资源分配不公进一步加剧了社会极化，造成城市区域空间治理的困境。而 20 世纪后半期地理学研究中政治经济学研究范式的兴起对上述不协调现象提出了新的分析路径，这种方法以结构马克思主义为基础，对复杂的社会、政治和经济因素进行研究，不仅占据了社会科学研究的主导地位，也成为重要的地理学研究方法②。本章以政治经济学研究方法为分析框架，对城市区域增长的网络化治理机制进行系统性的研究。

一、国外研究进展

　　城市区域增长是城市内部、外部各种社会力量相互作用的物质空间反

---

① 本章根据马学广《城市区域增长的网络化治理研究》（《城市问题》2011 年第 8 期）修改而成。
② 汪原：《迈向过程与差异性——多维视野下的城市空间研究》，博士学位论文，东南大学，2002年。

映，拥有资源或影响力的力量在相互作用之后的合力的物化，体现为城市空间的重组或扩展。而城市空间的政治经济学就是要揭示出空间组织形式是如何由它嵌入其中的特定生产组织来生产的，以及它又是如何反作用于这些生产组织的。国外学者对城市增长的网络化治理研究可以从研究背景、方法、视角、内容等方面归纳为以下几个方面。

（一）理论背景层面的研究进展

从理论背景上看，城市政治经济学为城市区域增长的治理提供了理论基础。自从 20 世纪 70 年代城市政治经济学兴起后，西方城市空间发展研究多年来的主轴都围绕在政治、经济与意识形态上，城市政治经济的方法论成了研究城市空间发展的主流。城市增长意识形态的出现肇始于第二次世界大战后，随着战后欧美发达国家城市规模不断扩张，城市政府在有限的财政税收之下已经无法有效地实施治理，只有鼓励和吸引更多工商业投资，才能改善地方财政状况和满足城市居民对公共服务与社会福利的需求，因此城市与区域增长成为主流意识形态。西方空间政治经济学分析把地理现象解释成政治经济关系及其相互作用的结果，认为社会个体及其组织的空间行为及与经济空间格局是由其特定的生产方式、权力结构、劳资关系、生产关系以及资源和财富的分配方式决定的①。城市政治经济学研究强调建筑环境的产生与变化和社会生产与再生产过程密切相关，资本、城市发展的组织形式及相关社会机构是主要作用因素，城市空间的生产被镶嵌在一个复杂的政治、经济与文化的网络之中，政府干预和房地产发展在其中居于核心地位并进而改变了城市的空间结构。在政治经济学的视野下，城市是许多利益、价值和观点相左的社会个体和组织在界定城市意义的过程中激烈竞争和冲突的产物，是不断增长的各种经济和社会生活网络的交点。

（二）研究方法层面的研究进展

研究方法上，城市政治经济学成为城市与区域治理的重要方法工具。20 世纪 70 年代以来，以城市增长为核心价值理念，西方政府引入企业化治理方式并与工商业组织结成"增长联盟"，形成城市治理的增长型政体，城市就此成为一架"增长的机器"。以政府为中心的政治体制和以市场为中心的

---

① 顾朝林、于涛方、李平：《人文地理学流派》，高等教育出版 2008 年版，第 56 页。

经济体制是政治经济问题中最重要的两种结构因素，城市区域增长的治理必须以了解相关结构中相关行为者的特性与互动过程为前提。城市发展前景与经济增长及众多地方团体的利益息息相关，城市中不同力量共同组成了"增长的联合体"，而城市持续且永无止境的增长正是它利益的源泉①，城市增长可以为地方政府带来更多的税收，提高政治精英的社会支持度，提高居民物业的价值，为开发商、企业主、金融业者等带来经济上的巨大回报。依附于土地的政治经济精英影响着城市发展决策，以达到促进人口增长、工商业经济规模扩张以及更多土地开发等目的，城市成为政府和各种利益集团的"增长机器"②，成为政府、资本家及地方精英等追求利益同构、资源互赖和权力共享的场域，而共同推动城市增长的不同力量则因具体目标的差异而组成了不同的增长联盟。以城市区域的增长为主要价值取向的"增长结盟"由公共部门的政治企业家所主导，他们整合各种利益集团联盟以增强其权力基础，城市的发展与空间的变化正是增长联盟行动的结果。城市政府、工商企业集团、社区等社会行动者因共同的利益而紧密结合在一起并建立起合作性的非正式制度安排，运用繁荣和增长的意识形态来获取其行动的正当性并以此共同推动城市的增长③。虽然政治经济精英主导下的增长联盟促进了地方经济发展，但所得利益并非平均分配给地方居民享有，而增长的成本却常要由地方居民来承担。

（三）研究视角层面的研究进展

研究视角上，由孤立转向关联，行动者网络成为重要的治理研究途径。现代世界发展中的市场需求、国家干预以及社会行动者互动都会影响到城市发展的方向。当今社会是网络化的社会，无论信息传播、交通往来还是人际互动都呈现出网络化的形态，网络成为描述当今社会形态的关键词，它强调将个人或组织置于网络结构中来观察，强调从相互联系的而不是相互孤立的

① ［美］安东尼·奥罗姆、陈向明：《城市的世界——对地点的比较分析和历史分析》，上海人民出版社 2005 年版，第 50 页。

② Molotch, H., The City as a Growth Machine: Toward a Political Economy of Space, *American Journal of Sociology*, Vol. 82, No. 2, September 1976, pp. 309 - 332.

③ Mossberger, K. and Stocker, G., The Evolution of Urban Regime Theory: the Challenge of Conceptualizations, *Urban Affairs Review*, Vol. 36, No. 6, 2001, pp. 810 - 835.

角度来研究社会组织或个体之间的关系。作为一种组织间协调方式，"网络"突破了传统的等级节制体系，转而强调跨越不同政府层级和功能领域的相互依赖的网络①。利用网络模型来刻画社会行动者间关系以及分析社会关系模式和规律的方法被称为"行动者网络理论"（Actor-Network Theory，简称 ANT），ANT 以"网络"来描述行动者之间的联系，而"关系"则是行动者之间资源传送或流动的通道②。行动者网络既是公共行政组织、工商企业组织以及民间组织等在共同目标和利益共享激励下互利合作的组织形式，又是行动者获取行动能力、推动目标实现的桥梁和工具。行动者网络既对社会行动者提供了机会又同时施加了限制，个人、群体或组织的行为及获取的资源都受到与其他网络成员之间关系的影响，行动者通过沟通、谈判、协作等社会互动行为变无序为有序③。由于没有任何行动者能单独依靠自身资源解决所有问题，所以他们之间存在着资源相互依赖关系，即使各参与者拥有不同的目标与利益，但都必须依赖其他参与者作为达到其目标的手段④。行动者网络在城市研究中应用的代表性理论是"增长网络"理论⑤，认为政治精英、企业精英和来自社会各个阶层的行动者在增长的意识形态和不同的结构性约束条件下相互结合与互动而形成网络，并进而推动城市土地开发和城市经济增长。

（四）研究内容层面的研究进展

研究内容上，地理空间从城市到区域再到城镇密集区，形成了城市企业主义治理方式和区域"多中心—多层次"的治理格局。治理（Governance）的理念来源于 20 世纪 70 年代的西方，它的运行机制不是仅仅依靠政府的权威，而是凭借合作网络的互动，多元社会行动者通过资源整合与功能协调而

---

① 刘坤亿：《全球治理趋势下的国家定位与城市发展：治理网络的解构与重组》，《"国立"台北大学行政暨政策学报》2002 年第 34 期。

② Law, J. and Hassard, J. (Eds.), Actor Network Theory and After, *Blackwell and the Sociological Review*, 1999, pp. 15 - 50.

③ 郭俊立：《巴黎学派的行动者网络理论及其哲学意蕴评析》，《自然辩证法研究》2007 年第 2 期。

④ Whatmore, S., Hybrid Geographies: Natures Cultures Spaces, Sage, 2002, pp. 59 - 62.

⑤ Gottdiener, M., The Decline of Urban Polities: Political Theory and the Crisis of the Local State, Sage, 1987, pp. 1 - 20.

形成的网络化多中心权力格局和多层次的行动方案是治理理论的核心①。广义的城市治理是指城市和城市区域决策得以制定和落实所牵动的社会过程，标志是以政府主导的传统型城市管理模式快速被政企合作主导的"城市企业主义"治理模式所取代②。这是因为传统的政府垄断供给主导下的政策方式不能有效地配合地区发展需要，因此需要引入工商资本和社会资金，全球市场竞争中的市场压力迫使市政当局放弃部分自治权而并扮演起企业型角色。城市企业主义的治理模式将市场精神与企业经营的手段引入城市治理过程中，地方政府将市场机制、竞争、创新、公私合伙、风险承担等企业经营方略和企业营销手段整合于城市环境开发中，形成政府与企业合力推动地方发展的增长联盟或结盟的合伙机制。在区域层面上，越来越多跨越区域界线、超越单一政府权限的跨域事务的产生迫使地方政府治理模式产生变革，形成了"多中心—多层次"的区域治理格局③，并被纳入欧盟区域政策中，如"欧洲空间发展展望"也采取伙伴合作式的政策行动。

综上所述，"网络"已经成为描述和解析社会互动行为的独特视角，基于多元行为主体关系调试的治理理论成为应对社会多元分化的良策。城市区域成为全球经济增长的主阵地，增长成为城市与区域发展的核心。在空间政治经济学指导下，利用"行动者网络"作为整合各种社会组织和力量的工具，为城市区域增长的治理提供了理论依据和可供选择的路径。综合国外学术界的相关研究成果，可以得出以下结论：首先，"网络"已成为描述和解析社会互动行为的独特视角，它以一种结构化的方式来建构行为主体之间的关系，并将要素流动和网络化互动形态纳入分析范畴。其次，20世纪70年代以来全球化、市场化和分权化的多重动力塑造并强化了当今社会片断化、拼贴化和破碎化的形态特征，基于多元行为主体关系调试的治理理论成为应对社会多元分化的良策。第三，增长（包括经济、社会、空间等多个领域）成为城市与区域发展的核心，也成为城市与区域研究的重要命题，并且衍生

① ［美］迈克尔·麦金尼斯：《多中心治理体制与地方公共经济》，毛寿龙等译，上海三联书店2000年版，第1—3页。

② Harvey, D., From Managerialism to Entrepreneurialism: the Transformation in Urban Governance in Late Capitalism, *Geografiska Annaler*, Vol. 71, No. 1, 1989, pp. 3–17.

③ Gualini, E., Challenges to Multi-level Governance: Contradictions and Conflicts in the Europeanization of Italian Regional Policy, *Journal of European Public Policy*, Vol. 10, No. 4, 2003, pp. 616–636.

出增长联盟、增长机器、增长网络、城市政体等理论模型，构成了城市政治经济学理论体系的主体框架。

二、国内研究进展

从 20 世纪 80 年代末开始，以各利益集团之间的权力与责任的调整为中心的城市与区域治理研究在全球范围内兴起，中国城市化的驱动力量也发生了新的变化，形成了以政府间自发的、多元行动主体和共同目标的联盟组织，推动地方经济"合作网络"的形成和发展①。国内学者对城市区域增长的网络化治理研究可以从研究方法、意识形态、组织形态以及空间尺度等方面归纳为以下几个方面的成果。

（一）研究方法层面的研究进展

从研究方法上看，政治经济学取向愈加明显，地方政府成为治理研究的焦点。目前，在部分海外中国城市研究学者的推动下，国内城市与区域治理研究方法的政治经济学取向愈加明显②，政府角色转变与职能变迁及地方政府与其他社会行动者的关系、体制转型和制度变迁的社会环境③④等成为独特的分析视角。在经济全球化、市场化和分权化的综合作用下，中国的经济与社会发展正在经历着深刻而全面的转型。凝聚着区域关系焦点的地方政府，在多元行为主体的博弈互动中，迅速成为影响区域协调与整合的重要因素，公共行政主体、公共利益主体和地方经济利益主体等三重身份的自相矛盾使得地方政府成为区域矛盾和冲突最为集中的一极⑤。政府制定和执行公共政策的时候不再时刻代表着"全体社会成员的利益"，而是有选择、有偏好地代表其中某种利益，甚至可能是政府自身的利益，地方政府实际上已经

---

①　陶希东：《跨省区域治理：中国跨省都市圈经济整合的新思路》，《地理科学》2005 年第 5 期。

②　沈建法：《城市政治经济学与城市管治》，《城市规划》2000 年第 11 期。

③　张京祥、殷洁、罗小龙：《政府企业化主导下的城市空间发展与演化研究》，《人文地理》2006 年第 4 期。

④　罗小龙、沈建法：《中国城市化进程中的增长联盟和反增长联盟》，《城市规划》2006 年第 3 期。

⑤　马学广、王爱民、闫小培：《从行政分权到跨域治理：我国地方政府治理方式变革研究》，《地理与地理信息科学》2008 年第 1 期。

成为一个超级公司①，对政治经济利益的追求成为地方政府关注的核心内容，城市空间资源成为"政府企业化"的重要载体。因此，改革开放塑造出了大批的"增长型政府"，由于受到行政区经济、政绩考核、增长联盟等众多因素的影响，不可避免地出现了寻租、行政区经济等与成熟市场经济多不相融的非规范行为。

（二）意识形态层面的研究进展

从意识形态上看，增长成为城市与区域治理追求的目标，城市空间增长与扩张是其物质表现形式。改革开放以来，城市增长已经成为我国各级地方政府的核心目标和"在发展中解决各类矛盾"的主要方法②。城市区域发展的动力已经由自上而下型和自下而上型的二元驱动转向政府、企业和个人三者交相互动的多元推动力③④，并进而发展到地方政府与资本力量合作共建"增长联盟"来推动城市空间扩张与重构，地方政府和各种社会力量的决策对城市空间的结构形态塑造起着重要作用。城市空间增长是一个社会、经济、自然要素相互作用下的复杂空间过程，城市空间结构的变动反映了其内在的经济和社会文化的转变，由制度变迁与技术革新、工业化与信息化及劳动分工、人口的空间集聚等因素扩展形成⑤。城市空间结构的增长始终受到自组织的生长和有意识的人为控制这两个力的制约与引导，城市空间结构实际上是不同利益群体间调整、平衡的图景，两者交替作用而构成城市增长过程中多样的空间形式与发展阶段。

（三）城市区域增长层面的研究进展

从城市区域增长的空间尺度上看，城市与区域治理在城市社区—大都市区—城镇密集地区三个尺度上延展，多中心—多层次治理的雏形开始显现。城市与区域的治理，在空间尺度上涉及社区、都市区和城镇密集地区等多重

---

① 张京祥、吴缚龙：《从行政区兼并到区域管治——长江三角洲的实证与思考》，《城市规划》2004 年第 5 期。

② 何丹：《城市政体模型及其对中国城市发展研究的启示》，《城市规划》2003 年第 11 期。

③ 崔功豪、马润潮：《中国自下而上城市化的发展及其机制》，《地理学报》1999 年第 2 期。

④ 宁越敏：《新城市化进程——90 年代中国城市化动力机制和特点探讨》，《地理学报》1998 年第 5 期。

⑤ 赵燕菁：《高速发展条件下的城市增长模式》，《国外城市规划》2001 年第 1 期。

尺度。当今世界区域、城市发展的总体态势呈现出城镇日益群组化、网络化的演进特征，城市群、大都市带、都市连绵区、城镇密集地区等城镇群体形态成为新时期中国城市化的主导形态。虽然城镇密集地区日渐成为支配全球和区域经济命脉的主要空间载体，但其仍存在诸多治理的困境，部分学者分别从行政区划调整、跨省都市圈和跨境城市区域等角度提出城镇密集地区区域治理体系框架。同时，由于公民社会的崛起以及跨境跨界事务的增多，中国城市与区域管治正朝着多中心—多层次管治方式转变[1][2]。

综上所述，增长导向下的城市区域治理问题受到越来越多国内学者的关注，但其研究成果理论探讨多，实证分析少；静态研究多，动态研究少；孤立研究多，关联性研究少；横切面研究多，纵贯性时序演变分析少。因此，与不断增长的城市区域广泛存在的剧烈的矛盾和冲突看来，理论研究远远落在了现实的后面，亟须在新的理论方法指导下的更多、更深入、更系统化的整合性研究。

三、研究展望

综合国内外研究成果可以看出：城市增长的治理一直是中外学术界关注的热点问题，国外研究注意平衡各类行动者（政府、企业、社区组织等）之间的职能和需求，在不同的空间尺度上，采取分散的、多元的、自下而上的方式实现多层次和多中心治理。相比国外的研究而言，国内城镇密集地区的治理研究虽然已经取得了部分成果，但实证的数量、尺度、深度、方法以及理论提升等方面仍然存在较大的补充和完善的空间，借此推动我国城市化理论的反思和重构[3]。

（一）城市区域治理的增长网络分析

以增长为目标而协同行动、共享成果的行动者网络即"增长网络"，增长网络由节点（社会行动者，比如地方政府、工商组织、社区组织等）、流

---

① 杨春：《多中心跨境城市—区域的多层级管治——以大珠江三角洲为例》，《国际城市规划》2008 年第 1 期。

② 张京祥、罗小龙、殷洁：《长江三角洲多中心城市区域与多层次管治》，《国际城市规划》2008 年第 1 期。

③ 张鸿雁：《中国城市化理论的反思与重构》，《城市问题》2010 年第 12 期。

质（行动者之间传递的资本、信息、技术、空间资源等）和网络（行动者之间的关系形态）等三部分构成。在对增长网络的结构进行分析和总结的基础上，有必要对城市增长网络的类型以特定标准为依据进行分析，同时对各种类型增长网络的形态和功能进行深入剖析。通过归纳和总结当前我国城市区域增长网络的结构和类型特征，借鉴国外同类型地区相似案例处理的经验和教训，提出相应的增长网络架构优化措施和发展方向。

（二）行动者网络的增长政体分析

采取共同行动的社会行动者在增长导向下联合行动过程中体现出的权力分配关系即"增长政体"，增长政体是动态的、增长政体受正式或非正式规则的支配，对增长网络的成员可能是约束性的，也可能是非约束性的。增长政体是阶段性的和动态性的，受特定时期成员之间力量对比的影响，增长政体的结构形态、运作方式和持续性具有明显的路径依赖特征，受地方文化传统、社会经济发展的路径、区域发展阶段和外部环境的影响较大。因此，必须以区域城市化发展的路径和状态为依据，分别考察行动者网络的增长政体的构成。

（三）行动者网络的增长制度分析

行动者网络的建构、演进甚至解体都是在特定的区域政治经济环境之中产生的，建议从以下几个途径切入：首先，对改革开放以来"以经济建设为中心"的增长意识形态进行分析；其次，探讨我国由计划经济体制向社会主义市场经济体制转型的宏观政治经济背景下，行动者网络的演变及其对城市区域治理的新要求；第三，以全球化、市场化和分权化为代表的中国政策制度的变迁对区域治理产生了何种影响也是增长制度分析的重要内容；第四，随着中国对外开放程度的不断加大，世界经济波动将会对我国城市区域治理产生重要的影响，探讨政治经济环境突变中区域的制度环境变化及其适应过程。

（四）行动者网络的增长管理分析

增长并不是万能的，在城市区域增长的过程中也不断积累着新的矛盾和问题。因此，城市区域治理必须加强引导和管理，美国、欧盟和日本等国家和地区在这方面已经积累了相当多的经验和教训，为我国城市区域增长管理的实施提供了借鉴的基础和平台。同时，对于我国城市区域当前基于行政区经济和政府主导的增长管理政策也需要加以梳理和评判，以作为对国外经验借鉴和嫁接的基础。除此之外，还需要对于增长管理政策在形式和内容上进行优化，这表现在对增长管理政策制定过程中政策网络的设计、利益相关者的参与，以及对实际增长管理政策作出符合时势和区域特色的调整。再者，从行政、经济、法律和空间等几个方面对增长管理网络加强调控和管理。另外，对于城市区域增长过程中普遍存在的跨行业、跨部门、跨领域等"横跨性"议题的存在，也要制定出相应的管理机制。

四、结论

城市区域增长的网络治理是当前国际城市研究的热门话题，政治经济学研究方法的引入是国际人文地理学研究范式向对地理现象的体制环境、社会文化、关系网络、空间尺度等层面多维转向的反映，顺应了快速城市化背景下协调城镇密集地区多元利益主体关系以形成新的城市与区域发展动力研究的需要。立足于政治经济学的分析框架，本书揭示出城市区域增长过程中的关键社会行动者（政府、开发商及社区组织与居民等）及其网络关系对空间增长过程的治理关系、目标、尺度、格局等特征，并且对该领域的拓展研究提出了更进一步的展望，有助于深化这一范畴的理论与实证研究。

第五章 "单位制"城市空间的社会生产[①]

城市空间是社会意识形态的空间化，城市空间的形态和结构的形成有其内在的政治经济背景，城市性质由其所在时期生产方式和社会关系类型所决定，这一社会空间过程与社会劳动分工、国家体制背景以及政治经济意识形态的力量等紧密相连。在战时共产主义的传统影响之下，我国建立了以单位为基本单元，政治、经济、社会各项职能高度统一的单位体制，城市空间的生产过程就是全能型的"单位"在空间上不断扩展的过程。单位制度不仅是理解单位制前三十年中国城市社会与空间变革的重要视角，同时也是理解后单位制时期及转型期中国城市变化的重要视角[②]。可以通过"单位制"的视角来透视中国城市社会基层的组织制度和秩序，以把握中国基层社会的基本秩序结构[③]，并加以引导和治理。在中国以"单位"为基本空间单元的城市发展背景下，"社会主义空间生产"以"单位制"城市空间生产的形式出现，并且具备了新的特征，呈现出新的发展态势和趋向。本章将以"空间生产"理论为指导，探讨"单位制"城市空间生产的特点、问题和趋向。

---

① 本章根据马学广《"单位制"城市空间的社会生产研究——以广州市为例》（《经济地理》2010年第 9 期）修改而成。

② 柴彦威、陈零极、张纯：《单位制度变迁：透视中国城市转型的重要视角》，《世界地理研究》2007 年第 4 期。

③ 李路路、王修晓、苗大雷：《"新传统主义"及其后——"单位制"的视角与分析》，《吉林大学社会科学学报》2009 年第 6 期。

一、"单位制"城市空间生产的政治经济基础

新中国成立初期的中国城市经历了全景式的社会主义改造，新的领导阶级在经济方面推动整个城市的迅速工业化，把"消费型"城市改造成"生产型"城市，同时又通过强制性的制度变迁为社会主义城市空间的生产铺平了道路，其关键环节就是"单位制"城市空间生产体制的建立。单位制及与之相配套的一整套社会制度安排，通过对社会资源的控制和配置，为体制内的人（城市居民）设置了一个独特的社会生活空间，包括建立了以"单位"为基本单元的政治经济组织，公有制的土地制度，决策权高度集中的计划性资源配置方式和重型工业主导的生产型城市经济。作为计划体制时代政治、经济和社会体制的基石，单位制度对社会体制转轨和社会结构转型产生了极为广泛和深刻的影响。

（一）以单位为载体的政治经济空间组织的建立

"单位"是工作单位（Working Unit）的简称，是我国计划经济体制下国家一元化结构的重要经济单元以及组织和制度基础，指的是给城市居民提供各种就业机会的企事业单位及有关政府和公共机关等，构成了我国特有的社会组织整合机制。在新中国成立之初资源极为有限的前提下，单位成了既能最大效益的安排生产与生活，又能把居民的家庭和社会生活以及政治管理统合在一起的一种空间组织。单位空间不断被复制到个人生活以及城市社区的方方面面，将广大市民纳入无所不包的政治体系之中，并且延伸到社会的各个方面，从而实现了国家对城市空间的支配[①]。各种规模不等、职能不一、等级各异的行政化的"单位"是联系统一的国家权力和分散的社会成员之间的唯一中介。国家垄断城市社区的一切社会资源，并通过单位组织的渠道，向职工及居民分配其必需的生活资源，居民完全依附于单位，无从获得体制外资源。因此，单位具有政治、经济与社会功能三位一体的特点（见图5-1），不仅是一个生产组织单位，还是一个社会地位分配的政治组织、个人寻求社会救助和支持的社会组织。

---

① 陈薇：《空间权力：社区研究的空间转向》，博士学位论文，华中师范大学，2008年。

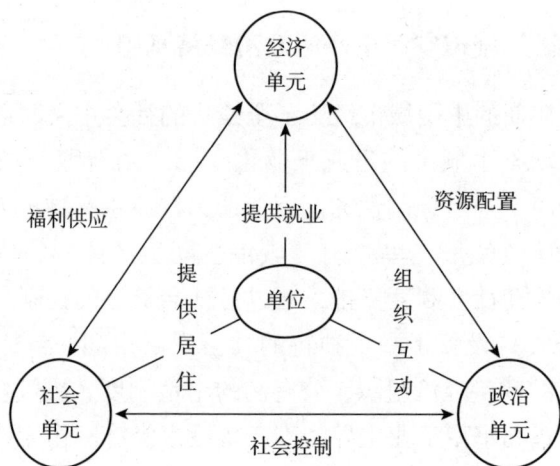

图 5 - 1　作为政治经济资源配置载体的单位

（二）计划经济体制的确立

　　决策权高度集中的、以行政命令实施资源配置的计划经济体制的确立。为了便于"社会主义资本原始积累"，经过社会主义改造，我国逐渐形成和完善了以高度集中为特征、以行政命令为主导的计划性资源配置方式，建立了中央权力高度集中的经济管理体制，对社会经济资源实行高度集中的计划配置，并通过对企业的国有化改造和农业集体化构建相应的微观经营机制。国家完成了对社会资源的高度垄断，成为"单位"资源唯一的供给者，其功能、活动范围、管理权限均由国家直接决定和规范，其所需的组织资源也由国家统一调配。在经济领域，我国确立了国营经济的垄断地位，政府成为企业的所有者和管理者；废除市场经济，建立计划经济，以行政命令代替经济规律；模仿苏联建立了单一的生产资料公有制，对生产进行指令性计划管理，并通过工资等级制实行按劳分配[①]。每个工商企业和农业单位都归口到相应的主管部门，从中央到地方形成了一个由各级政府部门直接操纵和管理企业及农业单位的生产、经营、流通的传统计划经济体系[②]。

---

　　① 丁桂节：《工人新村："永远的幸福生活"：解读上海 20 世纪 50、60 年代的工人新村》，博士学位论文，同济大学，2007 年。

　　② 张翼翔：《传统计划经济体制中市场与政府的功能》，《中国人民大学学报》1998 年第 4 期。

（三）土地公有与城乡二元土地制度体系的建立

土地是城乡建设最基础的生产资料和战略资源，而社会各阶层间的土地关系是城市空间生产过程中最基础的社会关系。从 1954 年开始，我国逐渐确立了以农村土地集体所有制和城市土地国有制为主要内容的城乡土地公有制度，土地不再具有私人性质，使我国城乡土地产权制度发生了根本性的变化。城市土地的商品属性也随土地公有制的建立而不复存在了，土地配置方式从市场配置为主向行政划拨为主转变。行政审批、无偿划拨、禁止土地使用权转让的城市土地管理制度，塑造了城市无偿、无限期、无流动使用的土地使用制度。

（四）重工业优先发展的工业发展路径

新中国成立伊始，出于国家安全和国际地位的考虑以及苏联经验对中国的示范效应，我国把优先发展重工业确立为总揽国家经济发展全局的地位。重工业优先发展战略不仅初步奠定了社会主义工业化的基础，而且为工业化空间载体的工业城市的发展提供了新的发展空间和动力支持，既加速了中国的城市化进程，也极大地改变了中国城市的职能结构、规模结构、类型结构、区域结构，形成了城市发展的新模式[1]。城市职能的经济化、大中城市规模的迅速膨胀、多类型工业城市的勃兴、城市空间分布日益均衡化以及城市建设、发展的计划化成为"单位制"城市发展的主要特征。以重工业优先发展战略为导向的城市发展模式使新中国城市的发展道路、发展方向都发生了前所未有的新变化，为我国"单位制"城市空间的发展奠定了历史基础。

二、"单位制"城市空间生产的特点

作为计划体制时代政治、经济和社会体制的基石，单位制度对我国社会体制转轨和社会结构转型产生了极为广泛和深刻的影响，"单位制"城市空间仍然是我国城市空间的重要组成部分，因此有必要对"单位制"城市空间生产的特点进行深刻的揭示和反思，以期推动我国城市空间转型的持续进行。

---

[1] 周明长：《新中国建立初期重工业优先发展战略与工业城市发展研究（1949—1957）》，硕士学位论文，四川大学，2005 年。

（一）"单位"成为空间生产的基本单元和社会治理的重要工具

集政治、经济和社会功能三位一体的"单位"是社会主义城市空间的基本单元，也是国家对地方、对社会成员实施社会控制的基本工具。单位制度的建立在生产力水平很低的状态下，实现了整个社会生活的高度组织化。单位一方面是中国城市社会的"细胞"，另一方面又是社会生产关系再生产的场域。在单位制度下，单位就是国家的替身，被赋予了全面管理单位成员的职能和全面负责单位成员生活的义务。在单位体制下，各种行政化的"单位"组织是联系统一的国家权力和众多分散的社会成员之间唯一的中介。单位同国家及上下级单位的关系，以及单位同职工的关系是行政性的而非契约性的，单位实际上是国家行政组织的延伸和附属物。单位通过将经济控制权力和国家行政权力结合在一起，从而像国家对单位的控制那样，实现对个人的控制。

（二）"单位制"城市空间的生产的功能

空间是社会的产物，城市空间的生产往往是在特定意识形态指引下进行的。住宅不仅仅是物质的载体，而且还是社会思想的载体，社会变革的需求在住宅建设中得以体现①。国家在财政收入有限的情况下，为改善人民（特别是作为领导阶级的工人）的居住条件而投资兴建了一大批冠以"新村"名字的城市住宅区，反映了新村主义社会理想的历史延续和实践。按国家拨款、系统自建的形式，广州市先后兴建了建设新村、华侨新村、凤凰新村、共和新村、和平新村等一批工人新村。与被资本纳入循环系统的住房空间不同，传统社会主义时期的公有住房有更为纯粹的福利消费性质，对"自然空间"采取的是一种"取用"的态度，空间使用优先于空间交换，国家也借此建立了对空间在政治上的绝对支配权②。

（三）"单位制"城市空间生产行为主体

"单位制"城市空间生产的主体是政府，城市空间生产的基本单元是各

---

① 丁桂节：《工人新村："永远的幸福生活"：解读上海20世纪50、60年代的工人新村》，博士学位论文，同济大学，2007年。

② 邓蕾：《廉租房的空间政治：为什么城镇廉租住房政策落实缓慢？——来自上海的调查》，硕士学位论文，华东师范大学，2008年。

种级别、各种类型的单位，工业生产单位具有优先发展地位。新中国成立后至改革开放前，我国实行高度集中的中央计划经济体制和社会管理体制，其基本特征是社会高度的国家化，国家在社会、经济、政治、文化等领域是唯一的主导力量，整个社会从微观到宏观、从个人到组织几乎都成了国家权力的附属物。国家通过单位组织的这种空间实践将自己延伸到社会的各个方面，单位空间被不断地复制到个人生活以及城市社区的方方面面并演变成主导性的城市空间类型，从而实现了对空间的支配。国家建设投资是以单位为基本单元投放的，单位的行政级别越高则资金投放的规模越大，在空间上扩展的规模也越大。此外，重工业优先发展的国民经济发展战略使得工业企业部门所获得中央投资比起其他部门来要高得多，工业企业在城市空间生产中所占有的比重也是首屈一指的。

（四）"单位制"城市空间生产的职能

"单位制"城市空间的生产偏重于城市的生产职能，而忽略了与居民生活密切相关的商业、服务业以及休闲娱乐等消费空间的生产。城市作为满足社会主义建设的计划经济的场所，其主要功能是工业生产，因而偏重于生产性活动而轻视消费性活动。"单位制"城市空间的生产过程中，生产型空间（如工业企业及其相关生活单位）的生产一直是空间生产的重点，而与居民生活质量密切相关的商业服务、休闲娱乐、园林绿化等城市空间类型不仅没有获得增长，反而相对萎缩了。城市的功能定位越来越倾向于工业生产职能的强化，虽然新中国成立以来广州市城市建设方针发生了多次变化，但是"生产性城市"的定位并没有发生大的变化。比如，1958 年提出"把广州建设成为华南的工业基地"，1961 年提出把广州建设成为"具有一定重工业基础的、轻工业为主的生产城市"，1975 年则调整为"逐步把广州市建设为一个轻重工业相协调的综合工业城市，成为广东省的工业基地"。纵览计划经济时期广州市城市定位的变迁，尽管有轻工业、重工业关系上的变化，但不难看出，空间生产的目标或基调仍然是"把消费城市改变为工业基地"。

（五）"单位制"城市空间生产的价值

"单位制"城市空间的生产重视空间的使用价值而否定空间的交换价值。"社会主义城市"（the Socialist City）的核心运作规则是对资本主义土地与财产私有权的取缔。与"资本主义空间生产"不同，社会主义空间生产意味着空间从（私人）统治到（集体）占用的转变，社会主义的空间是差异化的空间，是一种各个部分不能交换的非商业化空间，是一种"对空间的取用"而非"支配"，是一种作为使用价值的空间。因此，计划经济体制下的我国土地和住房实现了公有化，退出了商品流通市场，空间的使用价值否定并替代了交换价值，国家完成了对生产资料私有制的社会主义改造，城市土地收归国有，城市土地供应采取行政划拨的形式，用地单位不必支付任何费用。而城市住房改由国家投资建设，属于公有财产，被无偿或近乎无偿地分配给职工使用，居住者只是住宅的租户，住房不再作为商品进入流通领域。

（六）"单位制"城市空间生产的空间形态

"单位制"城市空间的生产伴随着以单位为基本单元的空间分化形态。在"单位制"城市空间的生产过程中，城市空间的分化也是以"单位"为基本单元的，在"单位"内部和"单位"之间呈现出差异化的空间分异格局。单位地块与工业区、商业区以及居住区共同构成了中国现代城市空间结构的主体内容，呈现出"大分工、小混合"、工业、居住混杂的状况。在社会主义市场经济制度建立的过程中，多种所有制经济共同发展的经济结构转变过程伴随着新兴社会群体的成长，以及服务于多样化社会需求的新型城市空间的生产。城市社会多重利益主体博弈的过程中，城市空间由相对纯净的"单位制空间"转变成由传统单位大院、新型空间组织（比如商品房小区、高新区、CBD、景观游憩区等）和"非正式"城市集聚区（如浙江村、城中村等）等综合叠加的结果。这种新型的城市空间类型会竭力打破原有的城市空间的中心—边缘秩序，从横向上破坏单位空间"小集中、大分散"的结构，出现了从单位社区向单一社区继而向复杂社区的转变[①]。

三、"单位制"城市空间生产的问题与趋向

"单位制"城市空间的生产是我国传统社会主义时期特定的社会经济背景、政治环境和制度框架下的产物，生产方式的改变和社会生产关系的调整必然产生空间生产的问题并进而引导产生新的城市发展机会。改革开放以

---

① 李友梅：《城市基层社会的深层权力秩序》，《江苏社会科学》2003 年第 6 期。

来，我国政府主导下的渐进式制度变迁和城市空间资源配置方式的变化①，使得"单位制"城市空间生产方式的局限性日渐显露，呈现出向新的空间生产方式转化的发展趋向。

（一）封闭的单位体制导致社会主义经济缺乏活力

封闭的单位体制是有效的社会控制制度，但却不是有效的经济发展模式，导致社会主义经济缺乏活力。单位体制的建立是特定政治经济发展和意识形态下的产物，对于维护社会统治、实现社会化大生产具有较高的效率。但是，随着国际国内环境的变化，单位体制的封闭性、僵化性、依赖性等缺陷逐渐暴露出来，单位与其成员之间形成了一种特殊的"保护—束缚"机制②。单位制度既给城市居民提供了相对丰富的物质性、社会性资源，同时也极大地限制了他们自主选择生活的权利、机会，因此形成了一种封闭、狭隘的社会生活空间和单位人千篇一律的生活方式及依附性人格，最终导致社会创造性活力的日益枯竭。而我国改革开放之后对单位体制的改革正是对上述制度设计缺陷进行反思的结果。

（二）城市土地无偿划拨制度导致城市土地利用效率低下

以行政划拨为主要形式的城市土地无偿供应制度导致城市土地利用效率低下，偏离了逐步实现土地集约利用和优化配置的轨道。以行政手段计划分配并无偿使用的城市土地制度虽然在防止土地投机方面具有重要的意义，但仍存在不少弊端：首先，因使用土地不需要付出任何经济代价，许多单位采取多报少用、早征迟用，甚至占而不用，造成了城市土地资源的巨大浪费；其次，虽然国家法律明令禁止土地的非法出让和买卖，但土地的无偿划拨体制却给一些单位私下交易土地从而牟取利益提供了可乘之机；再次，土地的无偿和无限期占用使城市土地布局不合理、城市空间资源配置低效，给城市空间结构优化造成了严重困难。

（三）"单位制"城市空间生产造成住房紧张

"单位制"空间生产方式下公有低租福利性的住房供应制度造成国家住房建设资金匮乏，社会成员住房紧张。在我国的国家住房供应体制下，政府

---

① 马学广、王爱民、闫小培：《权力视角下的城市空间资源配置研究》，《规划师》2008 年第 1 期。
② 杨卫国：《人与"单位"的变迁》，《百科知识》2003 年第 7 期。

承担起为城市居民提供住房的责任，住房建设被纳入了国家基本建设计划，住房被视为职工的一项权利和福利。这种福利化的住房供应制度在新中国成立初期为解决城市居民住房问题发挥了积极的作用。但是，由于这种制度几乎完全排斥了市场经济运行机制，单靠政府和单位的力量来解决住房问题不仅刺激和扩大了住宅需求，而且使得国家负担越来越重，进而导致房源匮乏、居住空间狭小、质量低下、缺乏维护等问题，还诱发了住房分配中多占房、占好房的不正之风，加剧了城镇住宅的供需矛盾，使得城镇居民住房难成为一个非常突出的社会问题。

（四）城市空间商品化的趋势越来越明显

城市企业主义治理模式下的空间生产过程中，城市空间商品化的趋势越来越明显，"空间公平"和"空间冲突"凸显成为社会热点问题。城市企业主义治理模式下，"顾客导向"和"竞争力导向"下的城市经营策略催发出我国当代城市空间愈益"投机化"的一面。改革开放前，与资本主义城市空间生产把土地纳入到资本循环中不同，社会主义城市空间的生产通过由国家控制土地和把职工的居住费用划归到社会福利支出中，实现了住房空间的社会主义化，从而对劳动者的基本居住权利进行整体性的确认和保护；市场化改革之后，我国城市经历了剧烈的经济结构重组和社会结构调整，城市土地的商品化和市场化取代了原来的土地资源免费分配①，随着空间商品属性被"发掘"，原有的住房福利化供应模式被全面改革，高度"商品化"的城市空间使得原本建构在生产价值上的土地和住宅的"使用价值"被颠覆，并进而放大为消费与投机的"交换价值"②。当城市土地的使用权与所有权分离，物业成为能够产生租金的资本，空间的"使用价值"和"交换价值"出现严重对立的时候，城市空间生产过程中多重利益主体间的"空间冲突"问题愈演愈烈，追求"空间公平"目标下土地权利相关者空间资源配置关系的平衡成为当前空间生产方式下的重要内容。

（五）"单位制"空间生产方式向"社区制"空间生产方式转轨

社会组织方式由相对封闭的"单位制"向较为开放的"社区制"转变，

---

① 朱介鸣：《模糊产权下的中国城市发展》，《城市规划汇刊》2001 年第 6 期。
② 罗岗：《空间的生产与空间的转移——上海工人新村与社会主义城市经验》，《华东师范大学学报（哲学社会科学版）》2007 年第 6 期。

"单位制"空间生产方式也逐渐向"社区制"空间生产方式转轨。当前我国社会正由传统的农业为主的乡村社会向工业化、城市化主导的现代社会转变，社会转型和体制转轨是认识当代中国经济社会的基本视角。改革开放推动着我国高度集中的计划经济体制向市场经济体制的转变，单位制存在的政治经济环境发生了巨大转变，单位的社会职能开始向城市社区基层组织、行政组织、街道办事处、居民委员会等群众自治性组织转移。改革的冲击和单位制固有的弊端，使得计划经济体制下传统的单位制逐渐解构，其地位在相对弱化，其职能正逐渐向单位外社会释放，"单位制"空间生产方式日渐让位于主流的"社区制"空间生产方式。20 世纪 90 年代以来的我国城市土地制度、资源配置方式、社会生产方式和社会组织方式等的变迁都要求"单位制"空间生产方式必须作出调整，于是传统的"大政府，小社会"的"单位制"形式转向"小政府、大社会"的"社区制"。从单位到社区，由单位组织到社区组织的发展，代表了我国城市现代化的基本走向，作为新兴的城市管理模式，社区制逐渐成为当代社会组织与管理的主导方式，相对开放而富有弹性的"社区制"空间生产方式也逐渐成为主导性的城市空间生产方式。

四、结论

作为计划体制时代政治、经济和社会体制的基石，单位制度对我国当前的社会体制转轨和社会经济转型产生了极为广泛和深刻的影响，而"单位制"城市空间则构成了我国当前城市空间转型的基底。由于"单位"这一我国社会—空间组织的存在，我国城市空间的生产与理论形态的"社会主义空间生产"具有较大的区别，尤其是在我国向社会主义市场经济体制的全面转型背景下，在全球资本加速转移和流动以及国家—社会市场多维分权剧化的发展环境中，空间冲突和空间公平问题日渐突出，我国城市空间生产方式的演化呈现出独特的发展路径。但由于我国非单位体制的分化和发育尚处于初级阶段，单位对城市居民的生存和发展仍然具有十分重要的意义，在未来相当长的时间里，单位体制和非单位体制两种社会行为将并存且相互作用。而对"单位制"城市空间生产的研究，既是对既有城市发展路径的反思又是对城市未来治理模式的探索，是我国城市空间转型研究的重要内容，"单位—社区"空间生产方式的变迁仍然是揭示我国城市社会结构和城市空间发展的一个重要视角。

第六章 城市边缘区空间重构的驱动机理①

　　地理学研究的主要领域正在由自然支配的环境演变为人类支配的环境变化②，地理过程的动态研究和驱动力分析近年来已成为地理学的研究热点，城市空间重构的驱动机理研究成为国内外城市研究的前沿领域③。改革开放以来的快速城市化进程使得我国城市发展的大都市化趋势日益明显，城市边缘区对社会经济发展的支撑作用日渐显著，同时城市边缘区频繁的结构调整和功能转换导致土地利用冲突及人地矛盾相当尖锐④。在城市化已经成为一种生产手段的大背景下，对城市边缘区空间重构驱动机理的深入研究可以为相关调控策略的研拟提供理论基础。

一、国外研究现状及发展动态

　　20 世纪 70 年代以来，西方人文地理学的研究范式经历了人地关系研究—区域差异研究—空间计量分析—社会理论转向的重大变革⑤，这些思潮和

----

　　① 本章根据马学广《城市边缘区空间重构的驱动机理研究述评》（《特区经济》2012 年第 10 期）修改而成。

② Messerli, B. , Grosjean, M. , Hofer, T. , et al. , From Nature-dominated to Human-dominated Environmental Changes, *IGU Bulletin*, Vol. 19, No. 1, January 2000, pp. 459 –479.

③ Nunes, C. and Augé, J. I. （Eds.）, Land-Use and Land-Cover Change （LUCC）: Implementation Strategy, 1999.

④ Gauthier, H. L. and Taaffe, E. J. , Three 20th Century "Revolutions" in American Geography, *Urban Geography*, Vol. 23, No. 6, 2000, pp. 503 –527.

⑤ Gauthier, H. L. and Taaffe, E. J. , Three 20th Century "Revolutions" in American Geography, *Urban Geography*, Vol. 23, No. 6, 2000, pp. 503 –527.

流派争论的核心其实是对空间与社会关系的不同认识。法国社会学家列菲弗尔深刻剖析了社会—空间相互构建的本质①，引发了人文地理学研究的"社会转向"和社会学界的"空间转向"，社会—空间辩证统一的观点成为当代西方城市研究的主流观点②。西方学者从更为广阔的政治经济联系中解释城市空间重构的驱动机理③，尤其关注于空间形态/空间过程与作为其内在机制的社会结构/社会过程之间的相互关系。相关研究成果可以从结构视角、行为视角和关系视角等三个方面进行总结。

（一）结构视角的城市空间重构驱动机理研究

结构视角的城市空间重构驱动机理研究从生产方式、政治体制、制度变迁以及文化意识形态嬗变等维度解释城市空间演变过程。学者们多从城市土地开发的社会经济背景和政治结构入手，认为城市空间重构是社会生产方式变迁的反映，是资本积累和资本循环的结果④，社会体系中政治、经济、意识形态等三个层次及其内部的相互矛盾和相互影响塑造了空间结构⑤，社会结构在约束主体能动性的同时，主体的能动性也在建构结构本身，二者的相互构建推动了城市空间的演变，而政治环境、意识形态及权力关系的变化左右着空间的形成、变迁甚或消失⑥。近年来，制度变迁和全球化成为解释城市空间演变机理的重要因素⑦，资本在空间生产过程中起着极为关键的作用，塑造了非均衡的城市与区域发展格局。

（二）行为视角的城市空间重构驱动机理研究

行为视角的城市空间重构驱动机理研究从利益分配、权力博弈和社会冲突等社会过程来解释城市空间形态的演变。学者们把城市空间重构看作是城

---

① Lefebvre, H., *The Production of Spaces*, Oxford: Blackwell, 1991.

② Gottdiener, M., *The New Urban Sociology*, McGraw-Hill, 1994.

③ Peet, R. and Thrift, N. (Eds.), *New Models in Geography: The Political-economy Perspective*, Unwin Hyman, 1989.

④ Harvey, D., *The Urbanization of Capital: Studies in the History and Theory of Capitalist Urbanization*, John Hopkins University Press, 1985.

⑤ Castells, M., *The Urban Question: A Marxist Approach*, Edward Arnold, 1977.

⑥ Lefebvre, H., The Production of Spaces, Oxford: Blackwell, 1991.

⑦ Amin, A. and Thrift, N. (Eds.), Globalization, Institutionalization, and Regional Development, Oxford University Press, 1994.

市空间资源再分配的过程，特别关注城市空间重构过程所伴生的权力互动、利益分配和冲突整合等事项，认为城市空间重构是拥有不同目标和诉求的多个利益集团互相冲突和妥协的空间过程，城市中各种利益集团间的竞争、合作、冲突等社会互动行为社会化产生了城市空间结构，各种社会力量的消长与重组对城市空间的演变产生了决定性的影响①。

（三）关系视角的城市空间重构驱动机理研究

关系视角的城市空间重构驱动机理研究认为，社会行动者以非正式关系相互关联并推动着城市空间形态的演变。学者们认为，城市空间的生产被镶嵌在一个复杂的政治、经济与文化的网络之中，由政府、企业（开发商）、市民（社区）等多元利益主体所构成的非正式组织主导着城市空间形态的演变②。20世纪70年代以来，由政府主导的福特—凯恩斯主义城市空间生产方式被政企合作主导的"城市企业主义"生产方式所取代③，政府与企业结成"增长联盟"加速了城市土地开发的进程④，同时也人为地加剧了空间隔离和社会分异。同时，各种利益集团因权力资源的相互依赖关系而联结在一起，形成各种主导城市空间重构的"政体"⑤，其成员和主导者的不同引起了城市土地利用方式和空间形态的变化。

（四）结构—行为—关系三元视角的整合

制度环境及其变迁、社会运作方式和行动者组织架构等多元研究视角在空间生产理论的基础日趋整合。20世纪80年代以来，学者们越来越关注"结构"与"行动者"的结合，认为只有将特定社会形态下资本与权力的运作轨迹以及社会过程中各利益团体的行为动机相结合，才能全面地解析城市空间形态变迁的机理⑥。城市空间的社会生产理论在坚持空间与社会辩证统一而伴随着意识形态嬗变而重构的同时，更加强调社会行动者（比如政府、

---

① Cox, K. and Johnston, R. J. （Eds.）, Conflict, Politics and the Urban Scene, Longman, 1982.

② Gottdiener, M. and Budd, L., Key Concepts in Urban Studies, Sage, 2005.

③ Harvey, D., From Managerialism to Entrepreneurialism: the Transformation in Urban Governance in Late Capitalism, *Geografiska Annaler*, Vol. 71, No. 1, 1989, pp. 3 – 17.

④ Logan, J. R. and Molotch, H. L., Urban Fortunes: The Political Economy of Place, University of California Press, 1987.

⑤ Stone, C. N., *Regime Politics: Governing Atlanta 1946—1988*, The University Press of Kansas, 1989.

⑥ Gottdiener, M., *The Social Production of Urban Space*, University of Texas Press, 1985.

开发商、非营利组织、社区组织等）在空间塑造过程中的互动博弈及其对空间的影响。

总之，全球化时代的城市发展是内外各种政治经济力量交互作用的结果，不仅不同时期的权力支配形式会影响到城市发展的规模与面貌，而且，不同的生产方式、社会制度以及政治经济政策也同样会对城市的空间格局与发展模式产生重大影响，日益呈现出复杂的态势。

二、国内研究现状及发展动态分析

我国城市边缘区空间重构驱动机理的研究取得了大量成果，主要包括以下几个方面：

（一）研究方法以定量分析为主、定性分析为辅，与海外研究的侧重点有差异

从研究方法上看，我国对城市空间重构驱动机理的研究因主要研究方法和分析素材的不同而分成定量为主和定性为主两个范畴，前者大多依托土地利用变化研究，而后者则关注城市空间功能的调整。定量研究主要运用 RS 和 GIS 技术分析土地利用动态变化的规律，并基于区域社会经济数据的多变量统计分析方法（特别是主成分分析法）归纳影响因素[1]；定性研究则较多关注全球化、市场化和分权化等政治经济转型背景下的制度变迁、技术进步、理念革新等机理对城市空间重构的影响。而海外研究更重视国家—地方政府互动以及制度变迁、分权化与权力运作、资本积累、新型政企关系等在城市发展中的作用[2]。

（二）研究视角以制度变迁和技术、经济探讨为主，行为和关系探讨较少

从研究视角上看，国内研究总体上可以归结为政府动力、经济力、社会力和个体力的综合作用，细分之下可以大致归纳为强调制度变迁的结构化分

---

① 蒙吉军、严汾：《大城市边缘区 LUCC 驱动力的时空分异研究——以北京昌平区为例》，《北京大学学报（自然科学版）》2009 年第 2 期。

② Wu, F. L., The（post-）Socialist Entrepreneurial City as a State Project：Shanghai's Regionalization in Question, *Urban studies*, Vol. 40, No. 9, 2003, pp. 1673–1698.

析①和强调社会集团互动的社会行动者分析等两种研究取向②。前者着重于探讨城市空间重构的制度变迁机理，认为城市土地利用的区位决策和空间模式受制于特定的政治经济结构和社会生产方式、土地市场政策与行政管理体制和社会文化心理等结构性因素；此外，还强调通讯和交通运输方式的变化等技术进步因素，外资、房地产开发和产业结构调整等经济因素的作用③④。在城市边缘区空间重构驱动机理的研究中，社会行动者的分析路径着重于分析城市空间重构过程中各种社会行为主体的互动行为，往往借鉴西方"城市政体"理论来探讨推动城市发展的各种行为主体的内部关系及其对城市空间的构筑和演化所产生的影响⑤。尤其是在对"城中村"这一我国城市边缘区普遍存在的空间形式的改造过程中，政府、转型社区和相关企事业单位的利益盘根错节，必须从各利益相关者之间的利益均衡的角度出发才能推动这一我国城市化过程中乡村—城市转型不完全的产物融入城市空间，实现城市边缘区城乡空间的有机融合。

（三）研究内容上具备多视角多侧面分析的特征，但系统性和研究深度不够

从研究内容上看，国内对城市边缘区空间重构驱动机理的研究，从不同的研究视角强调不同影响因素的作用，并且较多地涉及城乡二元社会经济体制和经济转型等政治经济层面，显示出与西方城市实践不同的驱动因素和机理。城市边缘区作为城市空间结构的重要组成部分，其空间重构驱动机理的研究往往被纳入城市空间重构的统一研究中，较少考虑到它的独特性和重要性而加以专门研究；而城中村改造的研究则较多地强调了其存在的特殊性而未将其与城市空间重构的总体格局相配合。在研究方法上，偏重于采用定量化的影响因素分析，定性研究也以宏观性的体制结构分析为主，较少顾及过程化的社会运作机理研究和微观的行动者机理研究。因此，当前国内城市边

---

①　刘盛和：《城市土地利用扩展的空间模式与动力机制》，《地理科学进展》2002 年第 1 期。

②　王兴中：《中国内陆大城市土地利用与社会权力因素的关系——以西安为例》，《地理学报》1998 年第 53 期。

③　刘盛和、吴传钧、陈田：《评析西方城市土地利用的理论研究》，《地理研究》2001 年第 1 期。

④　闫小培、毛蒋兴、普军：《巨型城市区域土地利用变化的人文因素分析——以珠江三角洲地区为例》，《地理学报》2006 年第 6 期。

⑤　马学广：《城中村空间的社会生产与治理研究——以广州市海珠区为例》，《城市发展研究》2010 年第 2 期。

缘区空间重构驱动机理研究的整体性、系统性和研究深度等方面都还有待进一步加强。

三、结论

20世纪70年代以来，全球生产方式变革和资本积累体制变迁推动着我国快速城市化进程中的社会经济体制转型和城市空间重构，城市边缘区作为城市空间增长的前沿阵地和社会异质性最强的地域类型，其驱动机理研究成为当前世界城市研究的热点。作为一种结构化的存在，城市空间既是物质空间，同时也是行动空间和社会空间，浓缩和聚焦着现代社会的一切重大问题。西方相关研究在结构和行为两大范畴下不断实现理论整合，并且指出了结构视角、行为视角以及关系视角下各种驱动因素各自作用的方式及其相互结合嵌套互动的模式，但考虑到我国独特的制度演化路径和社会经济结构，城市边缘区土地利用变化驱动机理的构成和运作方式迥异于国外。国内当前研究成果偏重于宏观结构性驱动机理分析，而在相对微观的行为和行动者这两个维度驱动机理的研究还有待深入，国外相关领域的研究进展为我国相关领域的研究提供了理论基础和可资借鉴的分析思路。

第七章　大都市边缘区制度性
生态空间的多元治理[①]

　　20 世纪 90 年代以来，生态环境问题的全球化使得当前城市竞争日趋生态化，实现经济与生态环境的协调发展已成为可持续城市建设的必然要求，也成为城市参与国际竞争的前提条件。当今广泛讨论的"生态城市"、"低碳城市"、"健康城市"和"生态社区"等城市发展议题的提出，反映了人们对城市生活质量不同的理解和诠释，而这种发展理念的变迁与多样化则源于近年来中外城市治理思想的演变。城市治理是城市规划与城市地理近年来共同关心的重要研究领域，我国城市规模急剧扩张引发的大都会区化、国家—社会权力转移所引发的分权化、城市社会空间分异的持续加强以及城市社会极化和阶层多元化的显现使得城市公共事务治理的复杂度空前提高，单一的政府机制、市场机制和社会机制都不足以成为公共利益的实现机制[②]，公共治理转而寻求政府与其他利益相关者的合作，通过动员分散的社会资源，在多元、持续、相互依赖的集体行动过程中达成共识，以处理渐趋复杂化、

---

　　① 本章根据马学广《大都市边缘区制度性生态空间的多元治理研究——政策网络的视角》（《地理研究》2011 年第 8 期）修改而成。

　　② 王春福：《政策网络的开放与公共利益的实现》，《中共中央党校学报》2009 年第 1 期。

专业化和利益集团化的政策问题①②。于是，城市规划、城市地理学科转而从政治学、管理学借鉴研究方法，网络化治理成为当前大都市区治理的重要工具③④⑤⑥。本文将以政策网络（Policy Network）为分析工具来探讨大都市边缘区制度性生态空间的网络化治理策略。政策网络是政策科学领域近年兴起的分析工具，指在特定政策领域内，具有自主性而又相互依赖的社会行动者在应对共同的问题过程中因频繁互动而形成的相对稳定的社会关系形态⑦⑧，具有多元的行动者与目标、资源的相互依赖性以及较持久的关联互动形态等特点，主张通过公私合作、资源共享与共同协商以达成解决问题的共识；制度空间则指的是特定地理区域被特定政策、法规所界定和推动的现象⑨，是政府力量强制介入的结果，具有典型的政府主导的治理特征。以城乡混合与过渡为基本特征的大都市边缘区"制度性生态空间"的网络化治理揭示出政府"自上而下"的控制规范与转制社区"自下而上"的发展要求及其他多元社会利益团体参与推动下的空间治理政策的选择与演化过程，透视出多元利益主体在城市边缘区社会—空间转型过程中复杂纠缠的权利关系。

①　Richardson, J. J. and Jordan, A. G., Governing under pressure: The policy process in a post-parliamentary democracy, Robertson, 1979.

②　Kenis, P. and Schneider, V., Policy networks and policy analysis: Scrutinizing a new analytical toolbox, In Marin B and Mayntz R., Policy network: Empirical evidence and theoretical considerations, *Campus Verlag*, 1991, pp. 25 – 59.

③　马学广、王爱民、闫小培：《基于增长网络的城市空间生产方式变迁研究——从计划经济向市场经济的转型》，《经济地理》2009 年第 11 期。

④　王爱民、马学广、闫小培：《基于行动者网络的土地利用冲突及其治理机制研究——以广州市海珠区果林保护区为例》，《地理科学》2010 年第 1 期。

⑤　艾少伟、苗长虹：《行动者网络理论视域下的经济地理学哲学思考》，《经济地理》2009 年第 4 期。

⑥　杨友仁、夏铸九：《跨界生产网络的组织治理模式——以苏州地区信息电子业台商为例》，《地理研究》2005 年第 2 期。

⑦　Provan, K. G. and Milward, H. B., Do networks really work? A framework for evaluating public-sector organizational networks, *Public Administration Review*, Vol. 61, No. 4, July/August 2001, pp. 414 – 423.

⑧　Klijn, E. H., Governance and governance networks in Europe: An assessment of 10 years of research on the theme, *Public Management Review*, Vol. 10, No. 4, 2008, pp. 505 – 525.

⑨　冷希炎：《中国开发区制度空间研究》，博士学位论文，东北师范大学，2006 年，第 30 页。

一、研究背景

20 世纪 70 年代以来，全球产业与生产空间重构的重要特点之一就是新产业的区位选择越来越青睐高质量的生产和生活环境，这一全球化转变的空间需求造成了城市景观的商品化，为了吸引投资和观光客，城市景观与城市营销在全球城际竞争中的重要性也大幅提升。因此，在打造城市形象的热潮中，通过组织富于吸引力的城市空间以集聚全球资本、落实城市定位和塑造城市形象成为当前世界城市竞争的重要手段①，以绿色生态空间为代表的优质城市空间的营造成为政府、开发商等城市空间生产者实施空间积累的重要途径。

广州市海珠区在自然地理上是珠江入海口的冲积岛屿，位于广州市老城区南部，是广州市城市边缘区的重要组成部分。长期以来，海珠区南部原新滘镇地域范围内保留着较大规模的果林，对广州市生态环境起着重要的调节作用，被誉为广州市的"南肺"。1999 年，广州市政府在海珠区东南部划设了"广州市海珠区果树保护区"（俗称"万亩果园"），并颁布了《广州市海珠区果树保护区总体规划》。万亩果园总面积 2837.096 hm^2，现有果树种植面积 1118.29 hm^2，是典型的亚热带潮成三角洲平原湿地和广州市著名的水果生产基地，同时还承担着 667 hm^2 基本农田保护的任务。2000 年，番禺、花都撤市设区的行政区划调整使得万亩果园的地理区位优势更加凸显，由"南肺"一跃而成为广州市的巨型"都市绿心"。

万亩果园的地理区位、生态价值和发展环境受到了社会各界的广泛关注，由于空间制度体系的差异而造成了与周边地区完全不同的发展局面，成为把广州市打造成"生态优先"的国家中心城市的重要一环。由于万亩果园所在区域的聚落特征仍然是城乡交错的"城市边缘区"，处于乡村向城市转型的过渡地带，其社会—空间结构正经历着急剧的转型，城市与乡村的矛盾、保护与开发的冲突杂糅在一起，多元利益主体参与下的空间治理难度和复杂度空前提高，但也因此具有了我国转型时期空间治理研究的典型性和代表性。

---

① Harvey, D., The condition of postmodernity: An enquiry into the origins of cultural change, *Blackwell*, 1989, pp. 66 – 98.

二、万亩果园空间治理政策网络的构成

各种各样的角色和力量深刻影响着城市作为一个具体地点的性质和内涵①，城市中的各种社会行动者因共同面对的问题而结合在一起，在寻求解决方案的过程中博弈互动而形成政策网络，城市治理由政府主导的管理主义向政府与其他利益相关者合作的城市企业主义转变②，"治理"不再是政府对地方的上与下的层级关系，而是兼顾社会行动者的多元竞争与合作关系。虽然利益相关者各自的目标并不一致，但他们在互动过程中相互交换资源，并通过凝聚共识使得政策执行更加顺畅，空间治理的效率得以提升。

（一）政策网络中利益相关者及层次

公共政策的产生是政策网络中行动者互动的结果，政策网络中的多元行为主体各有资源、立场和目标，通过沟通协商来交换信息，形成相互依存的联结关系。根据利益相关者受政策变动影响程度的差异，本文将万亩果园政策网络参与者划分为核心利益相关者（包括地方政府、村社集体经济组织和果农）、次级利益相关者（包括周边社区居民和企业组织）和外围利益相关者（包括新闻媒体、代议机构、科研机构和规划机构等）等三个层次，并分别就其政治资源、利益诉求及价值规范等三个层面③来探讨各层次利益相关者的特征（见表7-1）。

表7-1　万亩果园政策网络中利益相关者的特征

核心利益相关者	地方政府	狭义上指市、区、街级人民政府	行政干预的权力	公共利益	城市品质提升

---

① ［美］安东尼·奥罗姆、陈向明：《城市的世界——对地点的比较分析和历史分析》，上海人民出版社2005年版，第24页。

② Harvey, D. , From Managerialism to Entrepreneurialism: the Transformation in Urban Governance in Late Capitalism, *Geografiska Annaler*, Vol. 71, No. 1, 1989, pp. 3 – 17.

③ 叶蓓华：《美浓水库兴建之政策网络分析》，硕士学位论文，"国立"政治大学（台湾），2000年，第153—158页。

续表

村社集体经济组织	指由原村委会改制而来的股份公司和分公司	集体经济管理和部分社会公共事务管理职能	集体经济增长，社员（股民）分红增加	为社员（股民）福利负责，社区利益最大化
果农	承包果树的本地农民（改制后为市民，但仍从事农业生产）	个人社会关系	水果收入、集体分红和征地补偿	个人收益和福利最大化
次级利益相关者	周边社区居民	万亩果园邻近社区的城市居民	个人社会关系	私人物业增值	个人收益和福利最大化
	企业组织	万亩果园邻近地区的企业组织	与权力结盟，政企合作	地段提升带来的物业增值	营利优先，公益次之
外围利益相关者	新闻媒体	新闻传媒机构	制造并引导舆论	公共利益	维护公众知情权
	代议机构	人大、政协等参政议政组织	参与或监督公共行政	公共利益	监督政府，表达公众意见
	科研机构	高校、科研院所等研究机构	通过提供科学信息以影响决策	公共利益	发现原理，创造知识
	规划机构	从事社会经济和空间规划的专业机构	向权力传授知识	雇主的利益	提供满足雇主需要的方案

　　万亩果园空间治理政策网络中利益相关者具有如下特征：首先，在万亩果园保护与开发政策争议的过程中，各利益相关者受政策影响的程度和影响政策的能力存在较大的差异。万亩果园空间格局和治理策略的任何变化都与核心利益相关者的利益切身相关，但对其他层次利益相关者的影响则相对较

小，政策网络重在调节核心利益相关者及次级利益相关者的利益分配，而外围利益相关者会对政策起到引导或冲击作用以致影响政策走向。

其次，各利益相关者拥有不同的资源、诉求和价值规范，这增加了多元治理的难度，但也提供了求同存异的基础。地方政府拥有行政干预的权力，对万亩果园的营建和治理发挥着主导性的作用，其价值规范和利益诉求在于借此提升城市品质，提高居民生活质量，改善城市投资环境。村社集体经济组织是万亩果园土地的所有者和集体物业的管理者，在转型过渡期间还承担着部分社区社会事务管理职能，既是集体利益的代表，又是城市公共利益和社员（股民）利益矛盾的调解者；而果农在利益受损时会借由多种渠道引发关注，或仅仅被动地配合政策实施。受惠于万亩果园优良生态效应的溢出，作为次级利益相关者的企业组织和周边社区居民都能从万亩果园的营建中获得物业增值和设施便利化的优先照顾，是万亩果园保护受益者的代表。对于外围利益相关者来说，凭借专业优势和职能责任而参与进万亩果园政策网络，对政策网络演变和空间治理策略的选择起到关键性推动作用。

第三，各利益相关者的参与或退出等变动影响政策网络的演变和空间治理的效率。在万亩果园政策网络的演变过程中，各利益相关者的介入或退出影响着其他利益相关者的角色扮演和立场变化，为政策网络的演变提供了重要的推动力。传统的政策制定一般由政府主导，但当公众参与不足的时候往往会损害利益相关者的权益，最终导致政策执行不力或重新调整。而且，在空间治理过程中，并不具有直接利益关系的外围利益相关者的介入往往会推动政策网络的进一步演变。在万亩果园政策网络的发展过程中，正是新闻媒体、代议机构和规划科研等专业机构组织的介入才使得传统行政主导的封闭性政策网络向兼顾社区利益的相对开放的公私合作性政策网络演变。

总之，城市边缘区空间治理过程中涉及众多的利益相关者，因资源占有、利益诉求及价值规范等的差异而形成了具有层次性的政策网络，在利益相关者的资源交换与信息沟通过程中，立场和角色会因信息更新和资源注入而发生转变，进而影响空间治理政策的演变。

（二）政策网络中的资源流动

政策网络通过多元利益主体的参与，多样化目标的整合和多层面资源的注入来提升决策质量并使得治理的过程更具弹性①②。政策网络通常包括政治的、经济的、法律的、信息的与组织的等五种资源③，参与者运用并相互交换资源，以达到各自追求的目标、获得各自的利益。在万亩果园空间治理政策网络的运行中，按照所发挥作用的领域的不同，流动的资源大致可以划分为信息、资金、行政和技术等四种类型（见图7-1）。

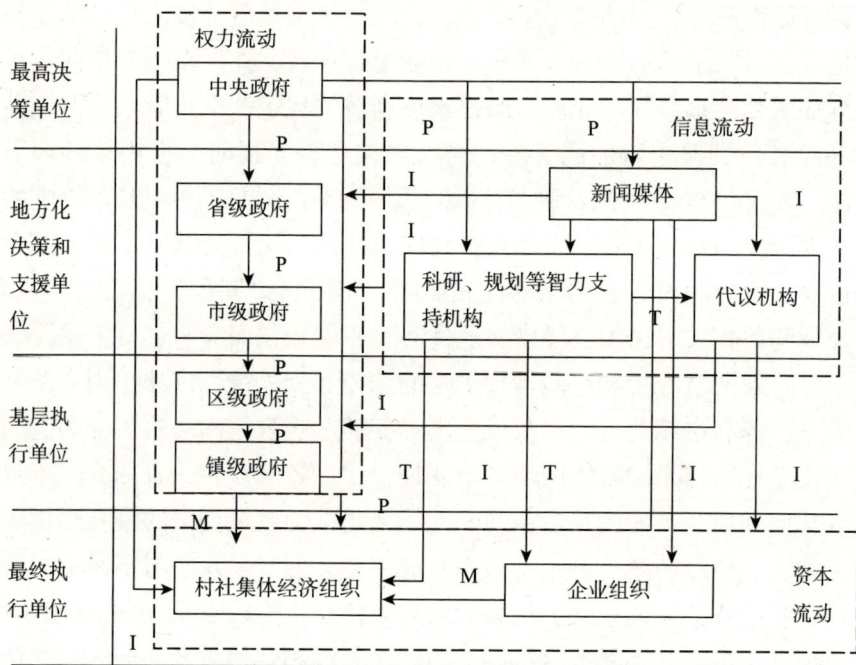

图例：   I 信息支持   M 资金支持   P 行政支持   T 技术支持

图7-1 万亩果园政策网络利益相关者间的资源流动

在从中央到地方的行政机构内部流通的资源主要是权力，其相互作用形式是行政支持；在新闻媒体、代议机构与科研、规划等专业化机构之间流通的资源主要是信息，其相互作用形式是信息支持；而在企业与村社集体经济

---

① Peters, B. G., Pierre, J., Governance without government? Rethinking public administration, *Journal of Public Administration Research and Theory*, Vol. 8, No. 2, 1998, pp. 223 – 244.

② Kooiman, J., Modern governance: New government-society interactions, Sage, 1993, pp. 35 – 48.

③ Rhodes, R. W., *Understanding governance: Policy networks, governance, reflexivity and accountability*, Open University Press, 1997, pp. 9 – 10.

组织等经济机构之间流通的资源主要是资金，其相互作用形式为资金支持。而上述三种类型的组织之间，则存在行政机构对专业化机构的行政支持和专业化机构对行政机构的信息与技术支持，专业化机构对经济机构的技术与信息支持和经济机构对专业化机构的资金支持，以及行政机构对经济机构的行政支持与经济机构对行政机构的资金支持等多种资源流通与机构间互动关系。

首先，资源的流动使得政策网络得以形成，不同类型利益相关者之间流通的资源存在差异。政府体系中的权力资源采取"命令—服从"式的运作方式，中央政府、地方政府、基层政府形成有序的层级结构，以行政命令的形式推动保护性政策的实施；科研机构对该区域的关注主要集中于生态环境的价值、存在的主要问题以及未来发展方式的选定上[1]；新闻媒体在万亩果园政策网络中既充当着信息传递者的角色，又通过采访和调研充当了信息创造者的角色，构成了政策网络中极其重要的信息通道；人大、政协等代议机构凭借特殊的身份在各社会阶层间传递信息，将万亩果园兴建中的困境难题和利益冲突透明化，在政策网络中架设起沟通政府与民间的桥梁；新闻媒体、代议机构和科研规划等智力支持机构等专业组织向政策网络其他利益相关者注入的资源主要是信息资源，三者都具有创造知识、挖掘信息和传播信息的功能，其运作方式则是信息交流和共享。对于村社集体经济组织/社区居委会和企业组织/开发商而言，资本是最重要的流通资源，既包括经济组织内部的资本流通，也包括来自行政组织的投资和社会融资等。万亩果园的存在使得周边企业（尤其是楼盘开发企业）获得了较高的生态景观附加值，以"搭便车"的方式获得了生态溢出效益。

其次，资源的流动推动各利益相关者产生竞争、冲突与合作等互动行为。行政资源的注入和流动，带动了各级政府对万亩果园保护力度的加强，也推动着该区域空间治理策略的调整；补助资金和一系列工程投资的引入使得果树村和果农改变了以往在万亩果园保护中的消极和懈怠，逐渐采取合作的态度；而信息和技术资源的流入，一方面揭示了现状问题的症结，另一方面因信息透明度的提高而引起利益相关者的立场和态度变化，使得各方由冲

---

[1] 谢涤湘、魏清泉、梁志伟：《城市边缘区绿色开敞空间的保护与利用研究——以广州市海珠区果树保护区为例》，《生态经济》2005 年第 11 期。

突转向合作，此外还为该区域空间治理提供了科学建议。总之，资源的注入和流通使得利益相关者之间的关系不断调整，推动着空间治理策略的演变。

社会行动者之所以会相互依赖，是因为他们无法独立达到目标，需要其他行动者的资源才能达到，因此，地方政府为代表的行政力量与果农为代表的民间力量最初存在竞争关系，政府占有决策主导权，而果农拥有法定的土地承包权，双方潜在地争夺对果园地的控制权。而且，双方还在土地开发受益与否上存在价值冲突关系，果农希望大量征用果林地以获取征地补偿款和补偿性经济发展用地，或者获准自行开发果林地以发展村社物业租赁经济，但万亩果园的生态价值决定了政府必须控制（或冻结）该区域的土地开发。在强势的行政力量推动下，万亩果园的治理最初采取了牺牲果农经济利益的方式，除了公益性征地所获得的补偿款和经济发展用地之外，果树村自主开发的物业租赁经济受到严格的限制，因此而导致果农消极对待果园经营、果农经济收入持续降低、村社违法土地开发和果园地被恶性侵占等一系列后果的出现，万亩果园保护的政策目标远远没有达到。政府与果农互动关系的改善来自于新闻媒体等利益相关者的介入。村社集体经济组织和果农等将保护和开发的矛盾诉诸新闻媒体、代议机构、科研机构等专业化群体，吸引新形态资源的投入，社会舆论的同情和支持使其立场更加坚定，逆转了被动和弱势的地位，政府不得不作出让步，通过经济诱因的提供来换取果农的支持，推动了两者互动关系的改善，推动着政策网络的演变。

三、万亩果园空间治理政策网络的演变

政策网络治理的过程是利益相关者通过资源的相互依赖和经常性互动而达成预期政策结果的过程[1]，根据网络成员与成员间资源分配的情形，可以将政策网络划分为高度整合的政策社群到松散疏离的议题网络等五种类型[2]。政策网络倾向于对利益相关者之间的网络关系做静态的描述与解释，而较少分析该网络的动态变迁[3]。但在经济转型、技术演化和制度变迁等宏

①　孙柏瑛、李卓青：《政策网络治理：公共治理的新途径》，《中国行政管理》2008 年第 5 期。

②　石凯、胡伟：《政策网络理论：政策过程的新范式》，《国外社会科学》2006 年第 3 期。

③　Richardson, J., Government, interest groups and policy change, *Political Studies*, Vol. 48, No. 5, December 2000, pp. 1006 – 1025.

观外在因素和利益相关者构成与立场变化等微观内在因素的联合作用下，政策网络会发生变迁。在万亩果园政策网络的构建过程中，明显地可以发现其存在从政府内部封闭循环到利益相关者参与并表达意愿，再到更多利益相关者介入导致空间治理政策调整的演变过程。因此，本文将万亩果园政策网络的演变过程划分为三个阶段（见图7-2）。

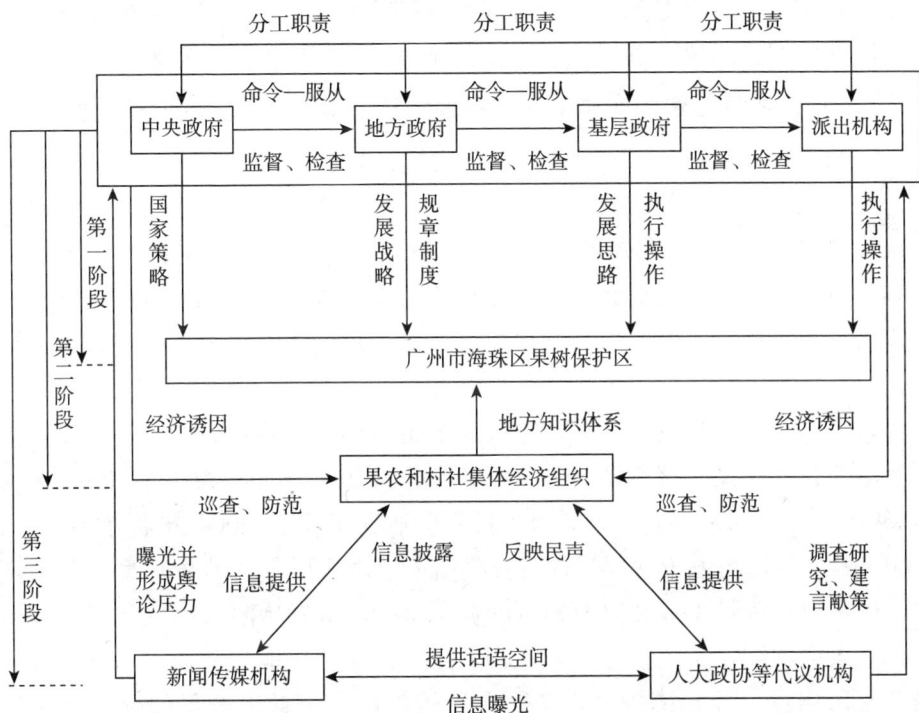

图7-2　万亩果园空间治理政策网络的演变

（一）在行政体系内封闭运行的政府主导型"政策社群"治理阶段

城市化进程的加快带动着城市扩张的加速，使得城市边缘区的生态环境问题日益突出，万亩果园的生存危机在1997年开始进入大众视野。地方政府在万亩果园保护初期采取了政府主导、行政体系内部运行的行政干预形式，而其他利益相关者的意见未被纳入决策，政策网络的运行类似于"政策社群"类型。该时期万亩果园的空间治理完全采取权力支配型的"命令—服从"机制，中央政府、地方政府、基层政府之间按照权力的等级而形成有序的层级结构，将果树保护（包括基本农田保护）的政策逐级传达贯彻，村集体和果农也被置于该管制体系之下。为了保障万亩果园的生态生产职能，1999 年，广州市规划局通过了《广州市海珠区果树保护区总体规划》（简称《保护区规划》），并于 2000 年《广州城市总体发展概念规划》中将万亩果园的地位进一步提升，和白云山国家风景区、芳村花卉博览园一同构成了广州城区的生态屏障。政府对该区域的管制随之愈加严格，并且特批成立了海珠区城管果树中队以加强对各种违法开发行为的防范和检查。

（二）保护性政策的实施引发生态保护与土地开发冲突的治理阶段

2000 年之后，《保护区规划》正式实施，虽然万亩果园保护在各级政府的努力下取得了一定的成效（比如，沥滘污水处理厂的建设改善了万亩果园的水污染状况），但政策效果在总体上并不理想。由于既没有按照《保护区规划》的要求制定相关管理条例，也没有成立专责管理机构实施有效管理，政府管理行为仅限于监察果树砍伐、清拆违章建设和限制土地开发审批。因此，这些管理手段非但没有抑制住万亩果园果树种植面积持续萎缩的趋势，还导致万亩果园果林面积在城市郊区化扩张与社区村镇建设的双向开发压力下继续萎缩。在保护区建立前从 1990 年的 1859.396 hm^2 减少到 1999 年的 1470.182 hm^2 的基础上，万亩果园果树种植面积在 2004 年再次缩减为 1100 hm^2。而且，由于这种管理方式终结了果树区增量土地依赖型的发展模式，使得严重依赖土地和物业租赁的社区集体经济发展陷入困顿，果农不得不苦守果树种植以谋生，导致家庭收入减少或违法用地的增加。部分果农利用"果园用地"界定模糊的空子，在比较收益的驱动下改果园地为蔬菜地并租赁给外来"代耕农"耕种以获取租金收益，进而导致果园被随意侵占，果树种植面积随之减少。调查显示[1]，位于万亩果园核心区的赤沙、北山、仑头、土华、小洲等 5 个主产村 2001 年水果产量合计为 1482 吨，比上年下降 62%；经济收入合计为 538.6 万元，比上年下降 80%；年人均收入 269 元，低于同期广州 271 元的农村平均低保标准。同时，来自于以村民住宅、村集体房地产和村办工企业为主的违法用地[2]面积由 1998 年的 120 hm^2 增加

---

[1]　高咏新、王秀荣：《关于保"南肺"与保"饭碗"的对策研究》。转引自中共广州市海珠区委政策研究室：《海珠调研撷英》2002 年版，第 53—59 页。

[2]　赵科亮、崔日初：《都市绿洲——广州万亩果林的困境与对策》，《规划师》2005 年第 9 期。

到 2005 年的 134 hm²。

因此，万亩果园的生产和生存面临危机，保护与开发的两难抉择成为政府、果农和村社集体经济组织等多方利益博弈的战场。部分果农希望政府将果林悉数征用并提供经济发展用地作为补偿，或者将果农异地安置并解决就业问题等方案，以解决"政府保卫肺"和"社区保卫胃"的矛盾。但由于土地征用涉及权属变更、经济补偿、土地调整等一系列政策调整和大规模资金补偿问题，政府与果树村的目标难以达成一致。与此同时，果树村村民及其集体经济组织积极通过各种不同的渠道来发出声音，以取得社会大众和政府机构的重视，进而与决策机关协商，促使政策向有利于其利益保持的方向改变。

（三）多元社会行动者的介入推动政策网络向公私合作治理转型阶段

在 2001 年之后，地方政府意识到单纯依靠政府力量层级节制的命令—服从式政策网络遭到了来自民间的消极抵制而无法解决万亩果园治理的问题，而此时新闻媒体、科研规划机构和人大政协等代议机构等专业网络的介入使得万亩果园政策网络的形态向复杂而多元的治理形态发生了转变。在万亩果园政策网络的构建过程中，起沟通桥梁作用的利益团体是新闻媒体、代议机构、科研机构等专业化机构和组织的成员。2001 年以来，广州市各大新闻媒体对万亩果园保护区的关注由冷及热，话题由单一到多元，关注重心由政府行动到社区疾苦，推动社会对万亩果园现状、问题、未来的认识逐渐深化，并且对政府形成了一定的舆论压力，敦促政府变被动为主动，采取更加积极务实的策略并加快相关措施的推动。在媒体曝光的同时，万亩果园空间治理中的矛盾和问题也受到以人大代表、政协委员为代表的代议机构成员的关注，他们以调研报告或提案的形式向地方政府建言献策，推动决策者重新思考万亩果园空间治理的策略。部分广州市、海珠区政协委员和人大代表通过大量深入细致的调查研究，为果园保护提供了独到见解和针对性的策略方法①，对万亩果园治理策略的转向起到了非常积极的作用。科研机构的研究工作为该区域自然生态价值的认定提供了理论依据，而规划机构科学管理方案的拟订也为万亩果园空间治理策略的调整提供了备选方案。

---

① 广东省政协第十考察团：《关于海珠区果树保护区情况的报告》。转引自中共广州市海珠区委政策研究室：《海珠调研撷英》2001 年版，第 19—26 页。

"专业网络"的参与使得万亩果园政策保护和开发的土地利用冲突从政府和社区之间的隐性博弈转变为公共议题，决策者不得不思考空间治理策略的调整，政府与社区之间的倾斜的权力—利益格局面临调整。政府在"政策社群"运转的同时采取提供经济诱因的方式，以1500/亩/年的租金标准从果农手中租赁园地，并以龙潭社区为试点，从2007年开始推行"租地建公园"的管理政策。具有经济补偿色彩的"租地建公园"方案对果农和村社集体经济组织提供了一定程度的激励效应，政府和社区之间从消极应付逐渐走向互利合作，社区居民和村社集体经济组织在利益机制作用下，逐渐参与到万亩果园的维护和管理之中，万亩果园果树种植面积逐渐从2004年的1100 hm² 回升到2006年的1118.29 hm²。因此，在专业网络的参与下，政府、果农和村社集体经济组织的立场发生变化，政府作出让步，提供经济补贴给果农，而果农则接受政府的方案，把土地承包权租赁给政府，由政府统一经营管理。因此，政府"租地建公园"的政策转向开启了公私合作的序幕，提升了万亩果园空间治理的效率。

四、万亩果园空间治理政策网络的运作

政策网络中各利益相关者因所掌握资源的差异而发挥不同的职能，政策网络运行的方式也存在较大的差异，大致划分为建立在权力、利益及资源三个主要的层面上①。笔者将政策网络运行的驱动力划分为权力驱动、利益驱动和社会资源驱动等三种方式，分别从权力配置、利益分配和社会资源投入的角度来分析多元行为主体互动下，万亩果园政策网络运作的驱动力量，以进一步探讨政策网络治理的理论内涵。

（一）万亩果园政策网络的权力驱动因素

万亩果园政策网络的根本特征是政府主导型的，政府居于政策网络运作的核心，其他利益相关者因参与程度的高低而影响政策网络中的利益分配关系。万亩果园空间治理的权力驱动因素主要包括六个方面的内容。首先，城市生态发展战略的确定。广州市在城市发展定位和目标中反复强调建设"生

---

① Pfeffer, J. , Salancik, G. R. , The external control of organizations: A resource dependence perspective, New York: *Harper and Row*, 1978, pp. 3.

态城市"的重要性，并且在各级总体规划中将万亩果园的生态价值放在非常高的位置。海珠区提出了建设"绿色海珠"的发展目标，将万亩果园的保护置于相当重要的位置。其次，结合政策效果，积极探索多途径管理策略。2002 年，海珠区政府开始酝酿采取"从村集体（或承包户）反承包经营"的方式，并在 2007 年正式进行"租地建公园"试点，2009 年又探索采取征地、流转和生态补偿"三结合"的保护与开发策略。多途径保护与开发管理政策的实施，有助于提高保护的效率。第三，制定相关规划设计，落实生态发展战略。广州市政府先后制定了《保护区规划》及其深化修编方案，海珠区政府则先后完成了《瑞宝、东风生态公园建设详细规划》、《海珠龙潭果树公园详细规划》、《海珠区绿地系统规划》等一系列保护和建设性规划。第四，政府提供多项投资以支持万亩果园的保护。广州市政府于 2004 年投资逾 6 亿元用于治理果园内的工业污染问题，2005 年则专门拨款 3000 万元支持海珠区试点"租地建园"的保护计划。海珠区政府先后投入 1112 万元对万亩果园地区的生态环境实施维持和保护，重点对区域内纵横交错的滘涌水系进行环境整治。第五，在组织和管理上逐步规范保护性政策的实施。广州市海珠区专门成立了果树保护区城管中队以实施专项治理，万亩果园内的各街道建立了街道和居委会两级巡查制度，街道与社区签订了"果树保护责任书"，进行定人定点巡查，对违法用地和违法建筑实施清拆。第六，加强法制建设，遏制违法开发。1999—2005 年，海珠区立案查处万亩果园内的违法用地 97 宗[①]，各经济联合社和经济合作社签订了"土地依法建设责任书"，在一定程度上遏制了违法开发行为。权力驱动下政策网络运行存在的缺陷在于"自上而下"的运行方式往往因其他利益相关者参与不足而导致代表性不足和公平性缺失，在执行过程中因不能兼顾大多数利益相关者的利益而遭到抵制，最终导致政策效果不佳，环境质量并未明显改善。

（二）万亩果园政策网络的利益驱动因素

万亩果园是政府通过特殊性政策建立的制度性空间，空间生产的主体是各级政府机构和组织，资源的流动以行政命令为主，忽视了利益诱因等多样

---

① 广州市城市规划勘测设计研究院：《海珠区土地利用总体规划前期研究资料汇编——数据汇编》，2006 年。

化激励因素的应用，导致以限制土地开发和加强监督核查为主要手段的万亩果园生态环境的维持是以数万果农生活水平的降低为代价的。由于万亩果园并不仅仅具有生态价值，对于果农而言更为重要的是其经济价值，只有在行政推动的同时辅以合理的经济诱因才能提升空间治理的效率。万亩果园空间治理的利益驱动因素主要表现为：首先，政府提供补贴，采取"租地建公园"的方式鼓励果农参与到万亩果园保护中，既解决了部分果农的就业问题，又达到了改良果园生态环境的目的。其次，政府投资于万亩果园的环境整治等保护性策略中。比如，2003—2008 年，市区财政资金共投入万亩果林农业水利建设资金达到 6481.86 万元，满足了果树保护区防洪、排涝、引水灌溉要求，局部恢复了水生态。第三，政府引导和支持村办公园的发展。原小洲村按照"权属不变，管理不变，收益不变"的原则创办的"瀛洲生态公园"在 2002 年后，先后被评为"广东省生态示范园"和"广州市农业旅游示范点"称号。来自政府的支持扩大了公园的知名度，取得了良好的社会效益。第四，政府采取征地后提供"经济发展用地"（又称"留用地"）的方式，补偿村社集体经济发展。为了维持征地后村社集体经济的持续发展，广州市国土部门将征地面积的 10%—15% 返还村社集体，这较好地解决了被征地单位的经济发展问题。在我国市场化改革不断深入的政治经济环境下，利益驱动调节机制的应用有助于提升空间治理的效率。

（三）万亩果园政策网络的社会资源驱动因素

在万亩果园政策网络演变的过程中，一个显著特点就是以专业性机构介入为代表的社会资源投入对政策网络的驱动作用，深刻地改变了空间治理政策的走向。社会资源驱动因素主要包括（见表 7-2）：首先，新闻媒体的介入有助于拓宽信息来源渠道，扩大信息感知面，传达各利益相关者的态度和立场，并且对利益相关者形成舆论监督和一定的社会压力。其次，人大、政协等代议机构地位特殊，属于广义的"政府"的一部分，其言论对政府决策和社会舆论具有强大的影响力。第三，科研机构、规划机构等智力支持单位为行政单位提供政策建议，为空间治理提供新的策略路径。社会资源的投入并不仅限于上述三种，但总能在利益相关者的互动博弈中起到关键性的推动作用。

表 7 - 2 万亩果园政策网络中的社会资源投入情况

2001	政府将投资建果树公园以实施保护	建议铁腕治污,护养万亩果园	/	环境污染是水果减产失收的罪魁祸首
2002	果林面积急剧减少,政府酝酿建生态公园	呼吁莫让"南肺"变成"南废"	/	政府行为是杜绝污染源的要诀
2003	"南肺"在缩水,政府考虑建设生态公园	建议通过征地或租地把果园土地使用权收归国有	政府制定生态公园规划编制工作方案	/
2004	"南肺"被蚕食,生态公园规划带动周边楼市增长	明确了万亩果园作为湿地生态系统的性质	政府公开征求生态公园规划方案	
2005	违建增多,"南肺"面临生死考验	建议尽快制定保护条例并成立专门机构实施保护	果园总体规划和生态公园规划公示	探讨果园困境与保护、利用的对策
2006	政府确定"租地建生态公园"的思路	建议采用征收、租用、补贴相结合的方法	/	有学者探讨"南肺"保护的困惑
2007	政府签约租地建公园,试点项目动工实施	建议由政府出资、制定法例保护"南肺"	/	不应将养护成本转嫁给果农
2008	租地试点工程完成,政府酝酿改"租地"为"征地"	建议政府集中征用果园土地,给果农"留用地"	/	果园与周边统一规划建湿地公园
2009	租地模式失效,万亩果园征地在即	建议对生态公园周边地区集中整治	万亩果园将纳入新中轴线规划圈	/

资料来源:根据 2001—2009 年万亩果园相关新闻报道和广州市与海珠区区政府网站信息整理。

总之,政策网络的运行是在权力、利益和社会资源等多种驱动因素相互叠加、相互作用下产生的，单一的驱动因素往往难以达到预想的治理效果，只有多驱动因素的结合、多资源要素的共享以及多目标的协调方能达到良性空间治理的目的。万亩果园这一制度性生态空间治理的分析说明，我国城市边缘区空间治理的政策网络出现了由单一的权力驱动向权力、利益和社会资源等多元驱动平衡的趋势，提高了空间治理的效率。

五、结论

改革开放以来，我国城市边缘区急剧的社会—空间转型引发社会利益格局的调整，越来越多的利益相关者参与到政策制定过程中，仅仅依靠传统封闭的政府系统和行政手段已经无法有效地实现城市边缘区土地开发的良性治理，而政策网络理论所提供的多元治理思路和网络化分析方法为这一问题的深入探讨提供了新的视角，引申出新的空间治理策略。

本章研究发现，首先，空间治理的过程是多元利益相关者参与的过程，土地利用方式的变化带来利益格局的调整，随之而导致不同层次和类型的利益相关者主动或被动地卷入政策网络之中，利益相关者凭依所占有资源的差异而形成竞争、合作与冲突等社会关系，资源流动和组织间的互动推动着政策网络的演化。其次，空间治理政策改变了传统上在政府内部封闭循环的运作模式，出现了由单一的权力驱动向权力、利益和社会资源等多元驱动平衡的趋势，将关键利益相关者纳入决策之中并采取多样化的激励手段推动政策网络的运作，有助于实现城市空间的有效治理。第三，我国行政主导下的"政策网络"的行动者构成和资源流动特点，"政策网络"的动态演化特征以及"政策网络"驱动因素的构成及其相互关系，都因其浓郁的中国转型时期的特色而丰富了"政策网络"理论的内涵。总之，政策网络方法的引入将多元利益相关者的资源、诉求和价值规范纳入决策过程中，综合发挥权力、利益和社会资源等驱动因素的驱动作用而形成利益均衡基础上的政策，为城市边缘区空间治理的研究提供了新的思路和有价值的结论。

第八章　城市边缘区社会—空间
转型中的征地冲突[①]

　　城市边缘区是城市空间结构的重要组成部分，也是城市空间增长和功能提升的关键节点[②]。改革开放以来我国城市发展的大都市化趋势日益明显，城市边缘区对社会经济发展的支撑作用日渐显著，同时城市边缘区频繁的结构调整和功能转换导致土地利用冲突及人地矛盾愈益尖锐化[③④]。由于我国城市扩张主要是通过增量土地的供给来实现，大量农地集中征收和成片土地综合开发是我国城市化建设中较普遍的模式。在这一土地权属转移过程中，由于政府和社区在价值观念上的差异、利益分配格局失当以及运作程序设计不合理等问题导致了诸多社会冲突和矛盾。随着时代变迁，我国形成于计划经济时代的土地征收制度原则与设计理念缺陷也随着社会经济的转型和城市化进程的加快越发集中地表现出来，急需推动土地征用制度的创新以化解当前广泛存在的征地冲突问题。当前学术界对这一问题的研究主要集中在土地

　　① 本章根据马学广《城市边缘区社会——空间转型中的征地冲突研究》（《规划师》2011 年第 3 期）修改而成。

　　② 顾朝林、陈田、丁金宏、虞蔚：《中国大城市边缘区特性研究》，《地理学报》1993 年第 4 期。

　　③ Wang, K. Y. , Gao, X. L. and Chen, T. , Influencing Factors for Formation of Urban and Rural Spatial Structure in Metropolis Fringe Area-Taking Shuangliu County of Chengdu in China as a Case, *Chinese Geographical Science*, Vol. 18, No. 3, September 2008, pp. 224 – 234.

　　④ 马学广、王爱民、闫小培：《城市空间重构进程中的土地利用冲突研究——以广州市为例》，《人文地理》2010 年第 3 期。

征用制度、土地补偿标准与农民利益受损及其原因等侧面①。有学者认为，征地过程中制度规定和地方政府行为的错位以及"官本位"格局中强政府与弱农民的力量对比态势造成的市场形成土地价格机制的缺乏使得农民群体成为利益受损者②，土地征收不遵循法定程序，地方政府对征地纠纷与冲突的管理缺乏成效等问题造成征地冲突频仍③。但上述研究明显缺乏对征地冲突现象进行专门化、系统性的研究，也缺乏正对症结的治理策略，本文正是立足于当前理论研究中存在的不足之处，梳理征地冲突的外在表现、运行环境和内在根源，进而提出相应的治理策略，以供进一步的学术探讨和社会应用。

一、作为土地征用冲突的外在表现的利益冲突

在城乡二元所有的土地使用制度基础下，工业化和城市化不可避免地要征用农村土地，而土地征用过程实际上是政府、用地单位、村社集体以及农户等利益主体间的利益博弈过程，打破了农村既有的相对平衡的社会生态和利益格局，并最终形成了以征地补偿为核心的利益整合格局。因此，土地征用所伴生的土地收益纠纷是因征地而产生的社会冲突的外在表现，主要集中在农地的经济补偿问题上，包括征地补偿金标准的确定、土地增值收益的分配、集体经济组织的再发展以及失地农民的安置、就业和社会保障等问题。

（一）征地补偿金的定价机制存在缺陷

征地补偿金的定价机制不合理，补偿标准较低，补偿内容有欠缺。当前农地征用补偿款数额确定的标准不是以土地的市场价值为基准，而是以被征用土地的原用途的产出水平为基准来核定，因而征地补偿金严重偏离土地的市场价格水平。而且，征地补偿标准并未随土地价值和房产价值的市场化波动性攀升而提高。从政府的角度来讲，过低的征地补偿费用不仅远不足以构成对地方政府的资金约束，反而成为地方政府大量征地高价出让土地以换取积累"第二财政"的强烈诱因；从失地农民的角度来讲，较低的补偿标准

---

① 帅启梅：《农村征地过程中的利益冲突及结果——以湖南省邵东县 L 村为例》，《湖南农业大学学报》（社会科学版）2008 年第 4 期。

② 邹卫中：《农地征用中的利益分配与利益博弈》，《内蒙古社会科学》2005 年第 1 期。

③ 谭术魁：《中国频繁暴发征地冲突的原因分析》，《中国土地科学》2008 年第 6 期。

并不足以使其维持其征地前的生活水平，由于实际补偿标准过低，导致村民收入降低的现象普遍存在。此外，目前的征地补偿金仅包括土地补偿费、安置补助费、地上附着物和青苗补偿费等内容，并未对失地农民因土地被征用而造成的失业、失保等附带后果作出相应的补偿。

（二）土地增值收益分配格局存在缺陷

政府垄断土地增值收益，被征地单位被排除在土地增值收益分配格局之外。土地征用中的利益冲突关键节点之一是土地增值收益的分配，商业性开发的高额收益与补偿金之间的巨大差价，导致农户不满情绪增长和相对剥夺感增强。现行征地办法仍沿用计划经济时代的行政占用方式，具有强制性、垄断性的特点，把被征地单位排斥在土地增值收益分配体系之外，政府给予农民的征地补偿金数额与土地熟化后开发商在一级市场购地数额之间存在很大差距，政府独享此增值的土地收益，引起被征地单位的抗议，社区居民希望能够分享这一部分增值收益。比如，广州市琶洲地区商业性开发转让而进行土地拍卖已达到 150 万—400 万元/亩，而失地农民补偿款仅为 25 万元/亩，失地农民因不能参与分享这一巨大利差而强烈不满。调查表明，如果征地成本价是 100%，被征土地收益分配格局大致是：地方政府占 20%—30%，企业占 40%—50%，村级组织占 25%—30%，农民只占 5%—10%，从成本价到出让价之间所生成的土地资本巨额增殖收益，大部分被中间商或地方政府所获取[①]。

（三）社区集体经济发展存在隐患

政府征用集体物业，导致社区集体经济发展失去保障，社区居民收入降低。城市边缘区社区集体经济的发展大多属于自下而上的自发成长，在用地和建设方面相对粗放和不规范，因此很少符合城市规划的要求。在城市空间快速外向扩展的过程中，常常出现社区物业与城市规划功能相抵触而不得不拆迁或者让位于其他城市建设工程的情形，这使得社区物业不得不被拆迁而使社区集体经济发展失去支撑，导致集体经济发展的波动性越来越强，进而导致依附于集体物业租金分红的失地农民生活水平降低。

---

① Su, H. and Kam, W. C., Land Expropriation and Local Government Behavior, The Centre for China Urban and Regional Studies, Occasional Paper, Hong Kong Baptist University, 2005.

（四）征地引发诸多社会问题

征地行为忽视了土地的多重社会功能，继而引发失地农民的再就业困难和社会保障缺失等问题。现行土地征用补偿制度没有考虑到农村土地附着的多重社会功能，没有从资产、就业和社会保障等角度考虑失地农民因征地而造成的损失，没有为解决失地农民的就业和社会保障提供政策支持。虽说征地补偿金能暂时缓解失去土地给农民带来的部分压力，但有限的补偿费用不能给失地农民带来长期的生活保障。失地农民因劳动技能单一，就业能力差，失去稳定的收入来源等陷入生活困顿之余，还会给整个社会产生极大的不安定因素，引发新的社会矛盾。因此，要想对农村土地制度进行改革，必须保证出让土地的农民能够获取土地效用的替代机会，建立城乡社会保障制度衔接机制以使"农转居"人员获得基本生活保障，解除他们的后顾之忧。

二、作为土地征用冲突的运作环境的程序性冲突

因土地征用而引发的社会冲突大多形成于土地征用的程序运作环境，土地征用过程中的程序性缺陷主要体现为政府设定的各项征地审批程序繁杂冗长，而且缺少社区居民参与的渠道，社区居民对利益攸关的规划决策没有可资利用的参与渠道，以及在决策参与的组织方面缺乏指导，导致公众参与的范围、程度和效率等都很低。

（一）土地征用审批程序诱发土地违法行为

土地征用审批程序冗长、衔接不畅，易于引发各种土地违法开发和建设行为。我国当前的农地征用审批程序需要经过多个层次政府部门的多道程序，比如项目立项，用地选址，用地预审，用地规划许可，发布征地预公告，用地通知书，地类勘测报告，权属确认，青苗和地上附着物清点，听证，编制"一书四方案"报批，征地补偿公告，征地谈判，支付补偿款，缴交税费和土地出让金，领取建设用地批准书，办理拆迁通告等。不少审批要在国务院、国土资源部、省政府、省国土资源厅、市政府、市国土房管局、区政府、区国土房管局及其他职能部门之间多次往复。按上述流程顺利的话，一块宗地办理时间需时 18—24 个月。但由于经济形势瞬息万变以及建设项目的时效性追求，众多企业用地或市政基础设施工程往往经不起时间的耗费，"未征先用"、"边征边用"等变通手法较多，造成不依法行政或违

法用地。同时，由于征地程序的冗长经常造成被征地单位和农民协商后不积极按程序办妥相关手续而留下后遗症，造成征地拆迁行为不规范和征地补偿条件难落实。

（二）土地征用监督机制缺失

征地过程中信息公开不够，土地权利人参与不足，土地征用监督机制缺失。在我国当前的土地征用过程中，征地行为往往是强制性的，决策机制不透明，操作过程缺乏土地权利人的主动参与。土地利益直接相关的群体没有话语权，农户和村集体不仅没有决策权，而且申诉权也得不到保障，社会结构紧张与利益表达渠道的相对封闭形成了群体性事件的结构性张力[1]。而且，对征地性质是否符合公共利益需要的审查认定程序也存在欠缺，这成为我国农村土地征用权经常被滥用的重要原因。此外，征地程序中欠缺有效的监督机制，很多时候便会出现政府擅自占用土地、买卖土地等非法转让土地和越权审批，或先征后批，或以合法形式掩盖非法占地等违法违规现象。

（三）缺乏有效的征地纠纷调解仲裁机制

土地征用冲突发生后，缺乏明确、独立和有效的征地纠纷调解仲裁机制。虽然《土地管理法实施条例》和《征用土地公告办法》都规定了征地补偿安置争议裁决制度，但由于缺乏具体的程序性规定而导致我国绝大部分省（市）尚未建立起相应的征地补偿安置争议裁决制度，行政手段仍然是我国现行土地征用冲突中最常用的处理方式。而且，由于现行土地管理法中未将司法审查纳入纠纷处理机制之内，即使在土地纠纷通过行政诉讼程序诉诸法院的情况下，法院往往也以各种理由不受理土地纠纷诉讼。这样，就造成政府身兼土地征用者和纠纷调解者的身份冲突局面，从而造成纠纷调解或仲裁的公正性受到质疑。而且，也正是由于明确的纠纷解决机制的缺失导致民众在有异议的时候出现求告无门的窘境。此外，现行征地制度还缺乏征后跟踪检查环节，征后跟踪检查不严格，给利用征地管理上的不完善获取行政划拨土地等土地寻租行为以可乘之机。

总之，土地征用过程中所存在的程序性冲突一方面体现在征地程序冗长

---

① 柳建文：《"行动"与"结构"的双重视角：对中国转型时期群体性事件的一个解释框架》，《云南社会科学》2009 年第 6 期。

导致大量未批先用、边批边用等违法用地行为的滋生，另一方面则由于土地征用过程中的信息公开和透明度不足，以及土地征用引发的社会冲突发生后应对性的纠纷调解仲裁机制缺失。

三、作为土地征用冲突根源的结构性冲突

形成于计划经济时代的土地征用制度在当前的社会主义市场经济条件下，存在着明显的制度缺陷，其中，农村集体土地制度和土地征用制度的不健全是引发征地冲突的根本原因。

（一）现行土地征用制度中征地范围含混不清

现行土地征用制度中征地范围含混不清导致征地权被滥用。我国实行土地公有制度，土地一度被无偿或低偿征用，征地过程中存在征用范围过宽现象，导致大量非公共利益性用地需求也被通过土地征用手段获取，直接导致一系列社会经济问题的产生。现行《土地管理法》第一条强调，"国家为公共利益的需要，可以依法对集体所有的土地实行征用"，但其并未对"公共利益"的内涵和外延作出明确、具体的界定。于是，增长导向下的地方政府在"土地财政"的驱动下把"公共利益"的外延无限度地扩大化，将征地权的运用拓展到了工矿、商业、房地产、旅游等国民经济的一切领域，许多地方用于经营性项目的征地达50%以上，个别城市真正用于公益项目的征地还不到10%[①]。宽泛、模糊的土地征用范围既容易导致征用权的滥用，也不利于社会对土地这种稀缺资源的保护利用；相应地，明确界定土地征用范围既符合土地产权制度理论，又有利于消弭征地冲突，维护社会稳定和长远发展。

（二）农村集体土地权属不明确

农村集体土地权属不明确，造成土地征用和补偿事宜纠纷不断。我国农村集体土地制度的缺陷是引发土地征用冲突的深层次根源，主要表现在国家与集体土地所有权界线不清、集体土地所有权的权属不明确、集体土地所有权主体地位虚置等三个方面。其中，集体土地所有权主体的多元化和不确定

---

① 杜业明：《"圈地之风"的政治经济学：性质、成因及其治理》，《重庆大学学报》（社会科学版）2004年第1期。

性造成了集体土地所有权主体的虚位。在土地未被征用时这种潜在的权属不清问题一般不太引人注意，但是当面临分配补偿金的时候，潜在的问题就充分暴露出来。由于乡（镇）、行政村（经济联合社）和自然村（经济合作社）都是农村集体土地的所有者，集体土地的事实产权主体不明确，往往造成各级政府、村委会以及集体经济组织相互争当所有权主体，或通过各种名义克扣征地款，导致不仅真正的所有权主体不能享受应该享有的利益，而且各产权主体间纷争不断。

（三）土地征用—供应制度的"双轨制"

土地征用—供应制度的"双轨制"是地方政府"土地财政"的症结所在。我国现行的征地制度存在土地征用和土地出让的"双轨制"特征，政府征用土地按行政方式运作，并"按照被征用土地的原用途给予补偿"，而土地出让则按市场方式运作，按照"土地城市建设用途的市场价值"把熟化的土地批租出去，政府垄断性的占有土地在征地与供地之间的利润空间，在商业用地的"低征高卖"中获得价差利益，在工业用地的名义性"低征低卖"中与开发商（及用地单位）共同分享土地增值收益，在不同的经营性用地的增长收益平衡中获取收益。在整个征地过程中，一方面，由于寻租活动泛滥造成资源配置效率低下；另一方面，被征地农民被排除在平等的受益主体之外，其利益无法得到有效的保证。

（四）社会重构与组织化安置过程发生错位

与土地征用的空间过程相同步的社会重构和组织化安置过程发生错位。在城市边缘区，政府主导型的"镇改街"、"村改居"社会管理体制转型获得普遍推行，但以土地征用为主要工具的土地国有化进程与以渐进式改革推进的社会转型过程难以同步，导致快速的空间转型过程与渐进式的社会制度转型过程相错位，滋生了大量的社会冲突问题。在改革开放前的计划经济体制下，土地征用的同时会解决被征地农户的户口、就业和社会保障问题，因此较少产生相关社会冲突问题。但当前土地征用大多采取货币补偿的形式，失地农民社区的社会重构及其群体的组织化安置工作较为薄弱。因此，土地征用引发的社会冲突是城市边缘区社会—空间转型不同步的产物，其根源在于现行征地制度及相关土地制度的不完善，既包括征地范围模糊和产权归属多元化多导致的征地权的滥用和收益分配的不平衡问题，又包括因为土地征用和土地供应"双轨制"所导致的地方政府对"土地财政"的严重依赖。只有破解现行土地征用制度及相关土地制度中存在的困局才能从根本上缓解乃至根除因土地征用所引发的社会冲突问题。

四、土地征用引发的冲突的治理策略

我国社会经济的转型带来了空前程度的经济增长，也带来了新的不公平问题。我国政府已经清醒地意识到各种社会矛盾所带来的社会问题的严重性，逐渐关注社会发展的公平性，为了实现全面小康社会的发展目标而提出了科学发展观和构建和谐社会的发展理念。鉴于因征地而产生的社会冲突的频繁化和尖锐化，以土地征用利益关系调整为核心的体制性制度建构已经迫在眉睫。针对本文研究所发现的征地冲突的表现、运作环境和根源，可以分别从调整土地经济/利益分配格局和完善征地制度和程序等两个层面探索新的治理策略以强化土地征用过程中社会转型与空间转型的契合。

（一）土地经济和利益分配层面

在土地经济和利益分配层面，应用科学的土地评估方法，调整土地增值收益分配格局，推动土地征用补偿的合理化，健全失地农民社会保障制度。首先，应用科学的土地价值评估方法，确立以市场价格为基础进行征地补偿的原则，完善征地补偿机制。按被征土地原用途进行补偿的"产值倍数法"已经越来越不适应市场经济发展的要求，应推进农村集体土地的市场化来完善征地补偿机制。根据被征土地的区位、用途等性质差异施以不同的评估方法来确定补偿标准和补偿方式。除按价格补偿外，还要考虑为失地农民维持今后生活提供额外的经济补偿，同时积极探索征地补偿方式的多样化，建立健全失地农民社会保障体系，把失地农民纳入城镇社会保障网络体系之中。其次，调整土地增值收益分配格局，将发展权转移和分享引入征地补偿机制，以集体建设用地流转为突破口，让农民参与土地增值收益的分享。土地发展权作为解决土地开发过程中利益冲突的一项规则或手段被设计出来，是土地产权制度建设的不可或缺的内容。同时，加速农村集体建设用地流转，农村集体建设用地流转是农民对国家独占农村集体土地发展权的一种挑战，旨在分享农村集体土地发展权及其收益。

（二）制度建设和程序完善层面

在制度建设和程序完善层面，深入推动土地征用制度改革和土地征用程序的改革，尤其是要建立相关土地权利人的主动参与程序，同时建立土地利用冲突的预防和调解机制。城市化推动过程中，各利益集团之间围绕土地收益分配展开的利益纠纷和矛盾关系日益表现出刚性化的特点，改革土地征用制度必须综合考虑到利益主体多元化、农户利益需求的层次性和多样性、土地预期收益的变化等因素。首先，建立一套既能充分保障被征用土地者的合法权益，又具有效率和有利于土地资源合理利用的土地征用制度。从征地公告、征地听证、补偿费用的确定和支付到纠纷的解决办法等环节，法律都要有明确的规定。其次，强化公告制度和听证制度，保证农民在征地过程中有充分的知情权和参与权，改变现有的先批准、后公告的做法，通过听证制度来保障土地权利人行使参与权，确保其利益不受侵害。同时，增设与被征地农民集体和农户的征地补偿安置协商程序，由用地者与被征地者协商补偿标准，签订补偿安置协议。第三，以预防和调解为中心的征地冲突管理机制：①建立征地争议解决的司法诉讼和裁决程序，尤其要注重规章制度的连贯性；②加强针对公众的土地征用制度和程序的宣传教育力度，强化非正式冲突管理机制的意识，着力建设冲突调解的处理平台，同时加强冲突调解技术和知识的培训，培训的对象主要是各级官员和职能部门工作人员，以及规划师、社区领导人等；③通过多样化的参与方式和渠道，将公众的意见和观点纳入规章制度之中；④加强征地冲突调解组织和队伍的建设，建立专业化的调解队伍。

五、结论

土地问题构成了农村所有问题的核心和关键，土地征用引发的社会冲突现象是一个非常复杂的社会问题，在土地问题上，迈出任何一步都牵涉全局。首先，它往往涉及多元的利益相关者和错综复杂的利益纠葛，比如政府及其职能部门、企业团体、城市居民或农村居民等，各种土地利益相关者间的利益分配问题是社会各界关注的焦点，同时也是征地冲突爆发的燃点。其次，征地冲突往往涉及不同层面的、多样化的根源，既包括利益分配的原因，也涉及价值观念的差异、程序设计中的疏漏，更根源于相关制度建设的滞后和存在的疏漏。随着我国市场经济体制改革的深入，包括土地产权在内的财产权的保护已经成为人们日益关注的话题。因此，改革我国土地征用制度、清晰地界定土地征用目的、合理划定土地征用范围、科学地论证征地补偿及安置办法，是缓和乃至消除征地冲突的关键所在，也是当前时期迫在眉睫的重要任务。本章在对土地征用引发的社会冲突进行条分缕析的基础上，认为征地冲突是社会—空间转型不同步的产物，它表现为利益冲突，运行于有缺陷的程序环境，根源于不完善的土地征用制度，并且进而从土地经济/利益分配和制度建设/程序完善两个方面提出了相应的治理策略。总之，征地冲突问题的治理应立足于多元利益主体之间的协调，针对土地冲突的多样根源辨证施治，采取多策略组合的方式理顺制度运作的程序环境并完善土地征用制度和相关土地制度，只有推动土地征用及相关制度的创新才能实现城市边缘区社会—空间转型的持续进行。

第九章　城中村空间的社会生产与治理机制[①]

城市研究学者沃斯（Wirth，L.）认为，异质性是城市性的重要体现和主要变量之一，而城市则被看作是一个支离破碎的异质社会群体和空间"马赛克"的拼贴。在中国 30 年来的快速城市化进程中，"城中村"作为普遍存在于沿海、内陆大中城市的异质空间形态受到学术界、政府部门以及社会各界的广泛关注[②③④⑤]。城中村是指那些位于城市规划区范围内或城乡结合部，被城市建成区包围或半包围，没有或仅有少量农用地的村落[⑥]，是中国现代化和城市化过程中存在的一个独特的现象，是我国渐进性改革与制度变迁的产物。目前国内学术界对于城中村的研究，大致可以归纳为两种研究取向：即强调制度变迁的结构化分析和强调社会集团互动的社会行动者分析[⑦]。前者着重于探讨"城中村"这一特殊空间形态形成的制度基础，认为城中村是中国城市化过程中乡村—城市转型不完全的产物，其产生的根源是土地制度[⑧]。更确切地讲，城乡二元经济社会管理体制、集体土地产权的

---

① 本章根据马学广《城中村空间的社会生产与治理机制研究——以广州市海珠区为例》（《城市发展研究》2010 年第 1 期）修改而成。

② 杨安：《"城中村"的防治》，《城乡建设》1996 年第 8 期。

③ 李俊夫：《城中村的改造》，科学出版社 2004 年版，第 1—10 页。

④ 李立勋：《广州市城中村形成及改造机制研究》，博士学位论文，中山大学，2001 年，第 1—20 页。

⑤ 李培林：《村落的终结——羊城村的故事》，商务印书馆 2004 年版，第 1—30 页。

⑥ 李俊夫：《城中村的改造》，科学出版社 2004 年版，第 15 页。

⑦ 韩荡：《城中村改造的理论框架及案例研究》，《规划师》2004 年第 5 期。

⑧ 刘伟文：《城中村的城市化特征及其问题分析——以广州为例》，《南方人口》2003 年第 3 期。

"虚位"及城乡二元管理混乱等是"城中村"形成的制度根源①。而社会行动者的分析路径则着重于分析"城中村"这一特殊空间形态所负载的各种社会行为主体的互动行为，往往借鉴西方"城市政体理论"（Urban Regime Theory）来探讨推动城市发展的各种行为主体（城市政府、工商金融集团以及社区等）的内部关系及其对城市空间的构筑和演化所产生的影响。同时，研究发现城中村在由乡镇—村的管理体制向城市的街道—社区管理体制的转化过程中最终确立了街道、居委会以及经济联社三大治理主体并存的局面，形成了一个以各自利益为节点的网络②。但是，上述两种研究取向都缺乏一种对城中村形成及演化过程的社会空间辩证分析，忽视了城市的社会性与空间性统一的问题。因此，本文将以城市空间的政治经济学理论为指导，以城市空间的社会生产为研究切入点，立足于社会空间的辩证统一与相互作用关系来进一步研究城中村空间的形成机制和治理机制。

一、空间生产与城市空间政治经济学

城市空间的政治经济学③④⑤的理论起点是法国社会学家列斐伏尔（Lefebvre, H.）的"空间生产"理论和福柯（Foucault, M.）的"权力空间"理论。在该基础之上，哈维（Harvey, D.）、卡斯特尔斯（Castells, M.）、索亚（Soja, E.）、詹明信（Jameson, F.）、戈德纳（Gottdiener, M.）、莫洛奇（Molotch, H.）、罗根（Logan, J.）、斯通（Stone, C. N.）、莫伦库普夫（Mollencopf, J. H.）等人不断生发出新的观点，形成了一个非常庞杂的理论体系，成为当前海外城市研究的主流方法⑥⑦。其中，社会与空间辩证统一

---

①　王华春、唐任伍、陆劲：《"城中村"问题的制度成因及治理思路——城市土地资源优化配置的重要环节》，《宁夏社会科学》2005 年第 6 期。

②　赵小渡、郑慧华、吴立鸿、龚惠琴：《城中村社区治理体制研究——以广州市白云区柯子岭村为个案》，《国家行政学院学报》2003 年第 3 期。

③　沈建法：《城市政治经济学与城市管治》，《城市规划》2000 年第 11 期。

④　张应祥：《资本主义城市空间的政治经济学分析——西方城市社会学理论的一种视角》，《广东社会科学》2005 年第 5 期。

⑤　魏伟：《政治经济学视角下的中国城市研究——资本扩张、空间分化和都市运动》，《社会》2007 年第 2 期。

⑥　马润潮：《人文主义与后现代主义之兴起及西方新区域地理学之发展》，《地理学报》1999 年第 4 期。

⑦　沈建法：《海外中国城市地理研究进展》，《世界地理研究》2007 年第 16 期。

并相互作用的观点是上述理论和方法的基本原理。

列菲弗尔（1991）认为，空间不仅仅是物质实体范畴，更是政治经济学范畴。列斐伏尔在研究法国战后的快速城市化进程时提出了影响深远的"空间生产"理论，认为"空间的生产就是空间被开发、设计、使用和改造的全过程"，城市化从"空间中的生产"发展到"空间的生产"是区域城市化发展到一定阶段的产物，空间不仅是社会的产物，还反映和反作用于社会①。于是，空间既是服务于思想和行动的工具，又是统治阶级实施社会统治的和权力运作的工具，既是利益角逐的场所，又是利益博弈的产物，还反映和影响了社会权力和利益分配的格局。如果说，列菲弗尔将空间与社会及其生产模式的关系作为空间思考的重心的话，那么福柯更多地将空间与权力、空间与个体、空间与知识的关系作为讨论的重心。福柯认为，生产模式与意识形态并不足以决定现代人的主体形式，真正的力量应该是"权力"，空间乃是权力、知识等话语转化成实际权力关系的关键②。在他看来，空间既是抽象的也是实在的，空间的建构嵌入关系之中③，建筑、规划所形成的空间意象是和特定的经济、政治或制度交织在一起的。因此，空间成为权力实践的重要机制，一些细微的空间机制（比如空间隔离、空间等级化、空间象征化等）将个体融入社会，以完成一种具有创造性或生产性质的统治技术。索亚明确提出了社会空间辩证法（Socio-Spatial Dialectic）的概念，认为人们在创造和改变城市空间的同时又被他们所居住和工作的空间以各种方式控制着。邻里和社区被创造、维系和改造；同时，居民的价值、态度和行为也不可避免地被其周围的环境以及周围的人的价值、态度和行为所影响④。戈特德伊纳（Gottdiener, 1994）在整合上述研究成果的基础上提出了社会—空间视角（Socio-Spatial Perspective）的观点，试图将更多的社会因素纳入城市空间的分析框架，主张从空间、资本和阶级的交互关系中去理解都市现象。

以"空间的生产"概念为基础，"城市空间的社会生产"（Social Pro-

---

① Lefebvre, H., The Production of Spaces, Oxford: Blackwell, 1991.

② 石崧、宁越敏：《人文地理学"空间"内涵的演进》，《地理科学》2005 年第 3 期。

③ 何雪松：《空间权力与知识：福柯的地理学转向》，《学海》2005 年第 6 期。

④ ［美］保罗·诺克斯、［英］史蒂文·平奇：《城市社会地理学导论》，商务印书馆 2005 年版。

duction of Urban Space）理论从政治经济学的原理出发，探讨西方城市中社会阶级和特殊利益集团通过控制土地和建筑物等空间的主要特征来塑造和影响城市空间形态和组织的过程。"城市空间的社会生产"在强调空间是社会的产物、伴随着意识形态的嬗变会发生空间建构或重构的同时，更加强调社会阶层或各种社会力量（比如政府、开发商、非营利组织、社区组织等）在土地开发、空间资源配置等空间塑造过程中的社会互动行为及其对空间的影响。在城市空间的政治经济学视野中，城中村作为我国城乡二元土地制度下、快速城市化进程中所产生的特殊城市空间形态，是特定的政治经济制度和意识形态的产物，是各种社会集团和利益相关者交互博弈的产物，是我国政治经济转型过程中，政府的公共权力运作、原村民的资本运作以及庞大的市场需求合力打造的产物。

二、城中村空间生产的经济基础

按照 2004 年广州市政府颁布的《广州市城中村改制改造管理暂行办法》（征求意见稿）的界定，"城中村"是指"在本市市属各区范围内仍然保留农村体制，使用集体用地，并以村民委员会为组织形式的农民聚居村落；或者虽然农村集体经济组织全部成员已转为城镇居民，但在土地使用、居住环境景观等方面仍保留原农村特征的原村民聚居点"。在广州市原 385 km² 城市规划区范围内，共有 139 个城中村，其中，海珠区有 20 个，分别是联星、石溪、瑞宝、五凤、凤和、三滘、沥滘、东风、桂田、龙潭、红卫、土华、小洲、琶洲、黄埔、石基、官洲、仑头、北山和赤沙等①。本章将基于在上述城中村调研所收集的基础资料来探讨当前我国社会经济转型背景下，城中村在空间生产与社会治理方面的规律。

（一）"城中村"社区的经济组织形式

"城中村"社区的经济组织架构由经济联合社和经济合作社两级构成。按照《广东省社区合作经济组织暂行规定》的要求，广州市海珠区（即原新滘镇）共建立健全经济合作社组织 223 个，经济联合社组织 18 个。从 1994 年起，广东省开始试行土地股份合作制，将原来属于集体的土地、资

---

① 广州市城市规划局：《广州市"城中村"改制过渡期规划指引》，2005 年。

金和固定资产，以股份形式，优化配置为集体股和村民个人股，以股份制的经营方式组织运作与管理，个人根据其拥有的股份享受集体资产收益的分配权①。2002 年海珠区实行城市化改制之后，原村委会的集体资产管理职能转交给经济联合社，同时经济合作社继续保有合作社一级的集体资产经营的权力。经济联合社与经济合作社都是独立的经济法人，但在管理上经济联合社与经济合作社之间是公司与分公司的关系，经济联合社制定的规章制度对经济合作社具有一定的约束力。

（二）城中村社区和原村民的主要经济来源

城中村社区经济的主要来源是征地补偿金、物业和土地租金等，少数城中村社区有自营实业公司。海珠区城中村社区经济发展早期主要依靠集体投资的劳动密集型的企业，如服装加工、家具制造、小五金厂等。但随着城市劳动力价格和土地使用价格的升高以及劳动密集产业的衰落，"城中村"在经营上已显得力不从心，于是转向物业经营，包括厂房、商铺、住宅等的出租。经济合作社集体经济的主要来源是土地出租和厂房出租，以土地出租为主。经济联合社集体经济的主要来源是征地补偿金以及集体物业（场地）的租金收益。以华州街龙潭经济联合社为例，在 2006 年 1—11 月的经济收入中，集体物业租金（包括场地租金、市场租金）收入为 331.75 万元，占总收入的 41.26%；而该年度的土地征用款项中经济联合社所得部分达 295.36 万元，占总收入的 36.74%。这两项收入总和占集体总收入的 78%。以江海街红卫第十四经济合作社 2006 年集体收入为例，2006 年该合作社共收入 798.57 万元，其中经营性收入（即物业租金）为 182.43 万元，占年度总收入的 22.84%；而非经营性收入（包括征地款补偿、银行利息等）为 615.9 万元，占全年总收入的 77.13%，其中征地补偿款为 542.5 万元，占集体经济总收入的 67.93%。物业租金收入和征地补偿款收入之和占全年总收入的 90.77%。从集体经济收入结构上看，经济合作社比经济联合社更加依赖于物业出租。

---

① 张建明：《关于海珠区农村股份合作制的调查报告》。转引自中共广州市海珠区委政策研究室：《海珠调研撷英 2001》2002 年版，第 134—139 页。

（三）城中村社区经济发展的特点

作为自主经营的集体经济组织，城中村社区经济发展的特点可以概括为以下六个方面：物业依赖性、路径依赖性、半固定性、封闭性、不连续性和福利导向性，形成了政府与社区相互依赖的典型的城乡二元经济发展模式（见图9-1）。①物业依赖性指的是其经济收益严重依赖于集体物业的租金。②路径依赖性指的是城中村社区物业的主体是20世纪80年代以来建设的厂房，受政策因素影响大，收入的提高并不是企业规模扩展的成果，而是经由提高租金而得来的。③半固定性指的是其收入来源与企业经营效益无关，而只收取相对固定的租金（相对固定指的是租金一般会每隔3年左右调整一次，每一次大约递增5%）。④封闭性指的是经济分配在城中村社区内部实现循环，不接受社会资金的参与，城中村经济不能从城市经济的发展中获得更大的收益。⑤城中村社区经济的发展呈现出较强的不连续性，受各种外在因素影响（尤其是地方政府的土地征用行为），经济发展的波动较为强烈。⑥福利导向性指的是经济合作社的集体经济收入分配主要以农户分配为主。以江海街红卫第十经济合作社为例，该合作社2005年可支配总收入为344.72万元，其中直接用于社员分配的金额为237.8万元，占全年总收入的68.98%。以南洲街东风六社2006年集体经济总收入72.7%用于社员分配，其他收入由合作社提留，作为集体开支。

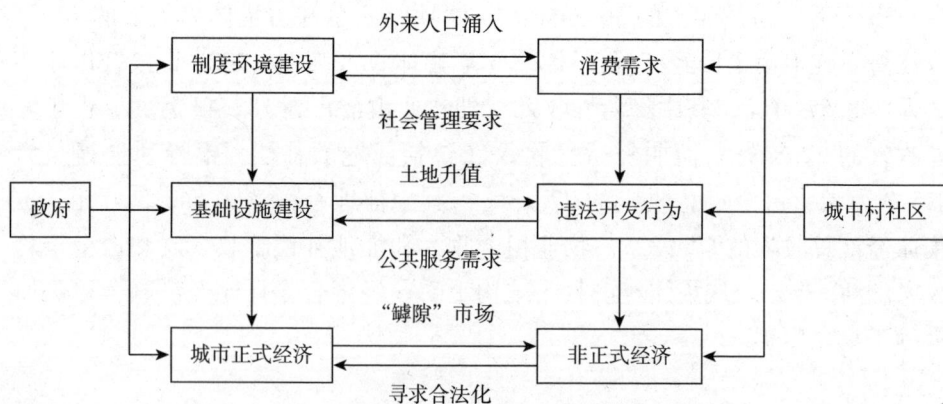

图9-1　资源依赖下的城中村二元经济模型

（四）城中村社区经济与现代城市经济的融合

城市化的过程就是城中村社区在空间上不断被蚕食、割裂、替代和分解的过程，在实现地域空间的"城市化"的同时，社区集体经济也不断被"城市化"，并逐渐发展成为现代城市经济的重要组成部分。海珠区中大布匹市场的历史可以追溯到1983年原五凤村村民自发形成的布匹交易街，从当初的集市式经营，到目前进（商）铺、进（轻纺）城发生了巨大的变化。该市场一度因经营方式落后和火灾隐患巨大而被取缔。进入21世纪之后，中大布匹市场的布匹辅料市场交易额不断攀升，甚至在全国都享有盛名。此时正逢海珠区产业结构调整，而广州国际会展中心的入驻给海珠区政府带来布匹市场与会展中心联手推动海珠区商贸物流业发展思路。于是，中大布匹市场的发展摆脱了受抑制的发展局面而渐渐被纳入了现代城市经济的轨道。以2005年广州国际轻纺城的建立为标志，中大布匹市场的发展开始融入海珠区现代城市经济发展的范畴，成为海珠区的特色产业与支柱产业之一。

三、城中村空间生产的属性和特征

（一）城中村空间的生产具有因地制宜的区位敏感性

城中村社区往往具有较高的区位敏感性，善于因地制宜发展各种产业，并形成专业化经济。如赤沙经济联社发挥毗邻高校（广东商学院）的地缘优势，将居民的出租屋集中起来并建立物业公司加以管理，帮助高校解决了宿舍住房紧缺的问题。联星经济联社发挥毗邻广州美术学院、中山大学等高校的地理位置优势，筹备建立文化创意产业园区，且已获得省、市各级政府的支持。地处万亩果园保护区核心区的小洲经济联社，发挥生态环境优势，租用村民果园建立了以生态旅游观光为主题的"瀛洲生态公园"，在保护生态环境的同时，也产生了一定的经济效益，解决了部分果农的就业问题。

（二）城中村空间生产的脆弱性

城市既然作为权力的重要器物，那么，它首先要体现权力本身。而用权力去分割空间、从而让空间从自然的状态中转变为支配与被支配的双重空间，就成为城市建设的逻辑起点①。城市按照居住在特定场所内那些不同的利益集团的博弈结果来塑造自身，建设自身。在城中村空间生产的过程中，城市对城中村土地的支配以及城中村对集体土地的支配构成了空间生产中的"双重支配"，并进而导致了城中村空间生产的脆弱性。城中村空间生产的脆弱性首先表现为经济增长的不稳定性。在我国城乡二元的土地所有制度下，政府出于公共利益的需要可以征用农村集体用地。因此，城中村空间处于随时都可能被政府征用的境地，导致城中村空间生产呈现出一种极不稳定的状态。2002 年，政府为建设沥滘污水处理厂而先后征用了小洲经济联合社 250 余亩土地（主要是工业用地），结果导致小洲经济受到巨大冲击，集体经济一蹶不振，除征地当年外一直未有集体分红。

（三）城中村空间生产的不规范性

首先，产权的不完整性导致改造困难，不利于城中村空间生产的延续。海珠区现有工业用地 150 万平方米，但其中 79% 以上没有土地使用红线，既没有用地证，也没有产权证。在逐步规范城市土地管理的今天，这些历史用地在改造上遇到了严重的产权障碍，导致无法推进物业改造程序。其次，城中村空间的生产存在较大的安全隐患和消防隐患。海珠区 20 世纪 80 年代建成的集体物业经过 20 年的损耗已经异常破旧，存在严重的安全隐患。而且由于城中村中隐藏了大量居住、加工、储藏"三合一"的地下工厂，形成了非常严重的消防隐患。第三，城中村空间的生产土地集约利用水平低下。城中村物业布局分散，土地集约化利用程度低。由于缺乏统一规划，因此用地布局分散、零乱，土地利用效率低下。第四，城中村空间生产的负外部性严重。城中村的工业小区大多建在村庄沿主干道路的两侧，随着外来人口增多，更多的居住物业沿道路散布而将厂房围裹起来。居住人口密度的增加造成工厂交通运输不便，而工厂的噪声、废气又对居住环境造成污染。居住和生产功能在空间上混杂在一起，互相干扰，既不利于城中村社区生产规模的扩大，更不利于城市社区生活质量的提升。

（四）城中村空间的生产具有较强的经济活力

首先，社区主导的城中村空间生产伴随着城市产业结构的转型而不断

---

① 杨小彦：《违章和合法：城市生长的双重变奏》，《城市中国》2005 年第 10 期。

升级，展现出其较强的环境适应性和经济活力。以批发为主的商品交易市场已经成为海珠区的特色产业和第三产业的重要组成部分。据第二次全国基本单位普查资料显示，2005 年，海珠区年商品成交额达亿元及以上的商品交易市场有 13 个，总营业面积为 39.7 万平方米，摊位总数达 9980 个，亿元以上商品交易市场的总成交额达 193.9 亿元，占全市亿元以上商品交易市场总成交额的 24.8%，中大布匹市场已经成为享誉全国的优质品牌，显示出蓬勃的生机。城中村空间生产还具有较强的生产积极性。由于集体经济收益中的很大一部分会以福利分红的形式分配给社员，所以无论是城中村管理层，还是普通社员都具有较强的生产积极性，热衷于投资建设物业、厂房、仓库、商铺、出租屋等空间新式，以获得更多的利润。比如联星经济联社制定了较为详尽的建设项目规划，计划 2007 年开发土地面积 26.57 万平方米，主要用于住宅建设和厂房、仓库和商业设施建设。以提高集体经济收益和社员福利。

（五）城中村空间的生产逐渐引入和加强市场化运作方式

当前的城中村发展模式在很大程度上是土地依赖型经济，但是随着城市化进程的加速，城中村大量土地被城市建设所征用，城中村社区所能支配的发展用地越来越少，这就迫使城中村社区采取市场化的方式拓展新的发展空间。比如，联星经济联合社为解决部分社员的福利分红问题，而通过参加土地拍卖会的方式在广州市花都区寻求发展空间。无独有偶，五凤经济联合社也迫于土地压力而采取了异地开发的形式，经过土地拍卖会竞得番禺区 20 多亩土地继续发展。随着城市化进程的推进，土地资源紧缺的问题将会是每个城中村社区都要遇到的问题，在受限于政策约束（开发手续不完全的地块不得改建）的条件下，只得采取市场化的运作的方式来维持现有的空间生产模式。

四、城中村空间生产的类型、过程与模式研究

（一）城中村空间生产的类型

"空间"是城市地理、城市规划等学科的基本理论范畴，其重要性就如同商品的概念对于经济学一样[①]。城中村的空间形态大致可以划分为两类，

[①]　吴缚龙：《西方国家城市地理学的发展》，《人文地理》1988 年第 1 期。

一类是城中村的生产空间，指的是城中村集体为生产主体、集体经济赖以生存的生产型物业（包括厂房、商铺、仓库等）。在 20 世纪 80 年代初，乡镇企业得到非常快速的发展，工厂和仓库是空间生产的主要对象。20 世纪 90 年代中后期以来，随着广州大道的建设，海珠区交通区位的改良，部分村社空间生产快速转向商铺物流型物业，比如蜚声国内外的中大布匹市场、广州大道南沿线二手车批发市场等。由于区位限制，海珠区较少规模较大的酒店类生产型物业。另一类城中村空间形态是生活空间，指的是城中村原村民为生产主体的出租屋（包括旅店）。城中村生活空间的生产也经历了从自发自然形成到政府控制引导再到功能转变的过程。20 世纪 90 年代中期以前，农村住房主要用于村民自住，因此建设量并不大。20 世纪 90 年代之后，经济发展带动大量外来人口云集，引导着住房需求猛增。但由于政府的忽视而并未转化成对正规房地产市场的需求，导致城中村房屋出租（非正规住房）市场的火爆。

（二）城中村空间生产的过程

城市空间也不仅仅是一个被动的接收器或者一个地理的容器，因为空间和社会、经济是相互交织的。改革开放以来，社区主导下城中村空间的社会生产经历了依靠本地劳动力从"三来一补"起步、发展乡镇企业，到外来人口大量涌入，劳动密集型产业和工业物业经济发展，再到城中村聚落形式形成并由直接生产型物业经济向商贸租赁型物业经济的转变过程（见图 9 - 2）。

目前，在这一空间生产过程中，集体经济规模不断壮大，对土地的依赖和需求也越来越大。但与此同时，随着城市规模的不断扩张，土地征用的规模也越来越大，集体经济发展的资源基础不断受到削弱。社区对空间生产的效率的要求也越来越高，一个方面表现为空间规模的扩张，在本地土地供不应求的情况下寻求异地发展；另一个方面表现为空间用途的改变，试图通过变更空间生产的对象（比如由厂房改造为商铺等）来提高空间生产的效益；再者就是提高空间生产的强度和质量，通过提高容积率、提高物业周边环境质量来创造出更高的价值。

空间生产的基础　　　　　空间生产的影响　　　　空间生产的表现

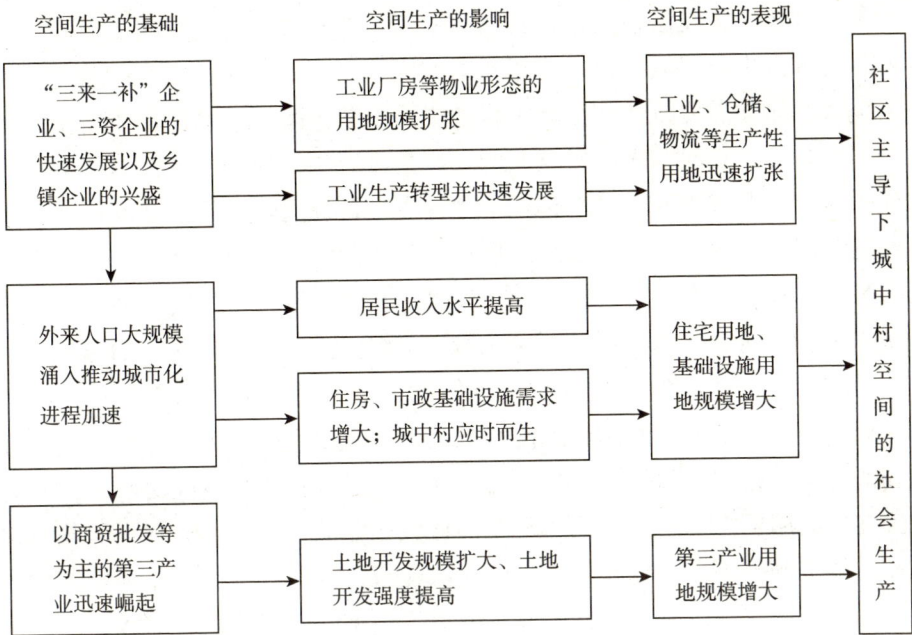

图9-2　社区主导下城中村空间生产的过程

（三）城中村空间的生产模式

改革开放以来，城市空间的社会生产是在全球政治经济体制转型的大背景之下展开的。而全球化背景下的中国城市发展始终是与分权化过程和市场化过程严密地契合在一起的。市场化政策的实施，在很大程度上提高了资源配置的效率。而分权化则将地方政府从中央政府的附庸的地位上解放出来，成为具有独立利益诉求的行为主体。而与此同时，社会力量勃兴，社区在城市空间的社会生产中逐渐掌握了主动权；企业，更由于体制的因素而成为资源配置的主体。因此，改革开放以来城市空间的社会生产必然存在与计划经济体制下城市空间生产迥然不同的运作机制和模式。

城中村空间的生产是在多股社会力量的合力聚成的，涉及政府、企业、原村民和外来人口（见图9-3）。首先，城中村空间的生产是在外来人口的巨大需求之下才产生的。传统的城乡二元体制之下，农民被牢牢地束缚在土地上，无法流动。直到20世纪80年代，户籍制度出现松动，允许农民自理口粮进城务工，于是开始出现进城务工的农民。但是，由于进城务工人员的可支配收入较低，无法在城市正式居住空间中找到可支付的住房。于是，社会就将这批人推向了城中村的非正式居住区。正式外来人口庞大的数量，产生了庞大的居住需要，才使得城中村的规模不断扩张，才使得城中村空间的生产不断延续。其次，城中村空间的生产是政府失灵的产物。大量的外来人口涌入城市，但城市政府缺乏远见，并没有准备好适合他们消费水平的接纳他们的空间，正是在这个方面政府的缺位，才使得城中村空间的生产得以扩大。另外，政府的失灵还表现在规划失灵。政府在城市规划的同时，并没有将城中村空间纳入规划范畴，而是采取"绕着走"、"开天窗"的方式，结果使得城中村空间的生产没有规划可依循，也就没有了空间生产的规制标准，结果使得城中村空间越建越乱。第三，城中村空间的生产是原村民追逐利润的结果。在农田被征用、自身有无文化、无一技之长以安身立命的失地农民在出租屋巨大的利润空间所显现的比较收益的推动下，原村民置规章制度和法律法规于不顾。建设了大量的违法建筑，同时也造成城中村空间中存在大量的非法空间（违法建筑、违法用地），成为政府整治的对象，而政府

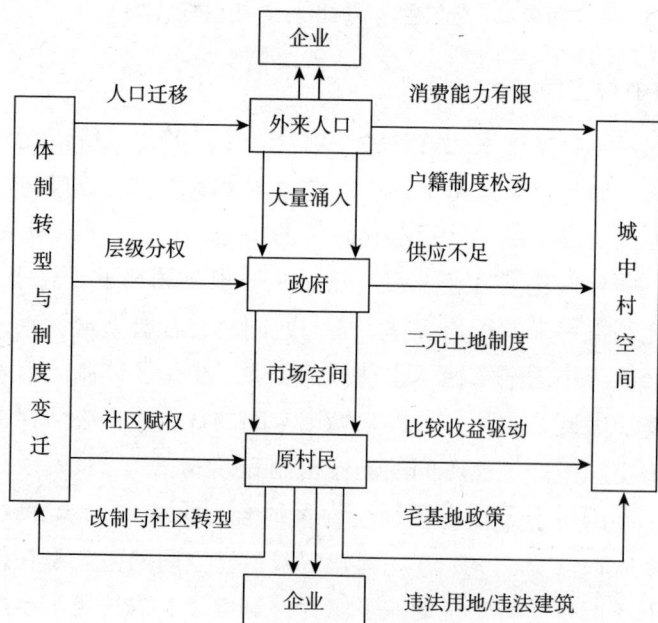

图9-3　社区主导下城中村空间生产的模式

与城中村社区的利益之争更加加剧了社会冲突。第四，企业（包括村办企业和承租物业的外来企业）经济的发展为城中村空间生产提供了必要的经济基础。企业的存在，既解决了部分村民的就业问题，又通过偿付租金或上缴经济收益而充实了集体经济实力，还推动了社区公共设施的完善与景观的现代化。

五、城中村空间生产的治理机制

（一）以产权为突破口，建立合理的社会经济治理体系

城中村城市化过程中有分别代表城市文明和农村文明的两个文明主体，他们按照自己的理解平行推进城市化，各自表述和演绎着"城市化"概念[①]。土地是一个城市重要的财富和宝贵的资源，因此以提高城市土地利用效率为核心的城中村改造工作注定是一个复杂的、多方的利益博弈过程。如何协调好城中村改造中各相关利益主体的利益关系，对于城中村改造的顺利进行和最后成功至关重要[②]。理清"城中村"土地产权是治理"城中村"问题的基础，处理好"城中村"政府—开发商—居民三者关系是治理"城中村"问题的保障，经营好"城中村"集体资产是治理"城中村"问题的核心[③]。

（二）以规划为龙头，加强城中村土地管理和公共服务设施的供给

城中村土地规划与管理是城中村空间生产的重要治理措施。广州市虽然已经对"城中村"进行了全面改制，但实际运作中仍然沿袭了原来的一整套制度。这些制度是"城中村"出现的政策体制原因，而在"城中村"形成中影响最大的是户籍和土地的二元制，这是造成"城中村"问题的根本原因。二元体制造成的城乡分隔的局面，限制了城乡之间的要素流动、社会经济联系和文化交流，阻碍了城市化的进程，导致统一规划、统一建设、统

---

① 朱荣远、张立民、郭旭东：《表情复杂的中国城市化附生物——城中村——有关深圳市城中村调查研究的启示》，《城市规划》2006 年第 9 期。

② 张侠、赵德义、朱晓东、彭补拙：《城中村改造中的利益关系分析与应对》，《经济地理》2006 年第 3 期。

③ 王华春、唐任伍、陆劲：《"城中村"问题的制度成因及治理思路——城市土地资源优化配置的重要环节》，《宁夏社会科学》2005 年第 6 期。

一管理与建立统一的土地与劳动力市场的困难，从而导致"城中村"成为城市内部一个孤立发展的次系统。为了消除城中村存在的空间负外部性，实现城中村与外部城市世界在体制上、景观上和设施水平上的一体化，必须加强城中村规划和改造工作，并且以规划为龙头，以土地开发与再开发为工作重点，以公共服务设施的供给为着力点来加强城中村的空间治理。

（三）以利益平衡为切入点，促进城中村社区转型和社会融合

城中村是中国快速城市化进程中出现的特有现象，城中村改造问题的本质是利益问题，实质上是与城中村改造相关的利益各方利益调整的过程①。"城中村"作为城市发展不和谐现象的缩影，"城中村"改造的过程正是由政府、村集体与村民、企业和社会等力量共同推进，力求多方利益均衡、趋向和谐与共赢的过程②。因此有必要以利益平衡为切入点，促进城中村社区的现代化转型，推动城中村社区融合进现代城市社会中。首先是要平衡局部利益和整体利益。在政府与社区之间，无论是土地征用、还是布匹市场的持续开发以及对违法建筑的整顿和清理都是出于维护城市整体利益的目的。而社区在利益驱动下往往过度关注局部经济效益的增长而忽视了整体社会效益和环境效益的提升，造成城市整体生活品质的降低。其次是要平衡当前利益和长远利益。增长导向下的城市和社区发展理念使得政治精英往往过度关注当前的、可显示的绩效而忽视或摒弃长远的、低显示度的绩效，造成城中村空间生产过程中当前利益与长远利益的背离。

（四）以强化土地集约利用为引线，推动城乡统筹和空间整合

从政治经济学的视角来看，城市既是权力的象征，又是权力的器物，其布局目的很清楚，或者是让空间变成支配与被支配的等级状态，或者是如何去平衡冲突。在全球资源快速流动过程中，最大的竞争优势就是资源的最优配置和全面整合③。因此，通过提高村社工业用地的集约利用程度进而带动

---

① 孟维华、周新宏、诸大建：《城中村改造中的"市场失灵"和"政府失灵"及防止途径》，《城市问题》2008 年第 10 期。

② 运迎霞、常玮：《博弈和谐共赢——"城中村"改造经验借鉴及其策略研究》，《城市发展研究》2006 年第 3 期。

③ 何建颐、张京祥、陈眉舞：《转型期城市竞争力提升与城市空间重构》，《城市问题》2006 年第 1 期。

城乡空间秩序的重整是实现良好社会秩序的基本策略之一。基于对村社工业用地集约限制性和制约性因素的克服，存在多种促进集体物业用地集约度提高的途径，而每一种模式途径需要一定的条件或政策支持，并具有不同的区位适宜性。①保持现有的状况不动，待城市建设或征用时一次性转为高价值的城市用地。这一做法适用于近期内可望进行城市开发建设的地段（比如联星），存在的问题是有没有红线（是否是违法用地）造成征地补偿差异大而与村社产生争议。②将旧厂房改造为标准厂房。旧厂房的改造是促进土地集约利用和经济效益提高的有效途径，首先是增加了建筑面积，提高了单位建筑用地的经济收益。其次，旧厂房的改造不仅直接增加了集体物业经济收入，同时又提高了入驻企业的门槛，有利于产业结构的升级替代。③将工业用地性质转为商业用地类型。可以围绕"退二进三"战略，会同规划、国土、城建设等部门，采用特定的行政方式或行政手段，将现有的村社工业用地一次性转为综合用地性质。④提升用地和物业组织管理主体的层次。可以尝试采用市场化的、"委托—代理"的方式组织集体物业和土地的经营管理。赤沙经济联社委托专业物业公司经管原村民住房，其成效明显。⑤推动城乡统筹与空间整合。面对海珠区城乡空间分割与空间破碎化的现状，统筹安排、协调各部门用地、各权属用地、各产业用地、各街（村）用地，优化用地空间组织布局，推进区域协调发展成为当前最紧要的事情。克服传统的留用地村社分割、多次到位、空间零碎的问题，在中长期的规划用地安排下，可跨空间、跨时间进行城乡一体化的组织管理（见图9-4）。

六、结论

城中村作为30年来中国快速城市化进程伴生的普遍存在的聚落形态，是我国改革开放以来制度变迁和社会经济体制变革的产物，浓缩着城市政府与集体经济组织、社区组织与发展商等社会行为主体之间的竞争、合作和冲突等种种博弈状态和过程。以空间生产理论为切入点有助于更清晰地辨别特定城市空间形态塑造过程中各种利益集团的社会互动行为，有助于更体系化地探讨城市空间塑造过程中制度变迁和社会经济体制变革的脉络及其所产生的影响、空间的表征等，也有助于在深刻把握结构因素和行动者因素的前提下更有针对性制定空间治理的战略方针。

问题导向：破解村社用地和经济低效	现代城市经济高级业态：产业发展导向	政策指引：解决的关键问题与行动指南	城乡协调目标导向：三大目标
大量集体物业未能确权	商贸会展与现代商务中心	集体物业确权	保障城市发展用地，促进土地集约高效利用和经济持续发展
集约建设用地的固化、低效	总部经济、房地产业	集体建设用地流转	
工业用地转商业等现代服务业	现代信息服务业、新型工业	用地性质调整	稳定地保障村民的收入水平不断提高
土地利用强度和利用效益低下	高新技术产业和都市农业	土地集约利用与容积率适度提高	
村社组织分割、经营管理绩效低下	文化产业、知识产业和其他新型产业	经管组织模式的现代化和高层次化	搞好城市和社区规划建设，构筑良好的人居环境
城乡空间分割与空间破碎化	大型专业批发和物流市场	城乡一体跨域跨空间整合	

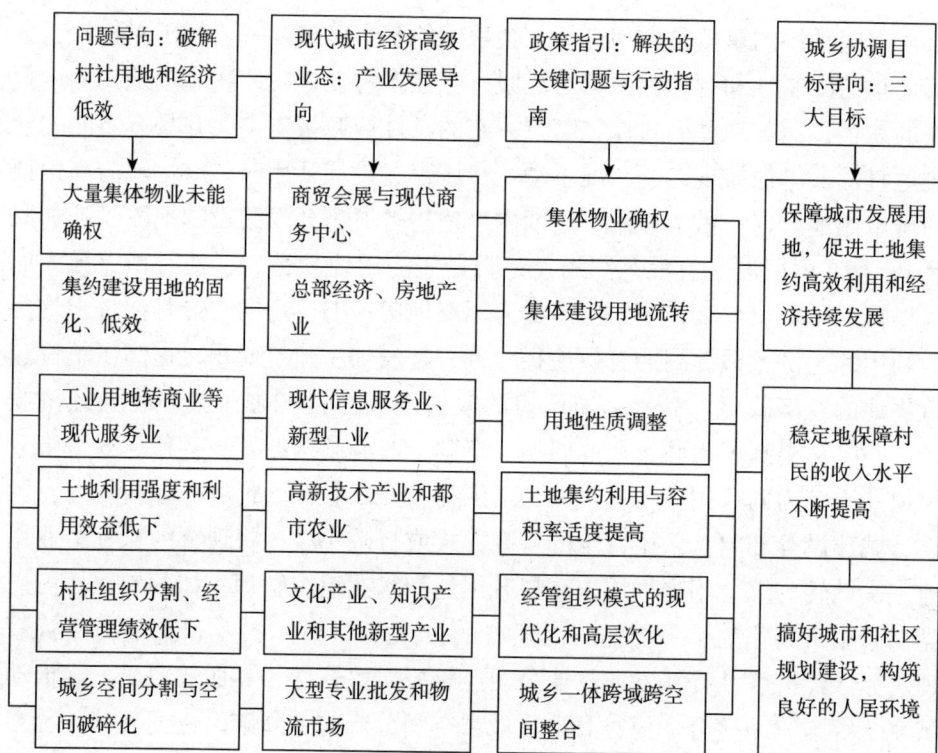

图 9-4　海珠区城乡协调战略框架

　　本章从城市空间政治经济学的理论出发，以"城中村"这一特殊类型的城市空间的社会生产为切入点，得出以下结论：城中村空间的生产是制度变迁和社会行动者互动博弈的产物，城中村空间的治理必须以产权为突破口，建立合理的社会经济治理体系；以规划为龙头，加强城中村土地管理和公共服务设施的供给；以利益平衡为切入点，促进城中村社区转型和社会融合；以强化土地集约利用为引线，推动城乡统筹和空间整合。

第十章　政府合作型跨境区域治理①

　　在当代中国地方政府主导型市场经济发展背景下，促进区域政府合作是在现行体制下实现区域一体化的理性选择②。改革开放以来，我国地方政府间关系已经由单一性走向多样性，由垂直联系为主发展为横向联系为主，由冷到热③。政府扮演区域治理过程中的重要角色是中国区域治理模式最具有代表性的特征，所关注的焦点都只是着重在政府间的合作与协调关系，而非涉及公私部门的合作与水平的政策网络结构④。而国际上普遍倡导的"区域治理"机制在通过地方政府间通过协商、签订协议和立法规范而建立起互惠合作的伙伴关系的同时，更加强调企业组织、民间社团等多元利益主体的参与和多渠道资源的投入与整合⑤⑥⑦。随着市场经济和市民社会的进一步发展，中国区域治理中的政府间关系正逐步消解高度一体化的传统集权体制，

---

　　①　本章根据马学广、李贵才《政府合作型跨境区域治理研究——以大珠三角西岸地区为例》（《城市观察》2012 年第 10 期）修改而成。

　　②　张紧跟：《当代中国地方政府间横向关系研究》，中国社会科学出版社 2006 年版，第 121 页。

　　③　谢庆奎：《中国政府的府际关系研究》，《北京大学学报》（哲学社会科学版）2000 年第 1 期。

　　④　简博秀：《没有治理的政府：长江三角洲城市区域的治理与合作模式》，《两岸发展模式之比较与展望国际学术研讨会报告论文》，2006 年。

　　⑤　Brenner, N., Globalization as Reterritorialisation: the Re-Scaling of Urban Governance in the European Union, *Urban Studies*, Vol. 36, No. 3, 1999, pp. 431 – 451.

　　⑥　Hamilton, D. K., Organizing Government Structure and Governance Functions in Metropolitan Areas in Response to Growth and Change: A Critical Overview, *Journal of Urban Affairs*, Vol. 22, No. 1, 2000, pp. 65 – 84.

　　⑦　Sullivan, H. and Sketcher, C., Working across Boundaries: Collaboration in Public Services, Palgrave Macmillan, 2002.

形成多中心治理、彼此合作和相互依存的新型政府间关系网络格局①②。其主要特征表现为：首先，在区域一体化的大趋势下，各级地方政府都意识到区域整体协调发展的重要性，都积极参与到所在区域各种形式的政府间合作甚至跨区域政府间合作中。其次，制度层面的整合普遍开展并不断升级。一方面表现为城市政府联合体和区域经贸协调会等为代表的政府间合作机构和政府高层首脑会晤机制的普遍建立③，另一方面是合作协议、宣言和共识等多种形式的地方政府间合作契约协议制度的普遍推广。本文将以大珠三角西岸地区为例，探讨以政府合作为主要推动力的跨境区域治理的历程、架构、问题和策略。

改革开放30多年来，珠江三角洲地区经济社会发展实现了历史性跨越，是我国改革开放的先行地区和重要的经济中心区域。2009年，广东省《省委省政府关于贯彻实施〈珠江三角洲地区改革发展规划纲要（2008—2020年）〉的决定》提出建立中部广佛肇（广州、佛山、肇庆）、东岸深莞惠（深圳、东莞、惠州）和西岸珠中江（珠海、中山、江门）三大经济圈，通过三大经济圈各自融合发展来实现珠三角一体化的设想。在本文中，珠中江经济圈加上澳门特别行政区就是大珠三角西岸地区（简称大珠西地区）的范围。随着《珠江三角洲地区改革发展规划纲要（2008—2020年）》（下文简称《珠三角改革发展规划纲要》）的实施、《内地与澳门关于建立更紧密经贸关系的安排》（下文简称CEPA）的落实以及港珠澳大桥的启动，珠西地区将成为广东省新一轮经济发展潜力最大的区域，澳门与珠西地区的协调发展对于拓展大珠三角发展腹地、平衡广东省区域发展差异以及促进中国—东盟的合作具有重要意义。

一、大珠三角西岸地区跨境治理发展历程

大珠西地区社会经济合作由来已久，澳门开埠后即作为东西方贸易的中转站。回归之前，澳门与珠西地区的生产合作表现为民间自发性特征，政府

---

① 罗小龙、沈建法：《长江三角洲城市合作模式及其理论框架分析》，《地理学报》2007年第2期。
② 杨春：《多中心跨境城市—区域的多层级管治——以大珠江三角洲为例》，《国际城市规划》2008年第1期。
③ 汪伟全：《论地方政府间合作的最新进展》，《探索与争鸣》2010年第10期。

间的沟通与交流较少，合作形式为以企业为纽带、以比较优势为基础的功能性整合。回归之后，澳门与珠西地区合作呈现出以政府协调与市场导向相结合的特征，其经济融合经历了一个由非正式一体化向正式一体化演变的发展过程，其推动力也由最初的市场推动企业主导向市场和政府相配合的模式转变。

（一）改革开放前，大珠西地区以民间社会文化往来为主的区域合作形式

1535 年开埠后，澳门逐渐成为东西方贸易的中转站和远东最著名的国际商埠，我国南方各省的出口产品皆须先取道珠西地区，然后到达澳门转口，石岐、小榄、前山、江门、香洲等地因商业的繁荣而成为集镇。鸦片战争后，广州、香港、澳门、江门等城市先后开放为通商口岸刺激了珠西地区的经济发展，在澳门因航运优势丧失而趋于衰落之后，香港逐渐取代了它在珠西地区的地位，成为南北货运和贸易的中继港。新中国成立后，西方限制我国与海外的物资流通，粤澳两地居民自由往来的历史传统逐渐终止，粤澳官方往来和社会文化联系极少，直到"文化大革命"后期才渐渐恢复[①]。而珠西地区从原先小范围的参与国际贸易与交流走向对外封闭对内自给自足的发展模式，直到改革开放之初仍以农业生产为主，形成了联系松散的珠三角西岸城镇体系[②]。

（二）改革开放至澳门回归前，大珠西地区的民间市场化经贸合作

1978 年后，改革开放政策的实施重启了粤澳两地民间的社会文化和经济往来，大珠西地区跨境合作主要在经济领域展开，合作内容以招商引资和项目洽谈为主。澳门回归前，大珠西地区跨境经济合作主要在互惠互利的基础上由民间自发地推动，两地政府之间共同发展的合作意识和自觉互动行为很少，但两地经贸往来不断密切，形成了以劳动密集型制造业为主体的、"前店后厂"式的产业合作关系[③]，特点是产业间垂直分工多而水平分工少，零星合作与行业合作多而官方参与的策略联盟性合作少，劳动密集型的第二

---

① 孟庆顺、雷强：《粤港澳关系的历史变迁》，《大珠三角论坛》2003 年第 1 期。

② 司徒尚纪：《珠江三角洲经济地理网络形成、分布和变迁》，《国际中国历史地理学术讨论会论文》，1990 年 10 月。

③ 薛凤旋、杨春：《外资：发展中国家城市化的新动力——珠江三角洲个案研究》，《地理学报》1997 年第 3 期。

产业合作多而资金技术密集型的生产性服务业合作少①。但这种经济合作模式都是各城市和港澳资本的单线联系，凭借的是各城市自身的亲缘、血缘或地缘联系，珠三角各城市之间的联系并不紧密，相互之间在发展上也缺乏协调。改革开放以来，大珠西地区经济合作虽然已从互通有无式的贸易往来发展到生产领域的资金、技术、人才、信息的互补合作，但总体上仍属民间的分散性合作，层次较低且结合程度不高，两地优势未能充分发挥和互补。

（三）澳门回归以来，大珠西地区日趋紧密的规范化制度性合作

1999 年澳门回归后，"一国两制"政策的施行将大珠西地区的合作治理推进到一个新的阶段，粤澳关系从不同国家治理下的对外关系变为在中央人民政府统一领导下的不同体制地区的国内关系。"一国两制"框架下的粤澳两地关系的发展不再仅限于区域经济关系，而更多地表现为区域行政关系②。粤澳合作由民间上升为政府间合作，从早期的贸易为主逐步扩展到投资、旅游、基建等诸多领域。澳门特区政府始终遵循"远交近融"的发展思路，把巩固和拓展对外合作关系特别是加强粤澳合作作为施政重点之一。2003 年以来，CEPA 及其补充协定的签署为粤澳合作提供了制度保障，为澳门产品进入内地市场提供了机遇，为粤港澳联手打造世界生产商贸中心奠定了基础。大珠西地区经贸合作逐渐从以工业投资为主的"前店后厂"向工业、服务业全面发展的"厂店合一"阶段转变。粤澳合作组织架构从粤澳合作联络小组会议升级到粤澳合作联席会议制度的转变推动着粤澳合作层面由局部合作向"一国两制"框架下由政府间多方位合作转变，粤澳合作逐步进入规范化和制度化轨道。

表 10–1　澳门回归前后大珠西地区区域治理形式的变化

制度建设	自发、分散和市场导向的非正式合作	以市场合作为主、市场推动和政府协调相结合的合作
推动力量	自下而上的市场推动，企业主导	自上而下的行政推动，政府主导

---

① 广东省城乡规划设计研究院：《大珠三角城镇群协调发展规划研究：协调机制与近期重点协调工作建议之第二子专题——大珠三角城镇群协调机制研究》，2007 年 2 月。

② 白洁：《区域经济发展中珠澳政府合作的理论思考》，《行政》2003 年第 2 期。

续表

经济一体化	基于制造业的一体化	基于服务业的一体化
合作领域	民间的有限合作	"一国两制"下由政府推动的全方位合作
劳动分工形式	以劳动密集型制造业为基础的"前店后厂"式的纵向分工合作格局	以资源优化配置和旅游服务业互动发展为核心的横向分工合作格局

（四）小结

珠三角地区经过最近30年的高速发展而遭遇到土地、资源、环境、人口等"四个难以为继"的瓶颈，加工贸易业在2008年全球金融海啸中遭受重创，"双转型"压力迫使珠三角地区重新反思发展路径问题。随着《珠三角改革发展规划纲要》和CEPA的实施，珠西地区的交通、区位、环境等昔日劣势正逐渐转变为优势，而其内在的文化底蕴、人文环境等也将成为珠三角新阶段发展的沃土，孕育着全新的机遇。

二、大珠三角西岸地区跨境治理的基本架构

建立更大范围、更高层次的合作关系是粤澳双方适应日趋激烈的区域竞争需要的重要途径，粤澳合作在澳门回归以来取得了较大进展，经历了从弱到强、从分散合作到搭建平台、从低度依赖到深度整合的渐进过程。粤澳合作建立起了政府间定期对话机制，逐渐由自发性的民间合作上升为制度化的政府主导和全面推动阶段，由民间自发形式发展到由政府机构、半官方机构和民间机构结合的多领域、多层次、多渠道、多种形式的协调合作。

（一）大珠三角西岸地区跨境治理的组织架构

传统的政府间合作以具有隶属关系的纵向合作为主，政府间横向关系更多地表现为相互竞争。地方政府为了解决共同面临的治理问题而通过制定协议或设立委员会等形式而形成持久稳定的城市间双边或多边合作关系，以提供和协调更大范围的公共服务，解决垃圾处理、环境污染和公共交通等跨区域问题。珠西地区与澳门的合作目前没有专门的协调机构，而是依附于粤澳合作的联席会议架构。领导人联席会议和专责工作组相结合是大珠西地区跨

境区域治理的组织特征，而粤澳合作联席会议是指导粤澳关系发展的最高层政府间对话机制。

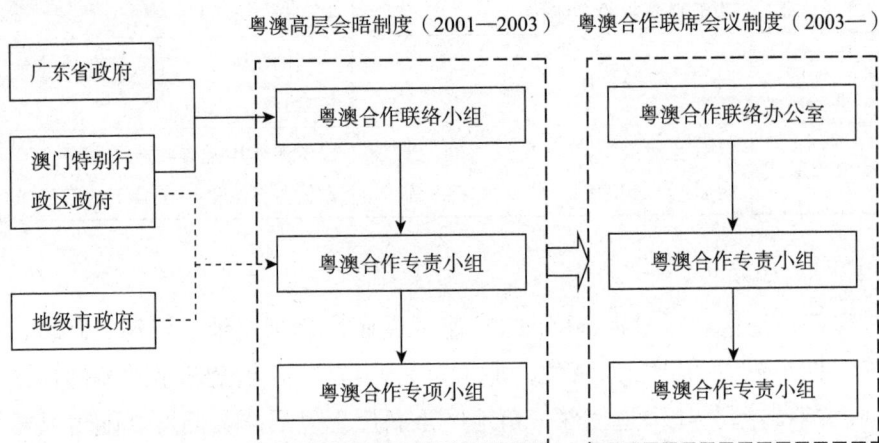

粤澳高层会晤制度（2001—2003）　　粤澳合作联席会议制度（2003—）

```
广东省政府 ─┐
            ├──→ [粤澳合作联络小组]      [粤澳合作联络办公室]
澳门特别行 ─┤           ↓                      ↓
政区政府   ─┤     [粤澳合作专责小组]  ⟹   [粤澳合作专责小组]
            ┊           ↓                      ↓
地级市政府 ─┘     [粤澳合作专项小组]      [粤澳合作专责小组]
```

图 10 - 1　粤澳合作组织制度的演变

　　澳门回归之后，粤澳合作从最初建立联系到成立联络小组，再到建立联席会议制度，合作机制日趋成熟，合作平台不断完善。澳门回归后的前三年，采取粤澳高层会晤制度来协调粤澳共通事务，主要工作通过粤澳合作联络小组展开，下设经贸、旅游、基建交通和环保合作四个专责小组以及多个下级专项小组，粤澳联络小组每年轮流在广东和澳门举行不少于一次的全体会议。2003 年，"粤澳高层会晤制度"升格为粤澳合作联席会议制度，粤澳合作联席会议成立联络办公室作为常设机构，下设若干项目专责小组，范围基本涵盖了供水、服务业、生态环保、科技教育、食品安全、跨界交通、中医药产业、珠澳合作等领域（见表 10 - 2）。专责小组之下还可以根据具体合作内容及项目的需要再分设相应的专项工作小组。

表 10 - 2　粤澳合作联席会议下的专责小组

粤澳传染病防治交流合作专责小组	粤澳旅游专责小组
粤澳紧急医疗和消防救援合作专责小组	粤澳供水专责小组
粤澳中医药产业合作专责小组	粤澳服务业合作专责小组
粤澳应急管理联动机制专责小组	粤澳口岸合作专责小组

续表

粤澳食品安全合作专责小组	共同推进横琴发展专责小组
粤澳药品安全专责小组	粤澳落实 CEPA 服务业合作专责小组
粤澳教育合作专责小组	港珠澳大桥专责小组
粤澳科技合作专责小组	珠澳合作专责小组
粤澳环保合作专责小组	珠澳跨境工业区建设专责小组

注：通过整理历次粤澳合作联席会议材料而得，并通过网络信息加以补充。

为了加强澳门与珠海市的合作，两地于 2008 年在粤澳合作联席会议的框架下成立了珠澳合作专责小组，以建立政府间直接沟通联系机制并深化两地事务性交流与合作。珠澳合作专责小组下设珠澳跨境工业区转型升级、珠澳城市规划与跨境交通、珠澳口岸通关合作等三个工作小组（另拟增设珠澳环境保护合作工作小组）。2010 年的珠澳合作专责小组提出以港珠澳大桥建设和横琴新区开发为动力，努力在重点区域、经贸、跨境基础设施建设、合作机制四个方面开创新局面，并着手对界河—鸭涌河—开展合作治理。

（二）大珠三角西岸地区跨境治理的制度架构

澳门回归十多年来，CEPA 及其一系列补充协定的签署标志着澳门与珠西地区的一体化从基于市场导向的非正式一体化正式过渡到基于制度化的经济一体化，从"功能性融合"转向"功能融合与制度融合"相结合。粤澳在经贸往来、民生合作、跨境基建、落实 CEPA 协定等方面不断取得丰硕成果，粤澳两地已经形成了宽领域、多层次、优势互补的合作格局，而政府间合作协议是两地合作的重要形式和主要成果。政府间协议是实现合作和解决争端的最为重要的区域法治协调机制之一，它是若干个地方政府基于共同面临的公共事务问题和经济发展难题，依据一定的协议、章程或合同，将资源在地区之间共享、交换或重新分配组合，以获得最大的经济效益和社会效益的活动[①]。粤澳政府 2004 年以来已经签署了 20 余项合作协议（见表 10 - 3），为大珠西地区的合作治理提供了规范的制度框架。

---

① 何渊：《泛珠三角地区政府间协议的法学分析》，《广西经济管理干部学院学报》2006 年第 1 期。

表 10 – 3 粤澳政府合作的部分专项协议

2004	《粤澳科技合作协定》	2008	《粤澳体育交流与合作协定》
2006	《粤港澳突发公共卫生事件应急合作协议》	2008	《粤澳城市规划合作框架协定》
2007	《粤澳供水合作框架协定》	2008	《关于成立珠澳合作专责小组的备忘录》
2007	《粤澳食品安全工作交流与合作框架协定》	2008	《粤澳应急管理合作协定》
2007	《粤澳紧急医疗和消防救援合作机制协定》	2008	《保障澳门、珠海供水安全专项规划》
2007	《粤澳食品安全工作交流与合作框架协议》	2009	《（粤澳）加强全面战略合作协定》
2007	《粤澳中医药产业合作框架协议》	2009	《粤澳职业技能开发合作协议》
2008	《粤澳旅游合作协定》	2009	《关于贯彻落实全国人大常委会决定，推进横琴岛澳门大学新校区项目的合作协议》
2008	《粤澳双方共同推进中医药产业合作项目协议》	2010	《关于探讨粤澳双方共建中医药产业合作基地的备忘录》
2008	《粤澳文化合作项目协定》	2010	《关于进一步做好粤澳合作框架协议起草工作的备忘录》
2008	《粤澳教育交流与合作协议》	2010	《珠澳开展澳门进口国外水果有害生物调查研究的合作协议》

资料来源：根据历次粤澳联席会议公告和网络信息补充整理。

2008 年以来，江门、珠海等地政府部门先后与澳门特区政府签订了旅游、检疫等方面的合作协议，大珠西地区一体化进程不断加快。2010 年 3 月，为有效贯彻落实《珠三角改革发展规划纲要》，粤澳两地政府决定共同制定《粤澳合作框架协议》，在"科学发展，先行先试"的原则指引下探索区域合作的新模式。

（三）大珠三角西岸地区跨境治理的规划指引

系统而又具有高度前瞻性的规划设计是实现区域治理的重要前提。《珠三角改革发展规划纲要》和《横琴总体发展规划》的出台，将粤澳合作纳入了区域经济发展规划并提升到国家战略层面。《珠三角改革发展规划纲要》从推进重大基础设施衔接、加强产业合作、共建优质生活圈和创新合作方式等方面支持港澳发展，《横琴总体发展规划》则把横琴定位为"一国两制"下探索粤港澳合作新模式的示范区。粤澳两地将全力促进上述国家战略的贯彻落实，大胆探索"先行先试"的安排，促进粤澳合作层次实现更大幅度的提升。我国首个跨不同制度边界的空间协调研究——《大珠三角城镇群规划研究》明确提出，澳门要成为世界上最具吸引力的旅游休闲中心和区域性商贸服务平台，而珠西地区则要以生态保护为主导，在规划、交通、产业、环保、科技、应急处理、港澳合作、服务粤西等方面开展紧密合作，全面提高区域发展水平和整体竞争力。因此，规划计划的制定为大珠西地区的发展提供了方向指引。

（四）大珠三角西岸地区跨境治理的空间平台

区域治理政策和行动的落实需要特定的空间平台，大珠西地区合作治理的空间平台主要是珠澳跨境工业区、横琴新区等跨境邻接地区和以港珠澳大桥为代表的跨境基建项目。珠澳跨境工业区是我国首个跨境工业区，以发展工业为主，兼具物流、中转贸易、商品展销等功能，是 CEPA 协议下粤澳经济融合的产物和主要载体。《珠三角改革发展规划纲要》要求以"先行先试"的精神探索建立与澳门的长期交流合作机制，形成"澳珠同城化都市区"，打造珠三角的另一空间增长极，带动珠三角西岸地区的发展。而横琴岛的合作开发则对粤澳合作具有更为重大的意义，横琴岛的开发通过创新合作机制与管理模式，共同打造跨界合作创新区，有利于弥补澳门土地资源有限和劳动力相对短缺的不足，有利于促进澳门经济适度多元化发展。在大型交通基建项目合作方面，港珠澳大桥的兴建将使珠西地区的交通地位大幅提升，而珠西线高速公路和广珠城际快速轨道交通等项目建设都加速形成澳门与珠西地区优势互补、分工合作、共同发展的格局。

三、大珠三角西岸地区跨境治理的困境和问题

澳门回归以来，政府主导下的区域合作成绩显著，但仍然存在不少问题，经济合作的紧密程度滞后于两地经济发展的需求，大珠西地区区域治理机制尚需加以调整和完善。

（一）大珠西地区经济合作起点低、层次低，龙头带动能力弱

大珠西地区的合作始于民间经济交往合作，以珠西地区提供澳门民众日常生活品的民间合作为主，带有较大的自发性和分散性，产业分工和协作的层次较低，合作范围狭窄，远未达到结构性合作和经济整合的高级合作阶段。澳资在珠西地区的项目通常是投资少、见效快、附加值低的劳动密集传统加工制造型企业，高精尖技术项目很少，限制了合作双方对对方的市场、科技、人才、信息等优势的充分利用。澳门以中小企业为主，以旅游博彩业为支柱的产业结构对强调以发展高新技术产业为核心的珠西地区其辐射作用具有很大的局限性，直接影响了双方合作的广度与深度。

（二）大珠西地区"一国两制"框架下的区域经济深度融合难度较大

首先，珠澳两地的政治经济制度差异使珠澳经济在总体思路上的衔接存在现实障碍。澳门的自由港经济决定其政府对经济影响力较弱，加之缺乏中长期发展规划和策略，因而使经济调整和转型期发展方向与定位不明确。其次，"一国两制"政策因素使自由贸易区的形成受到限制。澳门是世界为数有限的高度开放的自由经济体，而珠西地区则正处于由计划经济体制向社会主义市场经济体制的转变过程中，两地在差异化管理体制背景下的跨境融合与合作尚需进一步磨合。

（三）大珠西地区合作组织方面的问题

有效的地方政府合作需要完善的、科学合理的组织机构作为保障。首先，当前政府间的合作组织大多采取高层领导磋商的会议制度与单项合作机制和组织的松散形式，但没有形成一套完善的制度和科学化的合作协调体系，一旦领导被调动就可能使合作机制失效。其次，地级市政府缺乏充分的直接对话平台。大珠西地区区域治理中的参与主体主要是省级政府部门和澳门特别行政区的对等部门，而与澳门有直接事务往来关系的各地级政府却无

法直接参与其中，降低了区域治理的效率。第三，缺乏社会参与的渠道。政府在目前的大珠西地区治理机制中发挥了主导性的作用，但区域治理不能仅仅依靠地方政府的推动，还需要公民、私人部门以及非营利组织等社会力量的介入，从而形成网络化区域合作治理的态势。

（四）大珠西地区合作制度方面的问题

在形式上，政府间合作的内容大多是以"协议"、"备忘录"等形式发布，并没有上升到法律的层面，导致合作各方的权益得不到有效的保障；在内容上，合作协议的条款内容具有很强的宣言性特征，缺乏法律上的权利义务规定，缺乏相关的责任条款和惩罚机制；在执行上，缺乏专门的执法机构和协调机构，削弱了协议的法律拘束力和执行力，进而影响了协议的实施效果；在实施保障上，缺乏有效的激励约束机制、利益协商机制、争端解决机制等。目前来看，大珠西地区政府间合作协议的主要作用在于探讨和建议，协议的落实取决于双方的自愿行动，这种非制度化的形式在涉及实质利益竞争时往往由于分歧太大而无法协调。

（五）大珠西地区区域协调的经济手段尚不健全

区域协调除行政协商、法律规范外，还需要经济手段的运用。制度环境的差异导致大珠西地区经济协调机制的建立无论是政府层面还是市场层面均有较大难度，诸如环境污染的责任界定问题、上游生态环境保护的补偿机制等问题由于经济手段的缺乏而一直未能建立。一些诸如区域发展基金、结构基金等经济协调手段也尚未建立，区域协调缺乏资金支持，许多事务停留在口头或书面协议上，导致诸多政策流于形式而无法切实施行。

（六）大珠西地区区域合作模式需要升级

珠西地区的经济发展在传统的"前店后厂"合作模式下受到较大限制，港澳制造业的转移缓解了提高技术水平的压力，却延长了劳动密集型产品的生命周期，客观上阻碍了珠西地区产业升级和高技术产业的发展。因此，在大珠西地区区域合作模式中迫切需要从"前店后厂"向"结构性、整体性合作关系"转变，从"低层次垂直分工的要素简单互补"向"水平、垂直型分工并重的全面优势要素互补的多元化、规范化分工合作"转变①，以提高两地经济素质和经济实力，增强抗风险能力。

四、大珠三角西岸地区跨境治理的策略

推进大珠西地区社会经济合作的不断深入，关键是要从体制上入手，建立起科学、合理、高效的协调机制，加强信息交流，实现澳门与珠西地区的互利共赢。

（一）制度层面的区域整合

制度层面的整合是推动区域经济一体化的关键，合理的制度安排有利于降低系统内的交易成本。首先，区域合作制度的建立。在区域合作过程中，区域政府间针对区域整体发展所达成的共识，必须要有制度性的合作规则来保证。有必要制定各地共同遵守的区域公约，促进达成对地方政府和经济主体具有约束力的经济合作框架协议。同时，建立相应的监管和仲裁机制，保障框架协议的实施。其次，实施区域利益共享和利益补偿机制，建立规范的财政转移制度，通过调整产业政策，利用不同区域的发展优势，使不同产业的利益在不同地区实现合理分享。同时，建立区域共同发展基金制度，为扶持落后地区发展、区域共享的公共服务设施、环境设施、基础设施建设等筹集资金。

（二）组织层面的区域整合

推动区域协作性公共管理体制平台的建立，要有一个完善的组织管理机构和操作机制来保证区域一体化政策措施的有效执行、监督和评估以及政策实施过程中的争端处理②。首先，进一步完善行政契约保障，健全区域内政府合作的监督体制，其具体措施是引入行政契约的责任条款和争端解决机制。其次，建立政府间信息资源共享体制。有计划、有组织地进行系统的区域信息资源开发，以便于企业组织和社会公众更有效地获取各种经济信息。第三，建立更加有效的城市间对话平台，将目前粤澳高层领导会晤—专责小组（专项小组）执行的双层交流制度扩充为粤澳高层领导会晤—珠西澳门

① 关秀丽：《入世后澳门与内地经贸关系研究》，《经济研究参考》2001 年第 41 期。
② 吕志奎：《州际协议：美国的区域协作性公共管理机制》，《学术研究》2009 年第 5 期。

高层领导会晤—专责小组（专项小组）的三层交流制度，赋予珠西各市与澳门政府间直接对话的权利。第四，完善公众参与制度和形式。大珠西地区目前的区域合作还不是真正意义上的区域治理，区域政策的制定与执行过程完全是由政府主导并由具体政府职能部门来完成的，缺乏非政府组织或私人部门的参与。因此，需要充分调动私人部门和非政府组织等在区域合作中的参与积极性，以提高区域决策的代表性和实施效率。一方面要建立和完善公民参与机制，既要从法律上确定公众参与公共行政的合法性，又要从制度和程序上保障公众参与权力的实现；另一方面，推动其他治理组织的参与。可以考虑先行试点成立两类区域性社会组织，一是研究咨询类组织，包括建立专家学者为主体的咨询委员会，对重大规划及重大事项提供咨询；二是建立跨区域的同业、行业协会，为大珠西地区的企业和居民提供顺畅的信息渠道和充足的社会经济信息。

（三）规划层面的区域整合

依托横琴开发，构建珠澳区域发展新高地。要实现《珠三角改革发展规划纲要》提出的要求，关键在于培育珠（海）澳（门）都会区。首先，以港珠澳大桥建设为契机，推进珠澳协同发展，让珠海能够发挥起支撑澳门适度多元化发展的关键作用，同时借助澳门的经济势能和国际化窗口的优势，提升珠海城市地位，珠澳共同承担起带动珠西地区发展的任务。其次，共同建设珠澳都市区十字门CBD，打造成具备国际水准的未来横琴新区中心区和珠海新城市中心，并以此启动横琴开发。第三，加快横琴开发，建设商务服务基地和区域创新平台，形成珠江口西岸地区新的增长极。第四，在适度发展临港产业的同时，打造以横琴岛为核心的"泛珠三角"区域商贸、会展、旅游平台，使之成为具有国际影响的休闲旅游胜地和区域性生活服务中心，带动珠三角西岸和粤西沿海地区的发展。

（四）经济层面的区域整合

加快珠西地区产业升级，推动澳门经济多元化。城市间合作应采取政府推动与市场主导相结合的原则，促进生产要素在城市间的自由流动。大珠西地区目前集聚水平不高，缺乏发展龙头，珠海和澳门的经济总量和辐射能力与带动西岸地区发展的要求尚有一定差距。但是，《珠三角改革发展规划纲要》明确了珠海作为珠江口西岸核心城市的战略地位，赋予其带动珠西地区协同发展的重任。于是，珠海市委、市政府提出了"模式引领（走建设生态文明发展道路）、实力带动（切实提高经济实力和城市综合竞争力）和功能辐射（加快建设区域性交通枢纽、产业基地和服务中心）"的珠江口西岸核心城市建设规划。因此，应以珠澳同城化为契机，加快推动珠海与澳门在基建对接、通关便利、产业合作、服务一体化方面的合作，共同打造珠江口西岸优质生活圈。同时，加快建设粤澳合作机制的创新区和珠西城市服务区，为珠西地区承接港澳产业转移和产业升级提供平台。

（五）设施层面的区域整合

实施区域一体化策略，加强跨境跨界地区基础设施合作，推进大珠西地区城际基础设施共建共享。首先，形成沟通国内外的现代化交通、通讯设施网络，包括以澳门机场和珠海机场联动的国际国内航空网络；以珠海港为龙头，澳门、中山、江门等中小港口为配套的港口群；以广珠高速公路为骨干的陆路交通体系；粤澳两地信息网联网，再通过建设联结中国西南地区的高速公路。这样，粤澳合作就具备了更完善的交通和通讯条件。其次，统筹协调和推进西岸城市在资源能源、环保、电力、信息等网络系统建设，实现产业同步、市场同体、交通同管、电力同网、信息同享、环保同治。第三，以港珠澳大桥的建设为契机，加快以交通为重点的基础设施建设，发挥珠海作为珠西地区与港澳联系的桥梁和纽带作用。第四，推进城市邻接地区的规划和建设衔接，除了目前已开展的供水、交通和通信一体化之外，还需要加强跨界轨道、高速公路等交通设施无缝衔接以促进生产要素高效流动。

五、结论

总体而言，大珠西地区的区域治理在澳门回归以来取得了重大进展。本章总结了大珠西地区跨境治理的发展历程中，澳门与珠西地区从民间自发合作到政府制度性协作、从分散合作到搭建平台、从低度依赖到深度整合的渐进过程，而这一过程还将继续在日趋激烈的区域竞争环境中深化下去。同时，大珠西地区的跨境治理已经在组织架构、制度架构、规划指引和空间平台等方面取得了较大的成就，但由于两地特殊的"一国两制"的制度架构的存在，以及两地相对较弱的经济发展基础、相对松散的历史经贸联系以及跨境治理架构中存在诸多有待完善的缺陷，大珠西地区跨境治理机制尚需进一步完善。于是，本文从制度、组织、规划、经济和设施等五个方面提出了区域整合的策略，以期在现有合作基础上进一步优势互补和整合资源，建立起更大范围、更高层次的合作关系。

总之，在"一国两制"背景下的跨境治理过程中，必须借助于政府干预型协调模式，这既是发展政府主导型市场经济的需要也是弥补市场制度供给不足的一种必然选择。大珠西地区的区域治理既要解决当前存在的主要问题又要规避可能存在的风险，其必然选择是加快市场经济成长步伐，建立政府干预、市场协调与民间协作之间的治理平台，通过双方关系和合作成果的制度化来推动跨境区域治理机制走向成熟。

第十一章　为健康的未来建设生态城市①

　　理查德·瑞吉斯特（Richard Register）是美国"生态城市建设者"组织负责人，建筑、景观、城市设计专家和生态活动家，第一届生态城市国际会议发起人。瑞吉斯特指出我们的建设决定了我们的生活，我们建造的城市既丰富又制约了我们的生活方式，而城市生活的方式又决定了城市的价值取向，这不仅体现在人们的态度、技能、习惯上，而且最终也体现在城市的物理形态上。不考虑城市的物理形态和组织结构，人类不可能解决地球这个已经支离破碎生态圈的结构破坏和人类赖以生存的资源库快速退化的问题。我们必须用新的整合建筑理念把生态和社会张力重新整合在一起。② 城市只有结构功能建设得好，才能正常运转。所以，建设生态城市是创造一种崭新的生态文化和生态经济，是我们有可能解决城市良性循环和健康进化的出路。他提出的未来主义纲领、人与自然相平衡的原则是对生态城市建设理论的突出贡献。他的思想很有特点既有宏大叙事，又有微观可行的方案。对于我国生态城市建设具有一定的参考价值。

一、未来主义范式

　　瑞吉斯特指出生态城市是生态学意义上健康的城市。生态城市需要摒弃

---

①　本章根据王书明、宗鹏飞《为健康的未来建设生态城市——理查德·瑞吉斯特未来主义范式及其启示》（《青岛科技大学学报》（社会科学版）2012 年第 1 期）修改而成。

②　[美] 理查德·瑞吉斯特：《生态城市——建设与自然平衡的人居环境》，王如松等译，社会科学文献出版社 2002 年版，第 9—15 页。

目前流行的增长方式类型：不经济的、生态上不健康的蔓延式生长，取而代之的是一种深刻意识到其增长极限的发展，从而减少人类对自然的冲击。[1]理查德·瑞吉斯特认为这样的城市还未出现，虽然具备生态城市某些局部特征的片段零星已经出现在历史和今日的城市中，然而生态城市的概念以及建设实践才刚刚开始萌芽。为此，他提出了生态城市建设的未来主义纲领：生态城市的建设要求人们关注未来，并愿意通过各种方式为未来添砖加瓦。吉瑞斯特的未来主义纲领包括：生命、美、公平是生态城市建设的三大标准；生态城市的未来形态是三维的而非平面的；就近出行实现可达性是生态城市的交通模式；体现紧凑型和对自然开放性是生态城市的建筑风格。

（一）生命、美、公平是生态城市建设的三大标准

瑞吉斯特将生态城市的标准归纳为三点：生命、美与公平。他认为："生态城市建设的目的是为了给保护、探究和抚育地球上的各种生命的活动提供服务。因此，生态城市建设必须确立两大目标：一是提供一个健康的、可以让人创业的、美丽的环境，二是满足人类个人和集体的需求与愿望的功能。另外，一座城市的美学方面的特征是非常重要的，她的感染力与风格、她的建造房屋的方式、她的街道和运输系统的建设形态、她与自然及人工生态环境之间的关系，以及实现城市功能的各种方式。最后，城市还需要保证公平：即保证公正广布人间，同时需给予市民最充分的机会去选择，去创造，以充分地满足个性和发挥个人潜能的方式生活。"[2]瑞吉斯特所提出的生态城市标准为我们提供了未来城市的建设目标，我国为实现这一愿景，在探索生态城市建设的进程中也建立了许多评价指标体系来衡量生态城市的建设。山西省就运用 GIS 技术，从城市生态系统效能、配置、协调度和城市生态化综合指数来对省内生态城市的建设进行评价。[3]常州市也根据"五位一体"的评价指标，即从社会、经济、人居、交通和环境五个层面来统筹考虑，

---

①　［美］理查德·瑞吉斯特：《生态城市——建设与自然平衡的人居环境》，王如松等译，社会科学文献出版社 2002 年版，第 10 页。

②　［美］理查德·瑞吉斯特：《生态城市——建设与自然平衡的人居环境》，王如松等译，社会科学文献出版社 2002 年版，第 15 页。

③　陈曦、彭稳、翟大彤：《山西省生态城市评价体系的构建与实证分析》，《山西财经大学学报》2010 年第 S2 期。

对城市的生态文明度进行了分析。① 甘肃省也通过经济发展、环境保护和社会进步三大类指标，14 项分指标来构建生态城市指标体系考核城市建设。

通过运用生态城市的标准来衡量城市的建设情况可以发现城市建设的短板和瓶颈，提供生态城市的构建路径，从目前我国各地的生态城市标准来看，对于生态城市的建设注重了瑞吉斯特所提出的生命和美的标准，对于公平标准无论是从评价体系还是实施情况上都有所欠缺，也就是未能充分调动市民的积极性。而在西方国家创建生态城市探索中，第一项就是普及与提高人们的生态意识，例如在日本，为了提高市民的环保意识，北九州开展了各种层次的宣传活动：政府组织开展汽车"无空转活动"，以各种宣传标志，减少和控制汽车尾气排放；家庭自发开展的"家庭记账本"活动，将家庭生活费用与二氧化硫的削减联系起来。未来的生态城市建设在继续实现城市生命与美的标准基础上，必须充分调动公众参与的积极性，拓宽公众参与渠道，将生态城市建设变为社会行动，以实现未来生态城市的三大目标。

（二）三维而非平面是生态城市的未来形态

瑞吉斯特提出了建设像欧洲古老城市而非曼哈顿那样的三维城市。他认为土地的高密度必须与实用功能的混合相结合，设立土地混合使用功能的区划制度，使开发集中而非分散，这是解决问题方法中的重要的一部分。此外，多样性有利于生态系统的健康，同样也有利于城市社会和经济系统的健康，应该在新的土地开发中增加多样性，以及在原有建成环境上置换和补充某些功能。建设高层密集、富于多样性的城市中心区有其积极的意义：减少占用大量的农业和自然土地；鼓励节约能源和无污染或低污染的步行、自行车及公交出行方式；使各种交易、交流、文化和社会的多样性更易实现；可以建设各种高度的阳光温室、屋顶花园，可在街道边种植果树，可使溪流恢复，以及将其他生物成分延伸、导入并穿越城市。② 在我国的生态城市建设实践中，也开始探索新型的生态城市形态，例如唐山曹妃甸国际生态城就采取了三维的空间结构形态，这种城市形态在城市现状的基础上加上许多未来元素，将绿色交通系统、绿色建筑系统和绿色环境系统与现有油井平台、鱼

---

① 马道明：《生态文明城市构建路径与评价体系研究》，《城市发展研究》2009 年第 10 期。

② ［美］理查德·瑞吉斯特：《生态城市——建设与自然平衡的人居环境》，王如松等译，社会科学文献出版社 2002 年版，第 21—30 页。

塘、盐田相结合，主要体现在 BRT 等公共交通的沼气动力和由 BRT、轻轨、单轨、水上交通等共同构成的发达的交通体系；由风能、太阳能、地热能和有机垃圾产生的生物质能作为主要能源供应；在城市的北部设有资源管理中心，统一处理固体垃圾和黑水、灰水，以实现垃圾资源化和无害化；城市绿化率超过 30%，体现出内湖及内海景观区、运河景观区、湿地景观区以及农业景观区特色。未来城市所采取的这种三维结构既能增加城市复杂性和丰富性，同时能够节省城市发展空间。今后人们应当采取许多行动来支持三维生态城市的建设，如应进一步探索高密度发展模式，特别是对地广人稀的新城区建设紧凑型花园城市，实现城市建筑的高层—紧凑发展，政府实施"就近发展政策"、对小汽车征税等措施支持城市三维发展模式。

（三）以就近出行实现可达性是生态城市的交通模式

瑞吉斯特特别重视交通模式对城市的影响，他认为，"从交通模式等级层面结构来看，小汽车出行是最糟糕的，火车、巴士、轮渡和自行车出行较好，最好的是步行，因此，对于选择步行的出行者要尽力给予最大的帮助，对机动车小汽车要采取有力的拟制行动。"对此城市建设应考虑将各种良好的功能空间紧密地联结、建设在一起，交通出行变得越少越好。在城市中心和邻里住区中心，建筑之间的天桥可以联结地面以上的公共空间区域，为了不影响城市景观，高速公路应当置于地水准平面之下，甚至高速公路还可以建在地下，其上再进行建设开发。[①] 瑞吉斯特还提出了一个与我们习惯性思维相反的观点，那就是在生态健康的城市中心区，不应该允许开发商将室外停车场插入现存的城市肌体之中。

瑞吉斯特认为中国正处在大规模城市投资、建设和大规模改变自然与人类环境的关键时期，我们不能重复美国城市建设的老路，在发展的过程中就需要规划绿色交通体系。在我国目前的城市建设中，仍然用拓宽道路和修建高速公路等方式来解决道路拥堵问题，并采用技术手段控制车辆带来的污染，这种方式不但不能解决问题，而且会导致私家车的增多和车辆带来的环境危害。目前西方国家的交通发展模式对我国有一定的借鉴作用，例如，

---

① ［美］理查德·瑞吉斯特：《生态城市——建设与自然平衡的人居环境》，王如松等译，社会科学文献出版社 2002 年版，第 37 页。

"哈马碧生态城大多数居民都选择使用公共交通工具、步行或骑自行车作为出行工具，当地私人轿车拥有者还成立了'公用汽车联盟'，所有入盟会员均可通过手机获得开车密码，就近取车，还车时再将车辆停放在指定地点，这种办法可以控制私人轿车的增长速度。"[1] 巴西库里蒂巴的公共交通发展受到国际公共交通联合会的推崇，其做法是沿着 5 条交通轴进行高密度线状开发，改造内城；以人为本而不是以小汽车为本，确定优先发展的内容。[2]在荷兰，自行车和轨道交通是居民出行的主要方式。今后我国生态城市的交通模式应该是一方面利用绿色交通政策加强交通规划与设计，优先发展公共交通线路，注重自行车道和人行道的设计，在大型商场和住宅区域取消停车场的建设，代之以自行车存放处；另一方面利用紧凑原则缩减城市中心和各社区中心规模，以就近出行实现可达性，实现土地的集约化使用，扩大土地功能的混合性，以便有利于公共交通政策的实施。

（四）体现紧凑型和对自然开放性是生态城市的建筑风格

未来主义特别看重生态城市的细胞——建筑的创新设计。生态城市是各种生态建筑思想的试验场，包括新城市主义者、花园城市的思想、也包括保罗·索莱里所倡导的由单一建筑构成的生态城市[3]。与其他建筑相比，单体建筑占地少，能耗低，人们全部的经济、社会和公众生活都在一定的距离内，大大节约了能量，建筑门口是自然和农业用地。[4] 我国目前在生态城市建设过程中对建筑物的设计主要采用了绿色建筑技术，利用可持续发展的原则，使用绿色节能材料如太阳能墙板，在建筑系统内设置能源和物质转换设施，在建筑物的表面覆盖绿色植被等，以形成一种循环利用，封闭式的建筑环境。绿色建筑为我国节约能耗和减少污染排放，但是未来的生态城市建筑不仅需要在技术上有所突破，而且要在风格上充分体现了城市内部结构的紧凑型和对自然的开放性，建筑要与周边的自然环境和生命群落有机结合。未来主义纲领促使我们寻求城市与自然间最健康、最有活力的相互关系，这在

---

① 傅晓娜：《国内外生态城市建设浅析》，《职教论坛》2009 年第 S1 期。

② 杨涛等：《库里蒂巴一体化公共交通系统》，《城市交通》2009 年第 3 期。

③ 保罗·索莱里（Paolo Soleri），"世界生态建筑之父"，人类未来都市生活的创新者和实验者。

④ ［美］理查德·瑞吉斯特：《生态城市——建设与自然平衡的人居环境》，王如松等译，社会科学文献出版社 2002 年版，第 189—191 页。

时间和种类上是没有尽头的，我们所能做的就是不断发挥我们的创造力，使我们的城市越来越具有生态魅力。

二、人与自然平衡的原则

瑞吉斯特认为："我们应该按照生态系统的本来面目建设城市，城市应该是为生物群体，尤其是为人类而设计的，而不是为机器设计，土地的利用必须从一开始就符合生态学原则，保护土壤，提高生物多样性。"[1] 这就是生态城市建设必须遵循的生态学的共生原则：为他者考虑，包括植物、动物和地球本身，这样他人亦会为你考虑。这条原则分为两部分：对他者友善；同时自己获利。换言之，生态城市建设的前提是必须保护、循环和保存生物多样性。[2] 总之，生态城市建设的基本原则就是要寻求人与自然的平衡。平衡原则包括用大自然的方法管理城市；以生态区划实现人与自然的平衡；实现人与自然平衡的生态城市建设策略。

（一）用大自然的方法管理城市

如果城市布局合理、功能完善，城市可以成为一种使文化与自然融合的极佳的工具。瑞吉斯特认为人类首先应该用大自然的方法管理城市，在理解城市的属性中，距离是一个关键因素。"就近"原则对生物有机体和城市来说是相似的。把人们聚集到一起就减少了距离，而这就减少了旅行的需要、能量的消耗、污染的程度和硬化陆地的数量。如果城市要达到与环境和谐共生的目的，最好能够像自然生态系统一样保持和谐高效。紧凑的城市建设能够减轻对自然的压力，应该将城市与其腹地紧密联系起来，城市依赖腹地为其提供食物和资源，而腹地的人们又从城市得到工具、文化信息，并能够有机会进入市场。如果城市和腹地相互支持，就可以通过增加市场来促进国家的生态多样性。综合性的城市有助于恢复和保持复杂的生态系统。[3] 如果城

---

① ［美］理查德·瑞吉斯特：《生态城市——建设与自然平衡的人居环境》，王如松等译，社会科学文献出版社 2002 年版，第 168—169 页。

② ［美］理查德·瑞吉斯特：《生态城市——建设与自然平衡的人居环境》，王如松等译，社会科学文献出版社 2002 年版，第 166 页。

③ ［美］理查德·瑞吉斯特：《生态城市——建设与自然平衡的人居环境》，王如松等译，社会科学文献出版社 2002 年版，第 42—58 页。

市建设的好，其物种多样性是可以超过自然界中任何地方的。城市应该是一些物种在自然界中重建自我过程中一个可供歇息的家。① 生态城市利用自然来实现自身的发展，我们必须向自然学习，按照特定的顺序和组织模式发展生态城市，尊重生物史，尊重自然史。紧凑和多样性是人与自然平衡原则的一种体现，在生态城市建设的过程中，必须给野生动植物创造一个良好的生存环境，实现野生动物走廊与城市步行街道立体交错的景观大道，以保存其多样性和自然特征。

(二) 通过生态区划实现人与自然的平衡

为了实现人与自然的平衡而重塑城市的手段很久以前就有了，并且在未来它们仍然也是非常重要。区划是一个了不起的发明，它使城市建设变得具有结构和秩序，许多由于不好的构想和适用性差的区划造成的生态和社会灾害，完全可以通过近距离的乡村设计和鼓励步行环境、立体思维、坚持整体观和长远观而得到解决，把这四种重要思想加到区划中，就成为生态城市区划。② 生态城市区划目的是提高中心区密度的同时恢复农业和自然景观，新密度下的建筑应该具有生态的特点。③ 瑞吉斯特描绘了生态城市区划图创建的基本步骤：(1) 创造一幅当地自然历史地图。(2) 建立可步行到达的中心。(3) 调整同心圆区划使其与自然廊道和自然开阔地紧密地联系起来。(4) 指出林荫大道的端点和铁路干线的位置。(5) 准备垂直剖面图，为明确生态城市区划的三维性，将通过建筑和景观的垂直剖面图来进行补充。(6) 为地图编写图例。(7) 增加情景分析说明。为表达未来的变化，可以画一些其他概念图以说明生态城市发展的不同阶段。④ 生态城市区划图为整个生态系统作出了一个总体考虑，其中要求城市在建设过程中要突出自然特色。它展示了一种就近原则发展的自然趋势，可以帮助我们立足当地解决区

---

① 〔美〕理查德·瑞吉斯特：《生态城市——建设与自然平衡的人居环境》，王如松等译，社会科学文献出版社 2002 年版，第 188—189 页。

② 〔美〕理查德·瑞吉斯特：《生态城市——建设与自然平衡的人居环境》，王如松等译，社会科学文献出版社 2002 年版，第 223—224 页。

③ 〔美〕理查德·瑞吉斯特：《生态城市——建设与自然平衡的人居环境》，王如松等译，社会科学文献出版社 2002 年版，第 225 页。

④ 〔美〕理查德·瑞吉斯特：《生态城市——建设与自然平衡的人居环境》，王如松等译，社会科学文献出版社 2002 年版，第 225—228 页。

域问题。土地置换权是区划条例中规定的一个房地产交易工具，它能实现在一块土地到另一块土地的开发权的买卖和转移。通常大多数的土地置换权被用于保护农场和自然开阔地或保存历史建筑。土地开发权置换两次会有两倍的效果，如果在恰当的地方开发，当然公共交通和自行车也能很好地发挥作用，那么能源就能得到保护，地方商业也能够繁荣，生态城市区划图是指导开发权应该何去何从的关键工具。土地开发权的双重置换与生态城市区划可以有效地逆转城市蔓延。① 土地置换权是一个双赢战略，购买土地置换权的开发商能够建更多的房子赚更多的钱，我们也能在新的高密度开发中提供新的住房和公共空间及公园。我们必须制定一个生态城市的总体规划，需要摒弃以汽车为主导的发展模式，并通过恰当的措施逆转城市蔓延。

　　我国在进行生态城市建设中也开始实施生态区划，例如，深圳市根据区域自然要素特征与人类活动强度的空间分异，将深圳市划分为经济文化密集区、生态协调区和生态支持区三大生态功能区，并针对各区的特点进行资源环境的开发利用与管理，协调发展、合理保护经济、社会、环境 3 个子系统，最终实现区域协调发展。② 焦作市在生态环境调查的基础上，总结了其生态环境特征及存在问题，利用地理信息系统技术，综合专家意见和定量分析的方法，将数据叠加进行分析，将焦作市分为 9 个生态功能区和 5 个生态功能亚区，并对不同的生态功能区提出了相应的保护措施，为焦作市的生态城市建设奠定了基础。③ 上海世博园的规划也很好地体现了人与自然、历史与未来、人与人的和谐发展理念。虽然我国生态城市区划取得了一定的成绩，但从其规划过程和总体效果来看，还跟瑞吉斯特提出的区划思想有一定的差距。首先，生态城市的区划必须对该城市的历史自然面貌有一个清晰的了解，并对其生态系统的可承受性有一个全面的评价，这一点我国做的还有欠缺；其次，生态城市区划是一个综合项目，涉及各部门的通力合作，而我国的行政权力结构导致了生态功能区划、城市规划、环境保护、经济发展以

　　① ［美］理查德·瑞吉斯特：《生态城市——建设与自然平衡的人居环境》，王如松等译，社会科学文献出版社 2002 年版，第 234—242 页。

　　② 宋治清、王仰麟、丁艳、李贵才：《市域生态功能区划与可持续发展研究——以深圳市为例》，《资源科学》2004 年第 5 期。

　　③ 王炜、步伟娜、纪江海：《资源型城市生态功能区划研究——以焦作市为例》，《自然资源学报》2005 年第 1 期。

及社会项目之间的脱节，不利于从整体上对生态城市进行区划；再次，我国生态城市区划中更多的是依靠增添绿色来实现城市的生态化，没有实现人与自然的真正平衡发展。根据瑞吉斯特的思想，今后我国生态城市的规划应在以下几点有所加强：勾画出城市自然历史风貌图，分析其生态系统特征；区划中控制好城市的规模，选好城市中心建设步行区域；用绿带及自然开阔地将建筑之间和不同功能区之间进行分离，实现绿色空间的功能和样式的多样化，将绿色空间与周边的乡村结合，实现人与自然的平衡发展；区划中明确对交通体系的设计，明确铁路选址，并标明步行道及自行车道的建设位置；为适应我国城市和经济迅速发展的需要，在城市区划图中要为未来城市发展留有空间；充分发挥土地置换权的作用，有效抑制城市蔓延发展。

（三）实现人与自然平衡的生态城市建设策略

瑞吉斯特给出了实现人与自然平衡的一套详细的建设策略：按照城市建造工序，首先是选择作为城市基础的土地，接着在这个基础上建造具有多样化特色的细节；追寻经济生态学的四个步骤：生态城市区划图，功能布局、政策激励措施和公众参与；不要蔓延式发展，尽可能稳定和具有活力地发展为步行密集的城市；必要时小步前进——在空隙地上种上果树，充分回收废弃物，或者为开放空间征集签名；使用令你感到舒服的工具，作出你能够实现的承诺；灵活看待改变，花时间去思考构成整体的各种联系。① 这一策略将为我们建设生态城市提供一些总的指导。

瑞吉斯特还详细论述了城市中心建设，城市以外建设的策略。他提出城市中心生态建设的合理步骤包括：（1）找出中心，并通过填补缺项建立城市中心区；（2）建立一个自行车和步行道的"疏导系统"，跟运输干线一样从中心区连接附近主要中心和该地区中具自然景色的地点；（3）做一个生态城市分区图使它秩序井然，并把城市其余所有功能连起来，大多数用于农业和自然用地。他所提出的生态城市策略的第二个部分是利用这样的工具，为密度转换和两次空间开发权置换提供经济支持。② 城市中心区建设的主要

---

① ［美］理查德·瑞吉斯特：《生态城市——建设与自然平衡的人居环境》，王如松等译，社会科学文献出版社 2002 年版，第 250—251 页。

② ［美］理查德·瑞吉斯特：《生态城市——建设与自然平衡的人居环境》，王如松等译，社会科学文献出版社 2002 年版，第 268 页。

策略就是城市交通体系转变为以步行为主，而且要保持自然特色，体现就近原则。他同时指出，解决向外建设城市是生态城市的真正行动。首先，如果城市二维地向外延伸，应立即要求其减小影响。第二，我们处于过度污染的世界，城市不应在污染中膨大，除非从农村和村庄有更多的输入。第三，如果有机农业、永续农业和高度管理各种方式的生态农耕有意义，那么人口的迁移不应造成进一步的城市化，或者至少大体上形成与这种农业适应的城镇和村庄，同时还有森林管理、生态旅游和研究。① 对于我国来讲，由于人口多、密度大，城市不可避免向外建设，这就要求在城市和经济发展中必须处理好城市与自然，经济效益、社会效益与生态效益的统一发展，尽可能少占用土地，增加自然的自我调节，通过发展都市有机农业改善城市内部的生态环境，增加生物多样性。

　　瑞吉斯特用未来的眼光看当代城市建设，提出了生态城市的未来主义纲领，谋求人类和自然充满健康和活力的发展。这一思想具有普适性，值得我们重视。他针对发达国家尤其是美国目前的经济发展水平提出未来城市的构想，思想具有超前性。在我国当下虽然抛弃汽车使用以及城市规模缩减等理念受到人口及地域限制，但是他的三维—紧凑—生态共生—多样性的发展模式对我国生态城市的建设具有重要意义。我国生态城市的建设需要不断学习国外发达国家的生态城市建设经验，改变目前城市蔓延式发展模式，构筑绿色交通体系，城市建设与自然融为一体，保护生物多样性的行为，实现人与自然的平衡，这是大方向。

---

　　① ［美］理查德·瑞吉斯特：《生态城市——建设与自然平衡的人居环境》，王如松等译，社会科学文献出版社 2002 年版，第 263 页。

第十二章　建立和完善公众参与
陆源污染防治机制①

面对日益严重的海洋环境状况，学界、政府、企业与公民必须重新审视政府主导型的海洋管理模式，需要从根本上改变对公众参与海洋保护的态度，为其提供参与的途径和程序，如果没有程序性的法律规定，那么实体权利义务规定只能是一纸空文。因此要改革单一政府主导型的治理模式，倡导由政府引导的"利益相关者合作型环境治理"模式，即政府—企业—公众三方合作治理的模式，这一模式将突出公众参与在防治陆源污染过程中的作用和意义。政府—企业—公众三方合作治理的模式的互动关系会形成复杂的架构，本文只限于从公众参与的角度谈论政府、企业与公众的应然作为。

一、文献综述与研究谱系

（一）陆源污染的来源

随着我国经济社会的快速发展，各种陆源污染源对海洋环境的破坏越来越严重，这自然引起了学术界的关注。学术界的研究发现，陆源污染物的来源比较复杂，从宏观的角度看有三大来源：第一，一些企业为了追求利益最大化，有法不依，为减少治污成本，不惜违法排污。主要表现是未经处理直接排污，不需支付任何费用；配备安装治污设备，供环保部门检查之用，也

---

① 本章根据梁芳、王书明《刍议建立和完善公众参与陆源污染防治机制》（《黑龙江省政法管理干部学院学报》2008 年第 6 期）修改而成。

就是说检查时开机，检查后关机，基本上不承担治污费用；虽有治污设备，经常开开停停，支付费用较少；四是选择时间排污，白人不排晚上排；五是深埋管道排放，让环保部门查不着。第二，城市化发展速度加快，城市规模扩大，人口大量聚集，生活污水排放量和垃圾迅速增加，这成为陆源污染的重要因素。居民日常生活中产生大量的生活污水，其中一部分经过纳污管网的收集进入城市污水处理厂处理，其余部分则经过简单处理（或未经过处理）后，通过城市下水道等方式进入地表径流，最终汇入海洋。而我国目前的城市污水处理率还比较低，治污设施建设跟不上城市化发展的速度，致使城市生活污水和垃圾成为海洋污染的一个重要来源。据统计，2004 年全国城市污水处理率仅为 45%，中西部地区 50% 以上的污水未经处理直接排入江河。全国 280 多个地级以上城市中，有 87 个城市的污水处理率为 0。第三，在农业种植过程中施用的大量氮肥、磷肥以及农药会产生大量的氮、磷等污染物，这些污染物中的相当部分通过农田回水、雨水冲刷、水土流失等方式随地表径流进入海洋。每逢雨季，分散堆放的农村生活垃圾、畜禽粪便中含氮磷物质经径流汇入水体，引起水质污染。农业生产活动影响亦包括海上水产养殖污染，其主要来源于养殖鱼类和虾蟹类排泄物、残饵和贝类排泄物等有机污染物质。

（二）防治陆源污染的对策建议

针对我国陆源污染的现状，学者们提出了各种防治陆源污染的建议。这些对策建议也可以分成四类：第一，有的学者从企业和政府以及环评机构等多主体角度提出解决的方法，指出要确立治海先治陆的思想理念，建立陆源排放总量控制制度，加强对排污总量控制制度的研究，同时实施废物无害化处理，尽快建立生态环境补偿机制和环境损害赔偿机制；建立环保考核和责任追究制度，加强对环保的考核力度，对环评机构和个人实行责任追究。第二，有的学者则着重指出环保机关在陆源污染防治中的责任，政府应加大反腐倡廉的力度，克服地方保护主义的缺陷，坚决执行国家保护海洋防治陆源污染的政策；加大环保部门的执法力度和监督力度，环保部门要进行垂直监督，重新审核排污标准和通海排放口的距离。全国应有一支相对独立于地方的环保监督、监测队伍，可在全国设立直属机构，分片监管，同时各级政府还要在环保方面加大投入。第三，有的学者从陆源污染源的来源入手，针对如何防止各种陆源污染物的产生提出建议。具体包括：对工业污染源实行达标控制，全面开展排污申报登记工作。建立动态申报登记数据库和重点污染源在线监测系统，加强对重点污染源的监督核查；推进城镇污水、垃圾处理，尽快使沿海城镇垃圾做到无害化处理；防止农业水源污染，合理使用化肥、农药，加快畜禽养殖废弃物处理和综合利用，开展农业地质环境调查项目，为评价土壤环境质量、控制农业水源污染提供信息，促进我国现代农业的发展；水土流失控制与流域生态建设，防止水土流失，减轻人类活动对大江大河及河口三角洲湿地的污染；滨海旅游活动的污染控制。第四，有的学者从建设适应新形势的海洋环境监督管理机制角度提出，要授予海事法院对于陆源污染案件的完全管辖权，使其更加充分地发挥海洋环境保护功能。理由在于：首先，海洋污染物80%以上来自陆地，如果我们承认海事法院保护海洋环境资源的重要职能，却只让它处理20%的海洋污染案件，这是极其不协调的，是缺乏全局观念的。其次，全面地授予海事法院对陆源污染案件的管辖权，具有民法和民事诉讼法的充分依据。而且作为专门审判机构的海事法院，在设置、人员素质、运行机制上有许多优势，抗御地力保护主义的能力和审判案件的公正性颇受世人好评。我国海事法院设立于沿海大城市，独立性、专收性很高，由其集中管辖陆源污染案件，可以充分排除地方政府的干预，保证办案质量，从而推动陆源污染治理，加强海洋环境保护。但是这些研究均没有把陆源污染的防治与公众参与紧密联系起来。与此同时学术界对于公众参与环境保护的研究没有延伸到陆源污染防治领域。

（三）环境保护中的公众参与研究

公众参与是环境保护必不可少的的主题。学术界的研究主要围绕五大方面展开：

第一，研究公众参与制度的含义。有的学者称之为"依靠群众保护环境的制度"，有的学者称之为"环境保护民主制度"，[①] 也有的学者将其称为"环境民主制度"。[②] 就其内涵有的学者认为是在环境保护领域里，公民有权通过一定的程序与途径参与一切与环境利益相关的决策活动，使得该项决策

---

① 金瑞林：《环境保护法学》，北京大学出版社1999年版，第124页。

② 蔡守秋：《环境法教程》，法律出版社1995年版，第78页。

符合广大人民的切身利益。① 有的学者则指出应当用参与环境保护的人数占总人数的百分比来表示公众参与环境保护的广泛程度，并且指出在此的公众不仅仅是一般意义上的公民或是普通群众，而是包括企业、个人和非政府组织在内的最广泛意义上的公众。② 有的认为我国关于公众参与的界定比较狭窄，不利于环境保护，尤其是影响环境执法的效果。所以公众应指"一切与环境保护工作有关的单位、部门、群众和个人"。无论是政府主管部门还是其他部门，其职能不仅仅是领导，在更多情况下，还应以参与者的身份参与环境保护，才能体现大社会、小政府的管理原则。③ 有学者则比较全面和细致地概括了公众参与的定义：它是一个连续和双向地交换意见的过程，以增进公众了解政府机构，群体组织和私人公司所负责调查和拟解决的环境问题的做法与过程；将项目、计划、规划或政策制定以及评估活动的有关情况及其含义随时完整地通报给公众；积极地征求全体有关公民对相关方面的意见和感觉；涉及项目决策和资源利用、备选方案及管理对策的酝酿和形成、信息的交换和推进公众参与的各种手段与目标。即"公众参与"包含了信息的馈给和反馈，体现了环境保护的主体——公众的意愿。④

第二，公众参与环境保护的依据。首先，学者们对环境权理论是公众参与环境保护的法律依据基本达成了一致的认识。但是由于对环境权的含义、内容等难以达成共识，不便适用于司法裁判，所以，20 世纪 90 年代通过的国际环境文件一般都不再提环境权，而是强调公众在环境问题上有知情权、参与权和获得法律救济的权利，并由此在环境权的概念中派生出了公众参与环境保护的权利，所以从法律上突出和充实环境权中的公众参与内容，是做好环境保护工作的重要保证，具体到我国，更是如此。有的学者从法理学、行政法等法律角度为公众参与环境保护寻找法律依据，随着国家民主法治的发展，政府的职能朝着公共政策化和公共管理社会化的方向发展，政府行政权应由政府、社会、公民共同行使，公众参与环保正是公众及其代表参与与

① 倪强：《浅论我国环境法中公众参与制度》，《中国环境管理》1999 年第 5 期。

② 王凤、雷小毓：《公众参与环境保护的一种实证研究——基于陕西、广东两省的比较分析》，《西北大学学报》（哲学社会科学版）2006 年第 4 期。

③ 潘世钦、石维斌：《我国公众参与环境执法机制的缺失与完善》，《贵州师范大学学报（社会科学版）》2006 年第 1 期。

④ 朱庚申、陈立群：《论公众参与的环境伦理观》，《中国环境管理干部学院学报》2005 年第 2 期。

环境有关的政府决策与管理活动为内容的，可以有效制约政府的自由裁量权，确保政府公正。有的学者从环境民主、环境法治、环境正义角度为公众参与环境保护提供依据。从一定意义上讲，环境权益具有公共利益的属性，公共利益是公民个人利益的根基，理应在法律上得到救济；环境正义是指在环境法律、法规以及政策的制定、执行等方面，全体公民，不论其种族、民族、收入、国籍和教育程度等，都应得到公平对待并卓有成效地参与，没有公众参与，就没有环境正义，公众参与对于环境公平的实现具有极为重要的意义。而环境正义的核心就是要求公众享有普遍参与环境保护的权利，即为了实现环境公平，不论是何人种，富人或穷人，所有公民应该享有同等的参与环境管理的权利。① 有的学者指出公众参与环境保护的现实依据在于政府和市场存在失灵。政府理性有限，容易以牺牲环境为代价片面追求经济的发展，而且受到管理成本高昂以及政府缺乏灵活性等因素的制约，使得政府在环境政策实施方面成效不大，不利于环境保护。② 按照理想的市场机制理论，市场主体之间所有的交易都要通过市场来进行，但事实上，却有许多相互作用发生在市场之外，环境资源的利用就是如此。所以在环境资源配置方面，市场机制存在缺陷，需要公众的参与和发挥作用。此外，公众参与环境保护也是他们自身的切实需要。作为人类共享资源的环境如果受到了污染和破坏就会直接影响到人类的生存和发展，环境资源的公共属性使作为公众的每个人都有权利参与环境保护及其管理。公众参与环境保护已经成为社会发展的趋势，随着生活水平的提高、民主法制的健全和公众参与渠道的完善，公众也会越来越关注自己的环境权益。有的学者另辟蹊径，从道德社会学的视角，探索社会结构、社会环境道德价值观对公众参与环境保护机制效能影响的规律性。公众参与环境保护机制，即公众参与环境保护的条件因素构成的系统发挥作用的规律性。在一定社会结构与制度条件下，作为环境保护主体的公众与政府、企业之间的权力、责任、义务关系，决定着公众在环境保护体系中的地位与作用。社会结构与制度是推动公众参与环境保护的外在动

---

①　陈冬：《公众参与：环境法的基本原则》，《河南教育学院学报》（哲学社会科学版）2006 年第 1 期。

②　宋斌、张吉军：《环境保护与自然资源利用中的市场与政府》，《中国行政管理》2006 年第 8 期。

因。我国目前对于公众参与日益重视，为其创造了条件。①

　　第三，我国公众参与环境保护的主要内容。我国一方面是环境立法空前繁荣，另一方面却是生态环境的不断恶化。究其根源，我国环境立法缺乏民主基础，缺少公众参与是根本原因，具体体现在：公众对环保参与的理解存在偏差；公众参与缺乏激励机制；社会团体参与有限；参与内容单一；参与过程侧重事后监督，事前参与不够；参与的效果来看，见诸行动的参与不够；从参与的保障来看，政府组织得较多，制度性建设不够。针对我国公众参与环境保护存在的障碍和缺陷，学者们从各个角度出发对这一问题展开研究，具体如下：1. 环境影响评价以其自身的特点和功能成为公众参与环境保护中不可缺少的部分。环境影响评价最早是在加拿大召开的一次国际环境质量评价会议上提出的一个概念，进入 20 世纪 90 年代，该制度进入国际法领域和相关国际条约如《联合国海洋法公约》、《奥胡斯公约》等后，都对环境影响评价作出了明确规定。在我国，公众参与机制的引入开端于 20 世纪 90 年代。1991 年我国实施了一个由亚洲开发银行提供赠款的环境影响评价培训项目。该项目在中国 FTA（环境影响评价报告书）中首次提出公众参与的问题，使得公众参与成为我国环境影响评价的热点问题。随后，相关环境法律法规也对此作了规定，如《水污染防治法》（1990）、《环境噪声污染防治法》（1990）等。2002 年通过的《中华人民共和国环境影响评价法》，使我国在环境影响评价立法制度方面走在了世界前列，其最突出的成就是确立了环境影响评价中的公众参与。虽然这样，在环境影响评价方面，公众参与的相关内容还有许多需要完善的地方。我国现行立法只是对公众参与作了原则性的规定，没有公众参与的具体规定和具体的实施程序，且未明确公众在环境活动中应有的地位，对公民的环境权、知情权、监督权等权利的规定具有狭隘性和不明确性，更具体地来说：公众参与时段"滞后"。目前，我国环境影响评价中的公众参与大多数是在评价单位接受委托后进行，由评价单位组织具体实施。而我国建设项目环境影响评价工作一般是在项目立项审批后，有些是在项目初步设计阶段甚至在施工建设后进行，这导致项目筹划初期或在环境影响评价开始以前阶段的公众参与内容的空白，由此造成公众

---

　　① 宣兆凯：《公众参与环境保护机制的道德价值基础——来自道德社会学视角的思考》，《内蒙古大学学报》（人文·社会科学版）2006 年第 2 期。

不能及时、准确掌握项目有关信息；未规定具体听取公众意见的程序；公众参与环境影响评价的救济措施不力；在环境影响评价中的公众参与形式大多采用问卷调查方式进行，这种调查方式不便于双方交流，公众在较短的时间内无法作出准确判断。① 具体到环境影响评价中的信息公开制度，有学者指出"知情权"是指自然人、法人及其他社会组织依法享有的知悉、获取与法律赋予该主体的权利相关的各种信息的自由和权利。同时环境要素是一种"公共产品"，在环境领域中实际上不存在任何"私"的成分。因而有关公众对环境事务的知情权，实际上已不限于政府对环境信息的公开，它同样要求企业等掌握环境信息的主体有公开环境信息的义务。并且环境信息公开制度的建立必须解决三个问题：一是信息公开的主体，即由谁公开信息；二是公开的方法，即如何来公开信息；三是公开的内容，即公开哪些信息。②

第四，环境执法中的公众参与研究。长期以来，尽管我国的环境保护一直提倡走群众路线，但这种群众路线是以群众的义务为本位，而不是把群众参与环境执法作为一项权利来对待。完善公众参与环境执法机制体现了公民环境权利本位，要求政府对此权利进行保障。我国法律法规关于公众参与环境执法的权益虽作了原则性的规定，但对公众参与环境执法的内容、方式、途径等尚未作出具体的规定，缺乏可操作性。具体体现在我们很少从环境执法理念的革新出发来阐述环境执法，③ 环境执法理念是行政管理理念在环境执法领域的具体化，为了实现行政管理的目标，行政主体大都采取公权力的方式来限制公民权利的行使。

第五，从环境和经济发展的关系角度研究公众参与环境保护。环境与发展综合决策的公众参与制度是指政府在制定有关环境与发展的政策、法律、法规，确定有关环境与发展战略计划，确定开发建设项目的环境可行性，有关部门的环境决策行为，通过各种途径，听取公众意见，接受公众监督，取得公众认可的制度。④ 通过对国内相关研究文献的研究发现：迄今为止关于

---

① 幸红：《论公众参与环境影响评价制度》，《经济与社会发展》2006 年第 4 期。
② 李艳芳：《论公众参与环境影响评价中的信息公开制度》，《江海学刊》2004 年第 1 期。
③ 潘世钦、石维斌：《我国公众参与环境执法机制的缺失与完善》，《贵州师范大学学报》（社会科学版）2006 年第 1 期。
④ 党江舟、莫神星：《建立和完善公众参与环境与发展综合决策机制的探讨》，《中国环境管理》2005 年第 1 期。

陆源污染的研究均没有进入公众参与领域，与此同时对于公众参与环境保护的研究也没有延伸到陆源污染防治领域。因此我们应该在两者的交叉点上开拓研究的新领域。

二、合作治理的模式要求政府完善陆源污染防治法律制度，保障公众参与机制畅通

现代政府必须把握时代发展规律，不断加强立法，完善相关制度，保障公众参与陆源污染防治有法可依。中共十七大首次将"生态文明"写入政治报告，这是影响法学、法律思维的重大事件。"在生态文明下，法律必须接受生态规律的约束，只能在自然法则许可的范围内编制。立法者应当学会让自己的意志服从自然规律，应当自觉地把生态规律当成建造法律的准则，注意用自然法则检查通过立法程序产生的规范和制度的正确与错误。如果说立法活动常常都伴随有平衡、协调的工作，那么，生态文明条件下的立法首先要协调的是人类惯常的开发自然的活动与生态保护之间的关系，而不再只是在阶级、民族、政党、中央与地方、整体与局部等社会关系领域内搞平衡。"① 生态文明的发展要求政府应通过完善立法强化"公众参与"的定位工作。公众参与的明确定位非常重要，只有明确了我国要建立的公众参与在哪一级别上，才能更好地针对现有公众参与陆源污染防治存在的问题开展工作。Arnstein 把公众参与水平归纳为三类：无公众参与、象征性公众参与和公民决定型参与，② 这一归纳划界区分了空洞的例行公事型的公众参与和能够影响决策结果的公众参与。其中决定型参与是主张发展公民代理的合伙关系和公众控制程序，公民决策可以在谈判决策和投票决策权范围内变化。对于我国公众参与的确切定位，中共十七大明确了大方向，正视现行管制措施的缺陷，通过引入公众参与机制，力求构筑多元利益表达、谈判和达成妥协的平台，重点在于过程的介入和监督，通过公共决策的利益相关各方进行有意义的对话、博弈和妥协，促成结果的可接受性，防止政策偏离公共利益属性，最广泛地调动社会各界参与公共事务的积极性，减少社会对抗和矛盾，

---

① 徐祥民：《被决定的法理——法学理论在生态文明中的革命》，《法学论坛》2007 年第 1 期。

② ［美］伦纳德·奥托兰诺：《环境管理与影响评价》，郭怀成、梅凤乔译，化学工业出版社 2003 年版，第 365 页。

增强社会协作。① 只有这样才可以保证公众以更加积极的姿态投入到环境保护事业中。

（一）完善相关法律制度保障公众参与

政府需要完善相关法律制度来保障公众参与的实现。陆源污染防治工作的有效开展，依靠的是各种制度的紧密配合，将陆源污染防治同海洋环境整体质量挂钩，推行总量控制制度尤为重要。我国的发展一向重陆轻海，所以要遏制海洋污染，必须确立海陆统筹、整体发展的战略思维，结合陆源污染物特性，"以海定陆"，实现从定性到定量的重大转变。具体从以下两方面努力：第一，完善关于总量控制制度的法律法规。对于总量控制制度仅在水污染防治法中提到了要在污染严重的流域实行总量核定制度，对于开展环保工作极为不利。应当将排污许可证、排污交易、总量收费等与总量控制相关的手段列入法规中，为实施总量控制制度奠定法律基础。在制定相关法律法规的时，应当广泛采纳有关公众的意见，集思广益，使这些制度能够具有针对性和实效性，我国海域辽阔，不同的地区有不同的具体问题和特点，如何使制定出的制度达到最佳效果，需要入海江河流域与沿海地区广大公众的积极参与。第二，推行总量控制制度，要以排污申报登记为基础，以污染物增减量为考核指标，通过强化达标排放、限期治理和排污许可证等手段，努力实现全国总量控制计划目标。依据环境统计和排污申报登记，掌握好总量控制中的技术工作，尤其是排污申报登记和排污口动态监测都需要相关技术的支持，如何保证排污申报登记的数据的真实性以及相关技术与这两者的挂钩是一个值得研究的问题。② 同时总量控制的考核方法是以污染物的增减量为主要指标，污染物的增减量就是新增的和消减的之差，这种方法克服了有关总量技术的模糊性的缺点，便于操作。排污申报登记、达标排放以及限期治理等的有效开展，离不开排污口以及沿海地区民众的监督和参与。我国环境行政执法部门习惯于抱怨执法人员不足，执法手段不力，执法经费不够，于是执法人员不断膨胀，经费节节上涨，却始终不能从根本上解决环境问题，原因就在于公众的力量和智慧还有待于开发。那么如何调动起公众的积极性

---

① CPPSS：《十七大解读——参与式民主的展开》，http：//www. cppss. cn/Content. asp？id=242。

② 国家环境保护总局污染控制司：《中国环境污染控制对策》，中国环境科学出版社 1998 年版，第 58 页。

去监督附近排污口是否达标排污，以及相关部门所做的排污登记是否真实，美国的做法值得借鉴。美国非常重视和鼓励公民个人参与具体的执法活动，以协助有限的专门执法部门和执法人员进行全面有效的执法，例如芝加哥城市水资源恢复利用区有一"阻止倾倒危险品"的执法项目，该项目办公室专设 24 小时热线电话，任何公民有发现倾倒或运输危险物品的都可以电话举报。举报如果属实，公民可以得到适当的奖励，企业可以获得额外的污染排放指标。这样做的结果，由于被发现的几率很高，倾倒危险物品的事件几乎没有发生过，所以流过芝加哥城市中心区的河流一直那么清澈。

（二）强化防治陆源污染执法力度

政府要强化防治陆源污染执法力度。政府要重塑环境执法形象，引入"可归责性（accountability）的要求"，[①] 也即要做到十七大报告提出的"健全集体领导与个人分工负责相结合的制度"，责任到人，以严格承担责任的压力促使领导能将海洋环境保护工作放在一个正确的位置上。在加强陆源污染防治执法力度方面，应当突出环境影响评价的作用。我们首先来看一个案例，山东 7 家鱼粉加工厂乱排工业废污水，导致滩涂遭受污染，养殖鱼贝死亡，造成养殖户经济损失 267 万多元。经法庭质询，被告没有经过环保部门的审批便擅自生产，其工业废污水未经处理直接或间接排入大海。[②] 这虽然只是发生在青岛的一个案件，也只是 7 家鱼粉加工企业未经审批就在沿海进行生产，但这正反映出我国环境影响评价制度在沿海的执行情况存在着缺陷。而值得借鉴的则是南通市的做法。江苏省南通市，根据不同海岸功能区和生态功能，设立环保准入门槛，沿海开发中的一切建设项目都要进行环境影响评价。在沿海重点地区聘请了 110 名海洋环境监督员，通过定期或不定期对涉海工程建设进行全过程的跟踪监测，定期了解分析工程建设对海洋环境的影响。[③] 南通市通过加强沿海工程建设项目的环境影响评价，走出了治理陆源污染的新路子。以上两个案例的鲜明对比，让我们看到了把好环境影

---

①　《参与式民主的面向》，http：//www. cppss. cn/Content. asp？ id＝243。

②　李强：《陆源污染祸及海域养殖，山东 7 厂家被告上法庭索赔 267 万元》，《人民日报》1999 年 2 月 2 日。

③　李婷、高杰：《从环评入手严控陆源污染，南通全方位呵护蓝色国土》，《中国环境报》2006 年 10 月 23 日。

响评价关，对陆源污染防治工作的有效开展意义重大。所以我们要从以下两方面来加强我国的环境影响评价制度的实施：第一，完善采纳公众意见以及对公众意见进行及时反馈的相关规定。《中华人民共和国环境影响评价法》第 22 条规定"海洋工程建设项目的海洋环境影响报告书的审批，依照《中华人民共和国海洋环境保护法》规定办理"，但是查看《中华人民共和国海洋环境保护法》的内容会发现对于影响海洋环境的报告书如何审批以及如何纳入公众的意见并不完善。《中华人民共和国环境影响评价法》第 11 条和第 21 条是关于规划和建设项目的环境影响评价应当征求有关单位、专家和公众的意见的规定，并着重提出"建设单位报批的环境影响报告书应当附具对有关单位、专家和公众的意见采纳或者不采纳的说明"，没有明确规定"说明"所达到的深度和相关程序，不具有可操作性。美国《国家环境政策法实施条例》对公众参与意见的反馈有非常详细的规定，即主办机关在准备最后的环境影响评价报告书时应考虑来自个人或集体的意见，并且采取以下一种或多种手段予以积极回应：① 第一，修正可选择方案，包括原方案；第二，制定和评估原先未加认真考虑的方案；第三，补充、改进和修正原先的分析；第四，作出事实资料上的修正；第五，解释所提意见因何不加采用。所有对环境影响评价草案的意见（不论是否被采纳）都应附在最终的环境影响评价报告书中，如果所提意见对环境影响评价草案修改很小，那么联邦机关可以将它们写在勘误表中，或附在环境影响评价报告书中。美国的做法非常值得我们学习，真的将公众反馈的意见重视起来，并采取合适的途径加以采纳，而不是做表面文章，同时具体到涉及海洋污染的建设项目的环境影响评价的审议，相关专家如何能在最短时间内组织起来并参与到审议过程中去也是值得考虑的问题。此外，《环评公众参与暂行办法》对于公众参与规划环境影响评价的规定没有同建设项目一样的时间和期限的限制。这些都是要在以后的工作中完善的地方。第二，应当选择最有效的方式，保障公众参与到环境影响评价中。如何选择会受到一些因素的影响，包括环保行政部门所设定的目标、时间、资源限制、议题和意见的范围以及感兴趣人群在地理上的分配情况。下面我们来具体看一下有哪些方式：一是基于会议的公众参

---

① 李艳芳：《美国的环境影响评价公众参与制度》，《环境保护》2001 年第 10 期。

与方法，包括公众听证会、座谈会等形式，与我国惯常采用的一样；二是非会议式方法，通过大众媒体宣传或信息公报等手段向公众提供信息，通过信息公报的反馈卡、民意调查表以及详细考察表和问卷调查从公众处获得需要的信息，并且也重视和公众建立双向交流，具体有电话交谈的电视或电台节目、电话咨询、网上聊天室或者会见等。我们应当在我国目前各方面条件允许的情况下，在考虑到具体的环保行政主管部门的情况下采取多种有效的方式。

三、通过公众参与，调动利益相关者企业防治陆源污染的积极性

（一）奖惩结合的政策措施调动企业治理污染的积极性

工业污染是我国陆源污染的主要来源之一，因此必须实施一系列激励与惩罚相结合的政策、措施调动沿海和入海河流两岸的企业治理污染的积极性。公众要想更好地监督企业污染治理情况，企业相关环境信息的公开是必要的。《环境信息公开办法》在一定程度上保障了公众环境知情权的实现，但细细考究，这个办法对企业如何进行环境信息公开只是做了大概的规定，而环境信息公开这项制度要想有效的实施，许多细节问题是需要被考虑和设计的。在此，我们可以借鉴镇江市进行环境信息公开的成功经验。2004 年，镇江市在全国率先实施"企业环境行为信息公开化"制度，并建立了一套较为公正完善的信息公开化评价指标体系和企业环境行为数据库。具体如下：[①] 1. 数据收集问题，编制专门用于信息公开的调查表，由公开对象进行信息申报，结合环保局所掌握的信息（如排污费、信访情况等）进行评价。同时为了更好地掌握被公开单位的信息，可以考虑对公开对象加强监测和环境检查、管理的力度，以确保评价基础数据的准确性，目前，环境信息公开除了包括企业环境行为信息外，还可融入社区的环境质量状况等相关信息。2. 环境信息公开的周期和时间，每一年更新一次环境信息公开的结果是较为恰当的，周期太短，企业环境行为的改善不明显，周期太长，不利于公众进行监督，给予企业的压力会比较弱，不利于其整改，在正式公开后，可以每月对企事业单位的信誉等级在有关媒体上进行重复公开，以加强督促作

---

① 王华、曹东：《环境信息公开：理念与实践》，中国环境科学出版社 2002 年版，第 56 页。

用。3. 扩大环境信息公布渠道和范围，良好和便捷的信息发布方式和渠道将有利于公众更方便、更全面地掌握环境信息。网络发布将是环境信息发布最有效的方式之一。4. 制定和完善相应的奖惩措施和激励政策，它将加强信息手段与其他环境管理手段对企业污染控制的综合影响。

（二）公众反馈给予污染者、环境管理者动力和压力

公众的反馈将给予污染者以及环境管理者各种激励和奖惩的动力和压力。但是考察我国法律对企业、事业单位防治环境污染和损害的要求以及追究责任的规定，我们会发现是一种典型的事后补救的方式，所以要借鉴美国和日本在企业环境信息公开方面的经验，让企业进行自我监控和监测抽查，在企业中建立"企业公害防治管理员"制度等。美国环境管理部门主要依赖自我监控，排污者测量他们各自排放物的质量和数量，然后将结果报告给环境管理部门，自我监控报告中的信息由设备检查加以补充，另外一个更严格的补充是监测抽查，管理部门工作人员进行测量来判断污染物排放的浓度和排放率。近些年来，一些美国法律要求公司管理者进行自我达标证明，这会作为自我监控和报告的一部分。高层管理者要对错误报告负责，这大大提高了公司对其监测质量的重视。由于送到环境管理部门的自我监控数据还要公之于众，因此也提高了自我监控数据的质量。通过信息公开，应该可以在社区（公众）、污染者（企事业单位）以及政府（环境管理部门）之间建立一种良性的，可以沟通并交换意见的以及相互促进和制约的机制，更好地促进海洋环境保护。

四、加强对公众海洋环保意识的教育和管理

我国进入海洋环境的污染物中陆源入海污染物约占90%，其中主要河流入海污染物和沿海城镇入海陆源生活污水排放是陆源污染的主要来源，据有关统计，2003年我国主要入海河流滦河、黄河、长江、闽江、九龙江、珠江入海污染物总量分别约为 COD577.0 万吨、无机氮 14.6 万吨、磷酸盐9.7 万吨、重金属 4.9 万吨、石油类 12.7 万吨、其他有机污染物 0.6 万吨。主要河流入海污染物总量约为 619.0 万吨。2002 年，沿海城镇生活污水排放总量为 239505 万吨，城市生活污水处理量 27222 万吨，处理量仅占总量的

11% 左右。① 由此可见，通过长期的宣传和教育，增强沿海居民和入海河流沿岸居民的海洋环保意识，使其转变生活方式、消费观念等，积极参与到陆源污染防治中是十分重要的。由于"重陆轻海"观念由来已久，民众的海洋意识普遍比较薄弱，成为建设海洋强国的严重阻碍。具体体现在：从国家层面上说，"海洋"在我国根本大法中缺失，在国家的重大战略部署中没有明确国家海洋发展战略或地位低下。从社会层面讲，社会民众对海洋的重要性认识不足；对海洋的科学利用、依法利用意识不够；海洋环保意识非常薄弱；海洋教育、海洋基础研究滞后。② 一项针对太湖流域人浦镇 14 个行政村2.7 万人进行的环境意识调查表明，居民对水环境污染的原因有了初步的认识，但与实际有明显偏差；居民整体参与环保意识不强。③ 因此增强全民海洋意识问题是一个综合性的问题，需要从国家层面重视并采取行动，营造有利于提高公众海洋意识的浓厚氛围。具体到转变消费观念方面，日本公众的做法很好，值得我们学习。20 世纪 80 年代末期，特别是进入 20 世纪 90 年代以后，日本市民的自我环境保护行为较为普遍。对家庭生活垃圾的分类收集和定点放置，已成为每一位日本市民的基本常识。另外，许多市民自觉培养环境友好的生活习惯，如不将油炸食品剩下的食油直接倒入下水道，将物品物尽其用后再扔掉，注意节水节电，并进行再回收利用的分类，如报纸、玻璃瓶及易拉罐。④ 另外，有不少的环保志愿者，从事国内和海外的环保活动，是一种典型的自我参与方式。

（一）调动沿海沿江农民防治陆源污染的积极性

必须调动沿海沿江农民防治陆源污染的积极性。沿海以及主要入海河流流域农村环境保护在我国防治陆源污染中占有重要的地位。首先，加强农村环境保护立法和制度完善。由于国家将更多的注意力放在了城市的环境保护问题上，制定的法律、法规以及政策并不能完全适应于农村环境问题，这种情况导致农民参与的法律制度薄弱。所以要加快完善农村环境法制建设，尤

① 国家环境保护总局：《中国的海洋环境保护》，http：//www. h2o-china. com/report/6. 5Entironment/zhongguohaiyang. htm。

② 钱秀丽：《国家海洋局长畅谈海洋热点问题》，http：//www. hycflt. com/。

③ 赵磊、邓维：《太湖流域农村公众环境意识案例研究》，《长江流域资源与环境》2005 年第 3 期。

④ 任勇：《日本环境管理及产业污染防治》，中国环境科学出版社 2000 年版，第 217—219 页。

其是沿海农村和入海河流两岸的农村，他们的生存环境的改善和农业面源污染的治理工作将大大改善海洋环境免受陆源污染的状况。鉴于我国新颁布的《环境信息公开办法》对农民环境信息的获得并没有付诸太多笔墨，应当完善他们获得相关环境信息的途径。其次，加强对农村生态环境安全的宣传教育。充分利用各种宣传工具和宣传渠道，大力宣传海洋环境保护的重要意义，同时加大农村环境保护投入，逐步建立政府、企业、社会多元化投入机制。环境保护专项资金应安排一定比例用于农村环境保护，重点支持农村生活污水和垃圾治理、畜禽养殖污染治理、土壤污染治理等。尤其要采取措施控制农业面源污染，采取综合措施控制农业面源污染，指导农民科学施用化肥、农药，鼓励使用农家肥和新型有机肥。

（二）引导环境保护民间组织参与陆源污染防治

加强引导环境保护民间组织参与陆源污染防治。随着环境形势的严峻，单一的、由政府直接管理和给予财政拨款的政府性社会团体模式已经不能适应我国环境保护的需要。随着改革开放的深入，政府和作为市场主体的民众的地位和作用都发生了相当大的变化，所以要改变社会团体的行政化和机关化倾向，有关政府部门要转变态度，借鉴国外环境保护团体的成长经验，加紧研究完善环境保护民间组织的政策和措施，有意识地扶持和扩大代表各阶层利益的社会团体的影响，从而真正发挥环境保护民间组织在环境保护乃至陆源污染防治工作中的应有作用。

（三）加强陆源污染防治工作的国际交流与合作

加强陆源污染防治工作的国际交流与合作。三方合作模式是无限开放的，不能仅仅限于国内合作，全球化时代的国际合作具有越来越重要的意义。加强陆源污染防治工作方面的国家合作和交流非常重要，我们可以借鉴世界先进国家在陆源污染防治方面的成功经验，在我国海洋环境污染日益严峻的形势下少走一些弯路。例如，美国国家海洋大气局将与福建省厦门市政府在厦门—漳州—龙岩地区共同建设一个淡水污染防治体系。一旦这一项目在福建取得成功，将向更大范围推广。这为我国地方政府如何根据自身地区特点采取更加有效的陆源污染防治政策和措施提供了很好的借鉴，值得将其成功经验向全国推广。

第十三章　渤海污染及其治理研究回顾[①]

对渤海环境治理的研究起于 20 世纪 90 年代，但早期出现的几篇研究渤海环境治理的论文都是直接或间接从经济学角度看待渤海环境问题，多研究渤海污染对经济的影响，或研究渤海环境治理的经济意义。随着 2001 年"渤海碧海行动计划"实施以来，研究论文数量迅速增加，学者的研究视野也逐渐开阔起来，研究的范围涉及渤海污染的原因、"渤海碧海行动计划"存在的问题、渤海法的可行性、渤海环境治理的对策等各个方面。本文的综述主要以《中国期刊网全文数据库》中收录的论文为主，尽管这样不能涵盖所有的研究文献，但可以鲜明反映最主要的研究状况和趋势。

通过分析文献可以看出，国内目前对渤海环境治理的研究主要体现在以下方面：

一、污染状况研究

渤海是中国唯一的半封闭型内海，水体交换能力很差。2007 年《中国海洋环境质量公报》指出，渤海作为国内污染最严重的海域，未达到清洁海域水质标准的面积竟然达到 2.4 万 km^2，约占渤海总面积的 31%，比 2006 年增加约 0.4 万 km^2。根据历年来环境调查和监测可以判定，渤海入海污染物主要来源于入海河流、排污口排放污染物工业废水，生活污水和农业污水等。影响渤海环境的陆源污染源主要包括点源和面源，陆源污染点源主要是

---

① 本章根据王书明、周艳、李岩《渤海污染及其治理研究回顾》（《中国海洋大学学报》（社会科学版）2009 年第 4 期）修改而成。

指入海河流和排污口。目前，学者们对渤海污染现状的研究主要集中于对陆源污染所造成的污染。

任秋娟等指出：渤海陆源污染物来源以区域划分主要有两方面：一是来自环渤海沿海 13 市的污染排放；二是来自环渤海地区上游城市污染排放。其中，上游城市排放的污染物主要通过辽河、海（滦）河、黄河三大水系进入渤海。渤海海域现在主要水质指标满足 II 类海水质量标准，而影响海域水质的主要指标为无机氮、活性磷酸盐和石油类。[①] 魏修华等对黄渤海沿岸 31358 家工矿企业进行了调查，指出各种污染物主要来自陆地，通过入海排污口、河流以及油田、港口等进入海中（其中河流是主要污染源）。流入渤海的污染物以有机物为主（以 COD 计），占污染物总量的 94.7%，其次为油类和氨氮，分别占 2.6% 和 2.2%。可以看出，有机污染是渤海近海海域污染的首要问题。[②] 周波等指出黄河、小清河、海河、滦河、辽河等 40 余条河流流入渤海，每平均径流量约 792 亿立方米；入海排污口多达 217 个，年入海污水量 28 亿吨，占全国排海污水总量的 32%；各类污染物质 70 多万吨，占全国入海污染物质总量的 47.7%。在海水污染严重的地方，水质基本为四类或劣四类，40% 的海域沉积物质量劣于三类标准，海洋生物普遍受到污染。渤海水体中的无机盐、活性磷酸盐、铜、COD、石油、锌等全部超标，一种或多种污染物超过一类水质标准的面积已占到总面积的 56%。海底泥中，重金属超过国家标准的 2000 倍。并将渤海各海域的陆源污染物入海量作了对比，指出渤海各海湾中，渤海湾，辽东湾和莱州湾的污染最为严重，三湾的陆源污染量占到了渤海陆源污染总量的 83%。[③] 张龙军对环渤海的黄河等 16 条主要河流的入海污染同步调查显示，13 条河流断面的水质属于Ⅳ类以上，其中子牙新河等 8 条河流水质属于劣Ⅴ类，通过污染分担率分析，环渤海河流的首要污染物为石油类（11 条河流），其次为营养盐，高锰酸盐指数仅位居第 3。[④] 舒俭民指出，沿海 13 市与上游流域地区污染物排放相比，上游流域地区污染物排放量约为下游沿海 13 市排放总量的 3.5 倍。

---

① 任秋娟、朱伯玉：《UNEP 框架下渤海陆源污染控制的法律路径》，《污染控制》2008 年第 14 期。

② 魏修华等：《黄渤海海域污染状况及对生态的影响》，《黄渤海洋》1993 年第 3 期。

③ 周波等：《渤海污染现状与治理对策研究》，《中国环境管理干部学院学报》2006 年第 4 期。

④ 张龙军等：《2005 年夏季环渤海 16 条主要入海河流的污染状况》，《环境科学》2007 年第 11 期。

可见，上游流域地区对渤海污染物入海量的贡献不容忽视。[1]

屈强指出，与陆地污染源相比，海域污染源对渤海污染贡献较小，COD和氮磷仅占 0.34% 和 0.17%，主要来源于沿岸池塘对虾养殖。油类污染所占比例较大，约为 44.75%，一些来源于运输船舶、渔船（约 36%）和事故溢油。[2] 养殖业自身污染已制约渔业生产的持续健康发展，其对环境的影响引起了许多学者的关注。保建云指出，大规模海水养殖使得水质恶化，底质污染严重，水体富营养化加重，病害增加，赤潮发生率提高，沿岸池塘养殖废水排海构成了新的环境问题。在对虾养殖高峰时期，辽东湾曾约有 17.5 万亩虾池，渤海湾约有 37.1 万亩虾池。据调查，辽东湾顶部 8 月份每天每公里岸线排放的虾池污水中 COD 约达 0.5—2 t 之多。1983—1993 年的 10 年间，渤海鱼类多样性指数从 3161（85 种）降到 2152（74 种）。经济鱼类向短周期、低质化和低龄化演变。1997 年渤海无机氮超标 66%，无机磷超标 68%，油类超标 63%。1992 年，渤海受污染水域面积占整个海域的 25%，而 1998 年则接近 60%。渤海一些海底已没有生物，成了海底沙漠。[3]

还有的学者着重从重金属、石油烃等物质的污染来谈渤海的污染现状，李淑媛等等通过调查得出：渤海重金属自 1900 年为沿岸采掘工程、少量工业活动影响的明显累积期。70—80 年代初为重金属人为负荷量输入高峰期。锦州湾是渤海重金属污染最严重的海域，6O 年代以来，Cu、Pb、Zn、Cd 污染已超出所辖范围，污染程度实属罕见。渤海各湾重金属程度不同地富集在河口及湾顶，并波及浅海海域。区域重金属富集程度为：锦州湾 > 渤海湾 > 辽东湾 > 莱州湾 > 渤海中部。[4] 陈江麟等根据调查数据分析，得到渤海各海区表层沉积物重金属污染的分布特征：北部辽东湾海区重金属污染最重，尤以 Hg 和 Cd 为甚；秦皇岛近岸海区 Hg 污染比较突出；西部渤海湾海区尚未呈现金属的污染；南部莱州湾和黄河口海区仅在莱州湾发生偏中度 Hg 污染；与以往相比，外海和辽东半岛近岸海区已出现偏中度的 Hg 污染。[5] 齐凤霞

① 舒俭民：《渤海陆源污染控制行动与成效》，《环境保护》2006 年第 20 期。

② 屈强：《渤海海域环境问题及其综合整治的几点构想》，《海岸工程》2006 年第 3 期。

③ 保建云：《生态环境保护的经济动因与制度安排——渤海污染治理典型案例分析》，《生态经济》2000 年第 3 期。

④ 李淑媛等：《渤海重金属污染历史研究》，《海洋环境科学》1996 年第 11 期。

⑤ 陈江麟等：《渤海表层沉积物重金属污染评价》，《海洋科学》2004 年第 12 期。

对渤海湾天津海域水体及沉积物重金属含量水平、平面分布和垂直分布特征及其影响因素和来源进行分析，得出如下结论：沉积物中重金属污染状况评价结果表明：该海域总体上污染强度是近海域＞外海域，已达到很强的生态危害；沉积物重金属平面分布特征为：总体上看分布体现出河口附近含量高，口外低的分布特征。主要污染元素是 Hg，已达到极强的生态危害①。王修林等根据调查分析了渤海海域石油烃污染状况，建立了渤海石油烃多介质动力学模型，估算了渤海海域石油烃污染物环境容量和剩余环境容量。据调查，陆源含油污水排放是造成渤海海域石油烃污染的主要原因。②

二、污染原因分析

（一）陆源污染是造成渤海环境污染的主要原因

元宝艳、杨本杰指出，渤海占我国 4 个海区总面积的 1.6%，承受污水总量却占 32%，污染物占 47%，渤海沿岸有 57 个排污口，黄河、海河整个流域的污染物都排进了渤海。渤海每年承受来自陆地的 28 亿吨污水和 70 万吨污染物，污染物占整个中国海域接纳污染物的近一半。③ 周波等指出，环渤海地区入海污水总量中，工业废水与生活污水所占比例基本持平。沿海城市生活污水已成为近岸海域环境污染的重要污染源。入海江河流域和沿海的农田、果园等每年施用的各种农药、化肥、植物生长素等陆源污染物流失严重。这些污染物往往由地面径流和河流携带入海，使入海河口和近岸海域环境受到农业污染的威胁。多数陆源排污口的长期超标大量排放，导致我国河口、海湾和湿地等典型生态系统健康状况每况愈下，环境恶化的趋势加剧，主要河口、海湾和滨海湿地生态系统均处于不健康或亚健康状态。④ 赵章元、孔令辉通过调查，将入海污染物按各省入海总量进行比较，得出结论：渤海沿海各省向海洋排污总量以辽宁为最大，其后依次排序为天津、山东、河北。需重点控制的入海河口为黄河口、大沽河口、蓟运河口、潮白新河

---

① 齐凤霞：《渤海典型海岸带—天津海域——水质与底质重金属污染调查研究》，硕士学位论文，北京化工大学，2004 年。

② 王修林等：《渤海海域夏季石油烃污染状况及其环境容量估算》，《海洋环境科学》2004 年第 11 期。

③ 元宝艳、杨本杰：《浅谈渤海环境污染现状、原因分析及防治措施》，《山东环境》2000 年第 3 期。

④ 周波等：《渤海污染现状与治理对策研究》，《中国环境管理干部学院学报》2006 年第 4 期。

口、大辽河口、大凌河西八千、大浦河口和小清河口。[①] 此外，近年来海水养殖业的污水排放已引起人们的广泛关注。水产养殖业可为人类提供食品，弥补捕捞的不足，但由于代谢产物及残饵流失到水体中，会导致底质环境质量下降，及增加病害发生几率。目前大量的养虾废水已成为一个不可忽视的海水有机污染因素，如辽宁、山东两省对虾养殖排放的 COD 从 1983—1990 年分别增加了 617 倍和 217 倍，占当年全省入海 COD 排放量的 112% 和 411%。[②] 任秋娟等指出，渤海局部海域及生态系统污染严重，沉积物污染和其他污染物不容忽视。导致渤海局部污染严重的主要原因一是入海河流、排污河及其他各类入海断面水质不达标现象普遍存在；其次各类陆源污染排放监管不严，流域性排污总量居高不下，其中河流仍是污染物入海的主要途径，工业点源是传统污染大户，而计划区外、上游污染贡献量比重很高（入渤海污染物中 COD 有近 50%，氮有近 55%，磷有近 40% 由计划区外上游区域或城市输入）。[③] 刘元旭强调，流域周边的生活用水、工业废水、农药和化肥污染是三大陆源污染源。此外，船舶石油产品跑冒滴漏、船舶生活污水、海上石油开采和海水养殖中的添加剂也会对海洋造成严重污染。尽管陆源污染物排海是造成我国近岸海域环境污染和生态损害的主要原因，但是从海洋生物多样性保护的角度看，油污的危害反而是最大的因素。泄漏的燃油漂浮在海面上，对周边的海洋渔业、养殖业造成毁灭性的破坏，油膜凝聚以后的物质还是潜伏在海洋中的长期杀手。[④]

（二）海洋环境整体性与现存体制分割的矛盾

海洋区域内产生的种种问题都是彼此关联的，必须作为一个整体加以考虑，这种整体性是渤海利用与管理活动的基点。海洋中水体的流动，生物的游移，环境要素相互影响，存在着特定资源归属不确定和环境污染转移与转嫁的可能。渤海又分属于三省一市，行政管理体制分割，利益主体多元化与环境整体性矛盾，引发和派生了海洋利用中的一系列问题，往往导致利益分享的非此即彼和开发中的各自为政。李毅从资源利用和环境建设这一角度指

---

① 赵章元、孔令辉：《渤海海域环境现状及保护对策》，《环境科学研究》2000 年第 2 期。
② 翟美华：《烟台市养虾废水排放及控制》，《海洋环境科学》1996 年第 4 期。
③ 任秋娟、朱伯玉：《UNEP 框架下渤海陆源污染控制的法律路径》，《污染控制》2008 年第 14 期。
④ 周波等：《渤海污染现状与治理对策研究》，《中国环境管理干部学院学报》2006 年第 4 期。

出环境与生态作为统一的整体，缺少区域间的协同和协调，管理难以收到明显的效果。目前，渤海管理体制作为管理组织结构形式，职能分属于海监、渔政、安全、环保、港务、盐务等十余家资源与环境部门，庞大和支离的管理力量已不适应现代海洋管理的要求。另一方面在机构设置和职能定位上存在着某种缺陷，一是机构职能单一，资源与环境互不相干，某一单项资源管理只局限所属的范围和以效益最大化为目的，忽略资源与环境的内在联系，而环境管理往往以污染控制为中心，与资源管理脱节；二是机构内部缺乏协调性，存在着职能模糊，政出多门，各行其是和相互推诿的现象。[①] 天津市水利研究所所长曹大正说，渤海污染治理涉及环保、海洋、海事、渔政、交通等部门，有人戏称为"群龙闹海"。"海洋部门不上岸、环保部门不下海，管排污的不管治理，管治理的管不了排污"的部门割据现象严重，往往无法形成综合治理的合力。张士琦认为，各个省市往往各自为战，最终不能实现整体环境改善的效果。[②] 保建云从生态环境的经济动因与制度安排出发，进一步指出区域制度安排的强制性功能弱化，必然导致区域经济行为主体为追求自身利益最大化，社会转移污染成本：微观经济主体追求自身理性行为是以破坏整个区域经济的不经济为代价的，环渤海地区各个造纸厂为了追求自身经济利益，把大量的污水排入渤海，这是渤海得不到有效制止的另一个原因，是排污费返还政策的失败。从这一角度来看，区域制度约束弱化和区域微观经济运行主体在利益引诱下向社会转移成本的非正当经济行为是构成渤海污染危机的主要原因。[③]

（三）相关立法与制度建设的滞后和不完善，缺少一个良好高效的执法环境

"认真落实辽河流域、海河流域、黄河流域等重点流域的水污染防治规划，巩固工业污染源达标排放和重点城市水环境功能区达标的成果，推动工业企业实施清洁生产；建设、改造完成一批市政污水处理工程和设施。"《碧海行动计划》中提到的这个预期 2005 年实现的近期目标，需花费大量的

---

① 李毅：《渤海环境治理途径探索》，《海洋开发与管理》2006 年第 5 期。

② 刘元旭：《渤海治污为何越治理越恶化》，《今日国土》2006 年第 3 期。

③ 保建云：《生态环境保护的经济动因与制度安排——渤海污染治理典型案例分析》，《生态经济》2000 年第 3 期。

投资，在城市中进行污水处理，建造二级污水处理厂，不仅要花费大量的基建投资，也需要昂贵的运转费用，这对于经济实力不雄厚的国家来说困难确实是不小的。一项政策，措施制定得尽管很严格，理论上也很完善，但在实际运行中并不一定达到预期的效果。而且，在很多情况下，有关污染问题的法律也不好明确，例如，污染者是否有权污染？有权进行多大的污染？受害者是否有权要求赔偿？等等。最后，即使污染者与受害者达成了协议，但由于通常是一个污染者面对众多受害者，因而污染者在改变污染水平上的行为就像是一个垄断者。在这种情况下，由外部影响产生的垄断行为也会破坏资源的最优配置，此时，如果政府不出面采取一定的法律和经济政策，是很难纠正由外部影响造成的资源配置不当。一段审慎地思考过后，会发现在治理渤海污染的过程中，始终欠缺一种更为有效的措施——"依法治海"。①

李淑文认为，《海洋环境保护法》配套法规建设的滞后是影响海洋环境保护的重要原因。我国 1982 年制定了《海洋环境保护法》，1999 年修订后从 2000 年 4 月 1 日起正式实施，但相关的配套法规并没有随之修订完善。《海洋环境保护法》实施几年来，没有一部相关的实施细则及法规出台，一些重要的海洋环境标准仍是空白。可以说，"渤海碧海行动计划"的执行，目前还不能真正做到"有法可依"。另外，沿海和海洋环境保护法制建设还需要进一步完善，海岸带环境管理等还存在着立法空白，有法不依、执法不严的现象仍然存在。②

李毅认为，由于海洋环境潜隐性、暴发性的特点，其立法与制度建设应借助科技手段，适度超前，而目前明显滞后，缺少预见性，往往事发后被动应对。现行环境法规与制度尚不完善，存在着缺漏。例如，排污收费制度作为环境制度的核心和主要控制手段，规定仅涉及主要污染物的浓度，而对总量、种类及对环境影响程度缺少具体界定和约束。对于诸如生活污水和养殖生产过程合法性污染也缺少管理的依据。另外，已建立的环境影响评估制度、规划制度、海岸带管理制度和污染惩罚制度相当程度上不能落实，往往流于形式。而在沿海和涉海企业中也未建立考核环境行为的制度。另外值得

---

① 王跃先、刘琳：《依法治理渤海污染，实现环渤海经济圈的可持续发展》，《经济师》2005 年第 11 期。

② 李淑文：《环渤海污染问题的原因和对策》，《经济研究导刊》2007 年第 3 期。

注意的问题是我们现在尚未建立一个严格公正的执法环境，当今竞争激烈的市场环境中，包括临海及涉海企业和经营者，出于追求利润最大化和保持竞争力的需要，不愿为减少污染改进技术，投资环境设施而增加成本是一种普遍现象。某些地区和部门，为维护本区的短期利益，往往采取保护和行政不作为方法，对环境问题熟视无睹，对监察和管理加以干预，而隶属的地方管理执法部门则采取放任态度。在这种情况下，现行尚不完善法律、法规成为一纸空文，大大降低了法律的约束性。①

环境保护还与经济发展水平有关，我国是发展中国家，许多环境问题是经济落后造成的，要将可持续发展战略思想变成现实，必须有强有力的法律作保障，必须完善我国的环境法制建设。王跃先等指出，在渤海海洋资源的开发和利用方面的立法也必须贯彻可持续发展这一立法指导思想，以促进海洋资源的可持续利用。我国环境立法长期忽略了这一方面，我国的环境保护法律体系依然是以环境污染防治法为核心的传统型环境法体系，这也是造成我国目前自然资源保护不力的一个重要原因。应以科学的发展观为指导，坚持污染防治与生态环境并重，生态建设与保护并举。在治理渤海已有污染的同时，加强对渤海海域脆弱生态环境的保护。②

三、渤海污染治理对策研究

（一）控制陆源污染物排入渤海并加强渤海海上污染防治

专家们一致认为：治理渤海污染的关键是切断污染源。沿渤海区域工业污水、生活污水应得到集中处理、集中排放；应关掉一批污染严重项目，淘汰和关闭一批技术落后、污染严重、浪费资源的企业，整治一批违法排污单位，从源头上减少污染总量；并加快污水处理、垃圾处理等环保设施建设，增加环渤海地区城市污水和生活垃圾无害化处理能力。同时，要高度重视农业面源污染治理，合理使用化肥、农药。重点抓好污染严重城市的毗邻海区、河口附近海区及海湾，促进近岸海域海洋环境质量的改善，实现海洋生态环境良性循环。

---

① 李毅：《渤海环境治理途径探索》，《海洋开发与管理》2006 年第 5 期。

② 王跃先、刘琳：《依法治理渤海污染，实现环渤海经济圈的可持续发展》，《经济师》2005 年第 11 期。

　　郝艳萍建议建立并实施排污总量控制制度和排污许可证制度。按照河海统筹、陆海兼顾的原则，在调查研究的基础上，测算各海域环境容量，依据各海域环境容量，确定各海域污染物允许排入量和陆源污染物排海削减量。制订各海域允许排污量的优化分配方案，控制和削减非点源污染物排放总量。[①] 张士琦进一步指出，海洋部门要根据渤海的海流、被污染情况及海域沿岸的工农业发展状况来确定渤海能够接纳的污染物限度。环保部门要严格执行污染物入海总量和达标排放双控制度，根据海域的污染物最大接纳量来分配各个排污口污染物的排放量，同时加强对排污企业的监管力度。[②] 任秋娟认为，传统陆源污染控制关注焦点集中于末端治理，即考虑污染物的排放点以及对海洋环境无害的最大排放量。而清洁生产作为最佳可行技术和最佳环境实践的一项具体措施，在关注末端治理的同时，更强调生产的组织全过程和物料转化全过程实施污染控制。基于清洁生产的需要，环渤海地区应当建立可持续发展的农业生产体系，以提高农业综合生产力为重点，发展优质、高产、高效农业；建立资源节约型、清洁生产型的工业生产体系，节约资源，提高循环生产程度，减少环境污染；大力发展循环经济，积极推动产业循环式组合、企业循环式生产、资源循环式利用，全面推行清洁生产，重点在煤炭、建材、电力、轻工、化工、冶金等高资源消耗行业推广循环经济的生产方式；加强对港口、船泊的环境污染监管工作；加强港口城市生活垃圾和废旧物资的回收、加工、利用，提高资源回收和循环利用水平。[③] 李淑文也强调沿海省市流域应积极发展生态农业，减少农药、化肥等的使用。针对排污，可借鉴美国的生物技术进行污水处理，通过酶打开污染物质中更复杂的化学链，将其从高分子有机物降解为低分子有机物或二氧化碳、水等无机物。这种技术已被广泛用于工业废水、湖泊、河流、景观水以及生活污水的处理中；也可利用不同生物的吸收、摄食、固定、分解等功能来达到生物净化的目的。借鉴此项技术，我国可在渤海有机物聚集较多的内湾或浅海，有选择地养殖海带、裙带菜、羊栖菜、紫菜等大型经济海藻，既净化水体，

---

①　郝艳萍：《渤海治理现状与对策》，《海洋开发与管理》2005年第3期。
②　刘元旭：《渤海"治污"为何越治理越恶化》，《今日国土》2006年第7期。
③　任秋娟、朱伯玉：《UNEP框架下渤海陆源污染控制的法律路径》，《污染控制》2008年第14期。

又有较高的经济效益。①

对于加强渤海海上污染防治，综合各学者的意见，一共有以下几点：一是严格管理和控制各类海洋石油、海上航运和港口企业的各类溢油漏油、超标排放和海洋倾废行为，禁止向海上倾倒放射性废物和有害物质。二是加强对倾倒区的监督管理和监测，严格执行倾废区的环境影响评价和备案制度，及时了解倾倒区的环境状况及对周围海域环境、资源的影响，防止海上倾废对生态环境、海洋资源等造成损害。三是海上养殖活动应合理规划、科学布局、控制密度，尽可能减轻或控制海域养殖业引起的海域环境污染。四是所有海岸和海洋工程建设，都应严格执行环境影响评价制度，并配套建设运行环保设施。并应建立健全重大海上污染事故应急机制，抓紧渤海海域原油污染事件的善后工作。②

（二）建立区域性河海污染统筹防治机制

渤海是一个跨行政区域的、具有独特自然地理特征的区域性海洋单元，要真正扭转渤海污染的现状，不仅需要所有涉海部门的努力，而且还需要建立一套行之有效的区域性河海污染统筹防治机制。曹大正建议，构建一个跨行政区的渤海综合管理协调机制，统一协调环渤海地区排污治污工作，并给予积极的资金扶持。通过把渤海综合治理的权利和责任交给环渤海的地方省市政府，从而为渤海环境执法扫除"障碍"。③ 李毅等认为，渤海管理体制构建应本着尊重历史、适应现实的原则，简单的集权抑或分散皆不适宜。将渤海管理集中，升格于一个超越地方，由中央直接管辖的综合性权力机构，既不可行，也不现实。一方面高度集权将大大提高管理的社会成本，另一方面，海洋环境与资源管理很大程度上将依赖地方政府及行政部门，高度集权会遭到强烈抵触，增大工作难度或难有作为。因此，纵向权力适当分散与横向权力相对集中，并完善部门和地区间的协调机制，是一种理性的选择。其一，设立国家海洋、资源、环境等相关部门组成的高级别、权威性咨询协调机构，对渤海重大资源开发利用、环境归化的决策提供意义和建议。二是设立区域间协调机构，对区域性事物进行管理指导，协调和环境纠纷仲裁。对

---

① 李淑文：《环渤海污染问题的原因和对策》，《经济研究导刊》2007 年第 3 期。

② 周波等：《渤海污染现状与治理对策研究》，《中国环境管理干部学院学报》2006 年第 4 期。

③ 刘元旭：《渤海"治污"为何越治理越恶化》，《今日国土》2006 年第 7 期。

重大项目进行环境影响评价和监督执行。三是针对涉海管理部门过多的情况，应适当整合，明确职责权限，改变目前机构过多，权限重叠，相互推诿，见利趋之，见害避之的现象。环境管理权限应相对集中，划归一个部门管理。四是强化管理职能。赋予环保与资源部门根据法律规定行使独立执法权，避免地方保护与长官意志的干扰，发现问题及时采取措施，以免层层上报，延误时机。五是借鉴国外海洋管理的经验，建立一支权限和力量相对集中，能够独立履行职责的海上执法队伍和具有能够对突发污染事件作出应急反应的环保力量。①

周波等指出，为使环渤海地区海洋环境能得到有效管理，各相关省市和各涉海部门在环保问题上，应该确立共同的目标，把治理渤海污染保护渤海环境，当成共同的责任和义务，而不应该相互推诿，各自为战。渤海污染治理涉及环保、海洋、海事、渔政、交通等部门，而"海洋部门不上岸、环保部门不下海，管排污的不管治理，管治理的管不了排污"的部门割据现象严重，往往无法形成综合治理的能力。所以必须强化对相关部门履行职责情况的监督检查，各部门应弱化利益，共同开展海洋环境监测和监察执法工作，严格控制污染物的排放量。并应做好环渤海地区海洋开发和环境保护的综合协调工作，使环渤海三省一市对实施《渤海碧海行动计划》、治理流域污染、保护海洋环境具有共同的责任。②

还有的学者立足于海陆环境的相互联系，并不拘泥于环渤海地区三省一市的界限，从更大的地域范围来寻求治理的途径。元宝艳强调，海洋环境破坏的原因并非都来自自身，更大程度上来自海洋之外，视野局限于海洋，往往是本末倒置，治理范围应从更大的地域着眼，唯此才能疏而不漏，标本兼治，而这也是治理难度所在。建议在管理体制上，建立与市场经济条件下与海洋开发事业相适应的综合管理体制，成立渤海资源开发整治与环境污染防治管理领导小组，由国家海洋局、国家环保局牵头，加强区域和流域合作，流域内各省市共同治理。③舒俭明提出渤海的污染治理要与相关流域、海域工作协调衔接，注重与辽河、海河、黄河等重点流域水污染防治规划的协调

①　李毅：《渤海环境治理途径探索》，《海洋开发与管理》2006 年第 5 期。

②　周波等：《渤海污染现状与治理对策研究》，《中国环境管理干部学院学报》2006 年第 4 期。

③　元宝艳、杨本杰：《浅谈渤海环境污染现状、原因分析及防治措施》，《山东环境》2000 年第 3 期。

衔接；注重与目前编制中的《渤海环境保护总体规划》等海域相关规划的协调衔接。① 李毅认为渤海治理的思路应以传统海洋管理转向如何管理海洋，其间差异在于前者拘泥于海洋自身的管理，忽略了污染最重要根源，模糊了治理的主要对象，后者则从海陆环境的相互联系和更大的地域范围，寻求治理的途径。因此，一方面治理范围应从沿海区域、省域和流域更大范围加以考察，并将沿海城市作为重点；另一方面，治理内容应向经济系统延伸，运用法律和行政手段惩治污染作为一种手段和权宜之计，是在污染产生后发挥的作用，而从源头上减少经济活动污染的产生与输出则是根本。笔者认为，应根据中央提出建设新型工业化的思想，在大力发展高新技术的同时，对占比重很大的传统制造业、重化工、纺织、造纸等高污染产业，通过技术创新、工艺改革和信息化运用加以改造，提高资源综合与循环利用水平，达到降低能耗，减少污染和资源节约的目的。②

（三）进一步完善相关法律法规，为环境执法提供更加充分的法律依据

由于渤海具有区域性与综合性并存的特点，而现行的《海洋环境保护法》没有具体规定一些可操作性条款，专家们认为，还应制定专门的渤海法。我国 1982 年制定了《海洋环境保护法》，1999 年修订后从 2000 年 4 月 1 日起正式施行，但相关的配套法规并没有随之修订完善。因此，国家应在《海洋环境保护法》修改的基础上，制定"渤海污染防治法"，以达到以法治海的目的，克服有法不依、执法不严的现象。

滕祖文提出要尽快制定《渤海法》，他认为，20 余年来，围绕渤海的区域立法工作，许多部门和学者做了大量的工作，并且我国已经有着相当多的区域立法的实践，如 1995 年颁布的《淮河流域水污染防治暂行条例》、2001 年国务院颁布的《长江河道采砂管理条例》等，《渤海法》的立法时机已经成熟。滕祖文还指出了立法应该注意的一些问题，如渤海法应该制定成一部关于调整和规范一切涉及渤海活动的自然人、法人和其他组织活动的行政法。其次，渤海法要突破原有海洋行政法和一切涉海法律的传统立法老路。海洋公共权力的设定只能由一个专门海洋行政主体负责实施，即使设置辅助

① 舒俭民：《渤海陆源污染控制行动与成效》，《环境保护》2006 年第 20 期。
② 李毅：《渤海环境治理途径探索》，《海洋开发与管理》2006 年第 5 期。

行政主体参与部分工作，这个主体也不能是有任何资源开发行业或部门利益的主体。再次，渤海法的制定要充分考虑陆域对渤海环境的影响。[①] 李海清则对比了渤海和日本濑户内海在环境立法方面的做法，指出了日本濑户内海整治的最重要经验之一就是建立了《濑户内海环境保护特别措施法》以及配套规定，从而保障濑户内海的整治效果，也使海洋经济得到有效恢复，形成沿海地区的发展与环境相协调的局面。虽然我国的环境保护法律法规很多，但是目前还没有一部关于渤海环境治理的特别法。李海清得出了为恢复和保护渤海的整体功能，促使渤海为社会经济发展提供持续的支持，必须借鉴日本治理濑户内海的经验，建立渤海这一内海的特别法规体系和资源环境可持续利用的管理制度，并形成一系列与之对应的政策，只有这样，才能从根本上保障渤海整治的综合效果和渤海的可持续利用能力的结论。[②] 王跃先认为我国实际上也已经有了许多区域立法的实践，例如，国务院于1995年颁发的《淮河流域水污染防治暂行条例》，于2001年颁布的《长江河道采砂管理条例》等，都是国家实施区域性管理所颁布的区域行政法规，这些行政法规的制定，为渤海污染治理的立法工作提供了宝贵的经验和教训。[③] 依法治理渤海是势在必行的，并指出：（1）立法方面。第一，建议应尽早将环境权写入宪法。第二，治理渤海污染不仅包括对已有污染的治理，还包括对现有环境的保护。第三，从宏观上，应进一步完善海洋环境保护法律体系，修订现行《海洋环境保护法》，加强法律规范的可操作性，及时修改与实际情况不适应的规定，并及时制定相应的地方性法规和规章。第四，对造成外部不经济的企业，国家应该征税，其数额应该等于该企业给社会其他成员造成的损失，从而使该企业的私人成本恰好等于社会成本，惩罚其对环境造成的污染。反之，对造成外部经济的企业，国家则可以采取津贴的办法，鼓励环保企业的良性发展。第五，从微观上，尽快制定渤海污染防治法，应启动经国务院批准的《渤海碧海行动计划》中确定的《渤海环境保护管理条例》等一批立法项目。第六，应加紧进行基础标准和方法标准的制定，统

---

① 滕祖文：《渤海环境保护的问题与对策》，《海洋管理》2005年第4期。
② 李海清：《渤海和濑户内海环境立法的比较研究》，《海洋环境科学》2006年第2期。
③ 王跃先、刘琳：《依法治理渤海污染，实现环渤海经济圈的可持续发展》，《经济师》2005年第11期。

一监测方法标准，以保证监测结果的一致性。第七，向重点海域排放污染物总量控制指标的问题，应该通过立法，使之有利于从原则规定到具体实施的转化，从定性到定量，即到具体的量化指标的转化。（2）执法方面。第一，可以成立渤海综合管理机构，赋予其明确的职责，以解决多头执法问题。第二，地方环保局应加强法制部门的建设。第三，应以业务培训提高各级人民法院的法官对环境法相关制度的了解，提高法律执行效率。第四，应坚决地贯彻环保法的基本制度。（3）守法和监督方面。第一，政府，组织和公民都应守法，尤其强调地方政府应守法。第二，政府财政补贴，还有明确法律责任，加大法律制裁力度。第三，应鼓励民间环保组织的设立。第四，应加强司法监督、社会团体监督和舆论监督。

任秋娟综合考察了国内外关于海洋治理的法律，对海岸带范围界定提出了独到的见解。她指出，海岸带范围界定最广泛的是 1996 年修正的《保护地中海防止陆源及陆上活动污染议定书》，其规定海岸带的范围不仅包括地中海、内水、咸水域、沿海沼泽、濒海湖和有关的地下水，也包括"缔约方境内的整个流域，注入地中海的地区"。显然，这个界定承认"海岸带"应该延伸到所有注入海洋的河流的水域，但在实践中很多国家难以接受这种定义。目前世界各国和地区对海岸带范围的划分不尽相同，所定的尺度也不一，多是根据当地的自然资源与环境状况、社会经济发展需求和规划而确定的。具体到如何实施海岸带综合管理，2007 年 10 月欧盟委员会在各成员国磋商成果的基础上颁布了欧盟《海洋综合政策蓝皮书》。在《海洋综合政策蓝皮书》中欧盟委员会提出了"海洋空间规划与综合管理"，即利用海洋空间规划手段，实现海洋的可持续发展，恢复海洋环境健康状况。根据欧盟建议，各成员国已开始实施海岸带综合管理，同时欧盟将为海洋空间规划与综合管理制定共同的原则与指南。当下就综合管理现状来说，我国应该借鉴"海洋空间规划与综合管理"，即在管理中考虑海岸带资源的主体性和空间的整体性。因为目前渤海海岸带地区陆源污染物质超标排放屡禁不止的原因就在于，大部分管理措施只重视最大限度的单项利用，使得海岸带自然系统的综合效应往往被忽略。①

---

① 任秋娟、朱伯玉：《UNEP 框架下渤海陆源污染控制的法律路径》，《污染控制》2008 年第 14 期。

关于渤海的治理研究，还有些学者提出了其他一些独到的见解：

王琪的研究反思了渤海环境综合整治行动，指出渤海环境问题产生的真正原因在人，只有通过调整人的行为才能达到对渤海环境的整治。渤海治理公众参与的长效机制尚未建立。渤海环境整治中的公众参与经常是阶段性的、配合形势进行的运动，没有形成一种长久的有效的运行机制。同时，我国的渤海综合整治行动是一种自上而下的政府主导活动，在整个的决策过程中，公众并没有作为治理主体参与其中。公众的漠视将对渤海环境整治产生严重的制约作用。为此下一步重点要解决的问题是：提高对渤海环境保护重要性的认识，促进渤海环境管理综合协调机制运行的制度化与规范化，促使渤海环境保护和教育的广泛参与性和持久性。① 王保栋从研究渤海渔业资源渐趋枯竭的原因为出发，指出以往将其归咎于污染和捕捞过度这两大突出问题。而实际上黄河等入海径流和泥沙的大幅度减少，也是制约渤海渔业资源可持续发展的主要原因之一。因此，对渤海至整个生态系统的保护和恢复不应只注重治污、限捕等措施，还应该强调保持一定生态淡水流量的重要性。② 牛玉山强调"科学技术是第一生产力"。综合治理渤海，必须以科研为先导，要充分发挥各科研部门的作用，积极应用科研成果，指导渤海管理工作。各级应积极为科研部门创造条件，在资金方面给予支持，帮助解决科研中的困难。在综合治理渤海的工作中，应确定一个科研单位为科研牵头单位，根据综合治理渤海的总体要求，紧紧围绕解决当前渤海污染防治、资源衰退的实际问题，积极开展环境监测、环境评价、控制新污染源、渔业资源监测和调查及有关的基础研究工作。③

---

① 王琪、高忠文：《关于渤海环境综合整治行动的反思》，《海洋环境科学》2007 年第 6 期。
② 王保栋：《垂死的渤海，并非都是污染惹的祸》，《海洋开发与管理》2007 年第 5 期。
③ 牛玉山：《关于综合治理渤海，修复渔业资源的探讨》，《现代渔业信息》2006 年第 1 期。

第十四章　环渤海环境治理机制的个案分析①

布克钦指出"所有生态问题均根植于社会问题"②，环境问题是一定的社会利益结构中利益冲突和利益均衡的表现。环境问题和利益问题表里相依，人类对利益的追求是环境问题产生的根本原因。因此选择利益相关者理论和博弈论作为分析工具研究环境博弈过程是恰当的。

一、利益机制理论分析框架

在环渤海环境治理过程中，涉及的直接利益相关主体包括：中央政府、环渤海地方政府、企业、渔民。间接利益相关者主要包括环渤海沿岸居民、环保非政府组织（NGO）、渔业相关从业者、旅游者及旅游从业人员等。在环渤海环境治理的各方力量互动中，间接利益相关者参与不足，尚未对博弈产生影响，所以本文暂不作讨论。环渤海环境治理过程中的直接利益相关者及其关系如图 14 - 1 所示。

假设所有相关的个体、团体或组织都是理性的，追求的目标函数是效用最大化。环渤海环境治理过程中的直接利益主体的基本利益关系为：

中央政府是公共利益代言人。中央政府是管理国家事务的机构总称，是全国人民共同利益的代表。中央政府同时也由"经济人"组成，但由于所

---

① 本章根据王书明、崔璐《走向环境友好型发展的博弈规则——环渤海环境治理机制的个案分析》，（发表于郑杭生等《社会转型与中国社会学的理论自觉》，中国人民大学出版社 2011 年版）修改而成。

② ［美］丹尼尔·A. 科尔曼：《生态政治：建设一个绿色社会》，梅俊杰译，上海译文出版社 2005 年版，第 99 页。

处职能地位，考虑问题的角度及利益限制，其"经济人"的自利性相对不太明显，其自身利益某种程度上与社会利益趋同，呈现出"弱经济人"特性。中央政府实施严格的环保政策是必要和理性的。中央政府在环境治理上承担领导指挥、监督和调控角色。

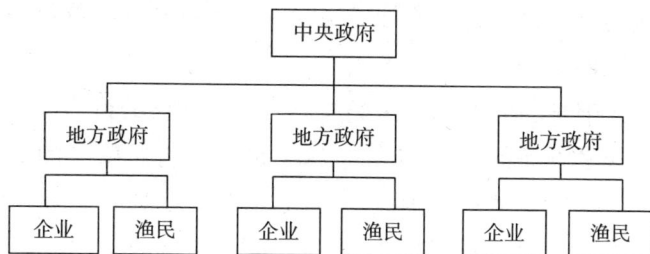

图 14-1　直接利益相关者示例

地方政府在多重博弈中抉择。环渤海四省市的地方政府具有多重目标：保证地区发展的政治目标、促进经济增长以及降低交易费用的经济目标和保证公共生活质量的社会目标。其中，促进区域经济发展增加财政收入的欲望最为强烈，这也是地方政府之间展开恶性竞争、中央政府与地方政府产生利益冲突的主要根源。地方政府在社会生活中有相对特殊的身份、地位、职能和行为。其"经济人"的利己特性表现更明显。① 对地方政府而言，利己性即对其自身利益的考虑表现在既追求管理区域利益最大化又追求官员自身利益最大化。管理区域利益最大化包括了地方居民经济收入的增加，地方充分就业的稳定及地方如教育、医疗、环境保护等公共物品的保障。"经济人"假定下的地方政府之所以有地方整体利益的考虑，原因是公众利益的提高有助于显示其政绩和得到地方群众的拥护。为谋求地区利益最大化，地方政府会选择成本最低、收益最大的决策。另一方面，地方官员为追求自身利益的最大化，他们会选择政绩和利益最大、职位最高的策略。在此动机下，一旦监督不严，就会产生寻租违规等行为。

企业是最典型的唯利是图的"经济人"。企业的目标函数是个体效用最大化即利润最大化。企业对排污相关规定的遵守是以其与环境建立的积极联系可为其带来利益为前提的。降低成本追求利润是企业的本性。这种"趋

_____

① 李文星：《地方政府战略管理》，四川人民出版社 2003 年版，第 32—36 页。

利"的本位行为决定，假若有一企业因排污行为获益，则会导致其他企业蜂拥而上，努力寻找政府监管漏洞，省掉污水处理环节、偷排污染物，或向地方政府基于利益共同点寻求庇护。虽然，排污企业具有保护环境的社会责任，但是处于工业化初、中期的中国企业社会责任自觉履行意识差，更加注重企业的眼前利益，显然，以牺牲环境为代价的自利性的竞争是导致"渤海越治越污"的主因之一。

渔民在博弈中是弱势群体，深受污染之害。渔民的行为导向是个人效用最大化。他们既是渤海海域水体和生态（如休渔期捕鱼）的破坏者，同时又是水质污染的直接受害者。渤海由"天然鱼仓"变成"准死海"的过程中，他们是受影响最大的弱势群体。他们面临的是无鱼可捕后的生计出路问题。但是，由于渔民与排污企业相比对渤海的污染甚微，本文不做详细讨论。

二、环渤海利益机制互动博弈分析

环渤海环境污染从产生到治理的不同阶段，中央政府、环渤海地方政府、企业三者作为这一事件中最主要的直接主体始终处于一个复杂的动态博弈之中。下面按不同主体，结合时间发展顺序分析如下。

（一）企业间的博弈——公地悲剧

以个体利益最大化为目标的企业在激烈的市场竞争中都会设法降低成本、增加个体收益。假如两个企业组成了一个竞争系统，在两企业组成的竞争系统中企业处理污水（不排污）盈利为 R，假设企业排污的收益为 R_0。两企业的得益矩阵如图 14-2 所示，即不管企业甲是否处理污水，乙的最优选择是不处理污水进行排污。反之亦然。

		企业乙	
		不排污	排污
企业甲	不排污	R, R	R, $R+R_0$
	排污	$R+R_0$, R	$R+R_0$, $R+R_0$

图 14-2 企业博弈得益矩阵

企业"趋利"的本位行为决定，假若有一人因为逃避排污处理而获益，则会导致其他人蜂拥而至，陷入"公地悲剧"。这种"个体行为理性"的结果必然是环境资源的浪费或掠夺性地使用的"集体行为非理性"。而每个企业最优策略组合（高利润低成本的诉求）下的得益是建立在环境负效益基础上的，本来应该由企业承担的成本支出，被转移到外部由公众和社会承担了。在纯粹的市场条件下，高利润（低成本）带来的高污染是不可避免的，企业的占有均衡策略其实是一个"囚徒困境"。从休谟开始，人们已经注意到利己驱动会导致公共资源利用上的低效、过度使用和浪费。特别在法制不健全的国家，由于有法不依、执法不严或存在法律盲点，对公共资源的滥用，给公众和社会造成许多难以弥补的环境损失。之所以在环境资源利用上出现这样的悲剧，原因在于每个可以利用公共资源的人都相当于面临一种囚徒困境：利用公共资源谋取自身利益最大化。

当政府控制环境外部性行为成为一种必要时，调节个人的经济动机来减少污染，要比依靠集中、统一、具体的规章更好。它能够提供以市场为基础的，灵活、具有激励作用的方法。在实现环境目标方面比政府设计的规章更有效率。例如，污染税的设置和近年来受到追捧的排污权交易。但若是欲使排污权制度发挥人们所期望的作用，则必对其制度下的深层的利益博弈进行更为细致的考量。

（二）企业与政府——监督博弈与利益合谋

1. 监督博弈

当渤海水体及环渤海地区环境出现严重污染，必然出现企业与公众之间的博弈。为避免企业排放的污染由公众承担，政府必须代表公众利益与企业进行博弈，其主要措施是监督处罚。

如图 14-3 假设企业排污增加收益 R_0，C 是检查成本，F 是罚款（F > C），H 是环境成本。如果 A 代表政府检查的概率，企业排污的概率为 B。该混合战略纳什均衡是：$A' = R_0/F$，$B' = C/(F+H)$ 即政府以 R_0/F 的概率检查，企业以 $C/(F+H)$ 的概率选择排污。

现实中由于执法的成本 C 过高对企业的监督不可能是全天候的。在监督概率 A 小的情况下只要有经济利益驱动企业的排污行为就防不胜防，只是排污由公开转为隐蔽。即在守法成本高于违法成本的情况下环保执法只能起到震慑作用。环保法规定违规排污赔偿性重大事故罚款最高 100 万元，一般性处罚最高 10 万元。[①] 假如一个企业违规排污每月受处罚，一年最多被罚 1200 万元。对于一些利润上亿的大企业守法成本远远高于违法成本，加之企业自我约束机制缺失，环保意识和法制观念淡薄，缺乏社会责任感，必然导致偷排漏排屡禁不止。在信息不对称情况下，政府需要设置适宜的罚款措施。

		企业	
		不排污	排污
政府	检查	–C, 0	F–C, R_0–F
	不检查	0, 0	–H, R_0

图 14 – 3　监督博弈得益矩阵[②]

罚款力度与监督概率、调查概率存在一定的替代性。加大罚款力度，政府可以降低调查概率与监督概率，从而降低监控成本，实现政府对环境污染的监控效果与优化目标。另外，引入公共参与机制，设立公众监督制度也是降低成本、加强威慑的有效路径。这涉及公众参与渠道的建立、制度的具体设置与激励问题，但是更大的挑战很可能来源于环境问题界定的专业性和技术性要求，我们不能要求每一个公民都是环境专家。

2. 地方政府与企业利益合谋

由于环境效益的滞后性，地方政府在环境行为上更可能采取保守措施，通过经济发展获得更快更显著的社会和政府收益，并以此满足地方官员自身政绩要求和经济利益，因此，在中国长期赶超式的经济发展下，地方政府尤其欠发达地区政府无论从辖区公共利益还是个人政治前途考虑，都会选择经济发展第一的战略，减少甚至忽视对环境的保护以获取短期利益最大化。这样，在地方官员任期不长的情况下，忽视环境治理而发展经济成为地方政府的一种优先选择[③]。具体而言，地方政府会对本区污染性企业因其经济和解决就业上的贡献而手下留情，对企业应交纳给中央政府的污染税进行地方化

---

① 《中华人民共和国水污染防治法实施细则》，国发［2000］284 号，2000 年 3 月 20 日。
② 宋梅、王立杰、信春华：《企业社会责任监督博弈模型探析》，《集团经济研究》2006 年第 2 期。
③ 赵志平、贾秀兰：《环境保护的政府行为分析及反思》，《生态经济》2005 年第 16 期。

减免，保护企业并获取寻租利益。由此导致企业的污染行为得不到约束，更没有改进技术设备减少污染的动力，形成环境公害的恶性循环。

（三）地方政府之间——零和博弈

环渤海四省市政府，在《渤海碧海行动计划》的实施中应是密切合作的关系。然而现实中，四者间却存在着零和博弈关系。所谓零和，是指双方博弈，一方得益必然意味着另一方吃亏，一方得益多少，另一方就吃亏多少。将胜负双方的"得"与"失"相加，总数为零。四省市之间在合作治理环渤海环境问题上"治而反污"，究其根源就在于四者之间面对同一资源的零和竞争关系。由于地方政府更关注直接与地方政府政绩挂钩的经济增长、就业增长以及区域间相对经济实力的比较等指标，特别是当所处的环渤海地区可资利用的"环境资源"有限的情况下，地方政府将放任地方企业排污，鼓励辖区企业争夺"环境资源"。加之渤海污染源涉及多个省份，污染责任认定比较困难，容易相互推诿。同时"海洋部门不上岸，环保部门不下海，管排污的不管治理，管治理的管不了排污"的部门割据现象严重，形成"群龙闹海"、"不治反污"的状况也就不足为奇。这种地方政府自身利益与公共环境利益间的博弈也形成了类似于企业间博弈的占优均衡策略模型（囚徒困境）。现实中，由于缺乏各地方政府间强有力的综合协调部门，缺乏相关约束机制和制度，以至于"公地悲剧"难以避免地频繁发生。例如：漳卫新河流经河南、山西、河北、山东四省，自无棣县注入渤海。大量污水的排入使无棣沿河生态环境遭到严重破坏，7万渔民生产生活受到严重影响，40余万亩海水养殖基地濒临毁灭边缘，经济损失重大。[1] 根据国家环保总局调查，省外的污染占82%左右，上游省市污染源超标排污是造成污染的根本原因。[2] 2000年至2001年漳卫新河发生首次污染事故后，国家环保总局召开污染纠纷协调会，山东、河南、河北三省有关单位参加。会上，国家环保总局要求"各省要团结治污，上下游污染联防，避免发生污染事故"。但协调会开完次年，就发生第二次严重污染。2003年12月，国家联合检查组再次召集流域内三省34个县市政府一把手和环保局长，召开冀鲁

---

① 何勇：《漳卫新河跨省污染6年不息》，《人民日报》2006年9月18日。
② 何勇：《漳卫新河跨省污染6年不息》，《人民日报》2006年9月18日。

豫三省污染调查情况通报会，达成一致意见：取缔落后生产工艺，关停不能达标排放的污染企业等。之后，污染状况有所控制，但 2004 年 7 月至 2005 年再次发生大规模污染事故。① 漳卫新河只是众多跨界污染纠纷的一个缩影，是地方政府博弈下典型的"公地"。

此外，环渤海各省市在追求地区利益最大化时的经济发展上互相竞争、产业布局上不合作的态度导致了渤海地区一些主要城市之间存在不同程度的重复建设和恶性竞争。由于长期条块分割，环渤海地区呈现出产业结构趋同现象，大部分省市都有钢铁、煤炭、化工、建材、电力、重型机械、汽车等传统行业，目前又在争相发展电子信息、生物制药、新材料等高新技术产业，甚至都要求有自己的出海口。② 中国区域经济学会副会长陈栋生指出"环渤海地区三省二市（含北京市）所有的计划都少不了上重化工业，这么比着干，比着排污，渤海迟早要变成臭海"③。

（四）中央政府与地方政府——委托代理机制与不完全信息动态博弈

1. 委托代理机制

在环渤海环境治理问题中，由于涉及多个省市无法由一省一地完全负责，所以中央政府出面作为总负责人为渤海环境治理出台《渤海碧海行动计划》并投以巨资，要求环渤海四省市按照计划进行实施。在我国现有的经济制度和环境保护机制下，通常由中央政府根据经济发展的长期目标和社会经济环境系统可持续发展的目标制定环保政策。地方政府则代理中央政府行使治理辖区环境的权力，是环保政策的具体执行者。因此，在环境治理过程中，中央政府和地方政府事实上形成了一种"委托—代理"关系。在委托—代理的契约关系中，委托人授权代理人为他们的利益从事某些活动，其中包括授予代理人某些决策权力。由于在委托—代理关系中，代理人的行为都具有理性和自我利益导向的特征，从而导致委托人和代理人之间存在着追求目标和利益上的差别和信息不对称问题，从而产生"道德风险"和"代理风险"。

现实中，虽然中央越来越重视环境保护在政绩考核体系中所占的分量，但是由于环境效益具有难于衡量的特性，致使在实际的政绩考核中仍然是以

① 何勇：《漳卫新河跨省污染 6 年不息》，《人民日报》2006 年 9 月 18 日。
② 章柯：《环渤海经济圈面临环境危机》，《新华每日电讯》2009 年 12 月 13 日。
③ 章轲：《中国经济第三极面临环境危机》，《第一财经日报》2009 年 12 月 7 日。

经济发展作为主要标准。如此一来，中央与地方政府在环境保护方面出现了动机不一致。这就导致地方政府的环境行为虽然直接影响着环境状况，但受自身利益影响往往表现出重经济不重环保的消极一面，与中央政府以可持续发展为导向的环境行为产生偏差。根据国家审计署的报告①，被审查的环渤海 13 市"十五"期间计划投入 63 亿元建设 86 座污水处理厂，截至 2007 年底，有 14.5 亿元没有到位，23 座污水处理厂尚未开工建设。"十一五"期间计划建设的 146 座污水处理厂，有 71 座未开工建设，仅完成计划投资的 21%。

2. 不完全信息动态博弈

渤海治污工程的运行机制基本遵循中央政府进行决策和政策发布，环渤海地方政府负责具体实施的思路。作为后者的地方政府是通过观察中央政府的行动来获得信息，并依据中央政府的进一步行动来采取自己的行动，实际上是中央和地方政府间一次或有限次的动态博弈过程。在这个博弈中，地方政府有积极实施政策和消极实施政策两种策略，中央政府也有积极投入资金加强监管和少投甚至不投资金放任不管两种策略。假设环境治理中央政府收益为 5，地方政府收益为 2，所需费用为 4（中央政府与地方政府出资之和），则两级政府的动态博弈过程如图 14－4 所示。图中的数字显示了支付的相对大小，并不代表具体的数额。消极实施是地方政府的占优策略，中央政府没有占优策略，博弈均衡解为（消极，（积极，消极）），即中央政府主动承担经费并推动工程实施，地方政府不愿出钱或是承担极少部分。

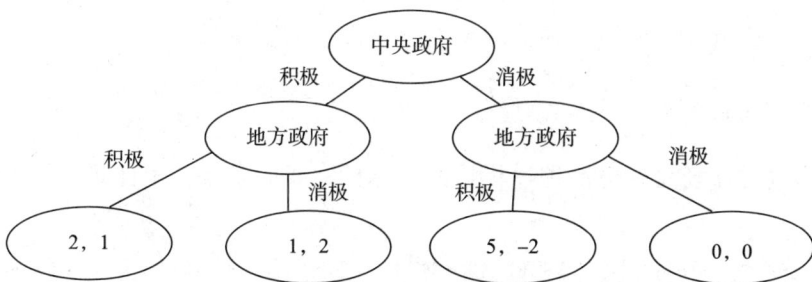

图 14－4　中央政府与地方政府不完全信息动态博弈②

① 中华人民共和国审计署办公厅：《中华人民共和国审计署审计结果公告〔2009 年第 5 号〕：渤海水污染防治审计调查结果》，《中国审计报》2009 年 5 月 25 日。

② 张维迎：《博弈论和信息经济学》，上海人民出版社 1996 年版，第 177—244 页。

影响地方政府支付水平的相关因素较为复杂，可归纳为两类：决定地方政府短期行为的因素以及决定地方政府长期行为的因素，分别可以由领导人的升迁和地方经济长期发展预期两个指标涵盖，其中前者在目前的体制下往往是更重要的因素。① 污染防治与生态环境恢复是一项长期工程，而每届政府任期有限，选择短期行为支付水平会更高。

可以看出，在环渤海环境治理过程中，地方政府、中央政府与企业之间存在"多重利益博弈"，而地方政府无疑处在多重博弈的核心。地方政府以经济利益为主的核心利益与环境利益的冲突，地方政府间利益的割裂，以及地方政府与中央政府利益的不协调导致地方政府纵容甚至参与了环境的破坏。值得玩味的是，随着中央政府可持续发展理念的引导，地方政府对于环境困局理解的加深，以及公众对于环境质量要求的提升，地方政府间的博弈开始走向正向的绿色联合。黄河三角洲高效生态经济区②、辽宁沿海经济带③、天津滨海新区、山东半岛蓝色经济区④的出现不仅展现了区域利益的合作共赢，更有价值的是呈现了将经济发展与环境保护协调发展的绿色发展模式。这种源自地方智慧的绿色区域合作模式，突破了环境保护委托代理机制与不完全动态博弈的弊端，一改以往自上而下难于落实的弊病，是自下而上主动发起、自愿结合，更具有生命力与地方适应性的创举。而中央政府对此也给予了积极回应，天津滨海新区、辽宁沿海经济带开发已纳入国家战略，山东半岛蓝色经济区也有望进入国家战略，中央政府角色由管制逐渐转为引导。这对环渤海地区环境困局的破解极具借鉴意义。

三、结论

通过对环渤海环境治理过程的博弈分析，我们发现，个体理性之和并不

---

① 张俊飚、李海鹏：《"一退两还"中的博弈分析与制度创新》，《中国人口·资源与环境》2003年第6期。

② 国家发展改革委：《黄河三角洲高效生态经济区发展规划》，http：//www. gov. cn/gzdt/att/att/site1/20091223/00123f3eabca0c9bf64b01. pdf，2009 – 12 – 23。

③ 辽宁省人民政府：《辽宁沿海经济带发展规划》，http：//cache. aries. sina. com. cn/nd/infodichan//dichanpic/de/4e/d4ee78579324221d0abcbbb7ef1a6866. pdf，2007 – 03 – 15。

④ 杨鑫：《"山东半岛蓝色经济区"有望进入国家整体发展战略》，http：//www. chinadaily. com. cn/dfpd/2010 – 04/04/content_ 9685257. htm，2010 – 04 – 04。

必然意味着集体理性，甚至在很多制度设计下，二者呈现出冲突关系，具体表现为环境保护与经济发展的目标冲突。我们也发现，任何一项制度和措施如果不具备其经济的合理性，就很难得以有效地贯彻实施。所以，在环境政策的制定和实施过程中，应在不否定"经济人"假设的前提下，协调环境保护与经济发展的关系。这一准则亦应作为环境制度设计的基本理念。

环境问题归根究底是社会结构性问题，唯有调整好社会政治经济结构才能有效应对环境恶化。因此，欲实现环渤海区域的环境友好型发展，建设生态文明，有必要制定一部能够约束和调节中央政府、地方政府、相关管理部门及其他利益相关者的渤海区域法，以便在法律层面为各利益主体设定合理的博弈规则。渤海区域法应承担两项任务，一是作为国家引导环渤海环境与发展博弈的工具，二是为参与博弈的利益相关者设定博弈的空间。渤海区域法应该明确各利益相关者的地位和责权，协调机制，使渤海形成一个有机的整体，在博弈中实现良性互动。这就要求环境政策决策的性质需要从"封闭性"向"广泛参与性"，从"中心化"向"多极化"趋势发展。使渤海区域法兼顾全国统一性与地方特殊性，协调中央政府、地方政府、企业、非政府组织等利益相关者的利益，通过生态文明的构建实现环渤海区域整体利益最大化。

第十五章　辽宁沿海经济带发展的
环境风险及其治理^①

　　辽宁沿海经济带发展战略是遵循世界经济发展规律，借鉴国内东南沿海发达省份的成功经验提出的，它在发展环渤海经济圈以及实施振兴东北老工业基地战略上具有不可替代的价值。目前，全球75%的大城市、70%的工业资本、70%的人口都集中在据海岸100公里左右的沿海地带。^② 沿海经济带已成为世界经济增长中最具潜力、最具发展空间的领域，是牵引经济发展的"火车头"。改革开放以来，珠三角、长三角、京津冀沿海地区脱颖而出，成为该地区经济带发展的强大引擎。珠海、厦门、青岛等港口城市，也充分依托所在沿海经济带和临港优势，实现了经济的跨越式发展，为辽宁沿海经济带的建设树立了样板。然而，沿海经济带地处生态环境比较敏感和脆弱的地区，推进沿海的开发建设，如果不充分考虑区域资源环境的承载力，必然对环境保护和生态建设造成严重的风险。

一、辽宁沿海经济带发展的环境风险分析

　　在沿海经济带范围内，辽宁省有很多自然保护区。据统计，沿海经济带

---

　　① 本章根据王书明、高琳《辽宁沿海经济带发展的环境风险及其治理对策研究》（《海洋法律、社会与管理》2009年卷）修改而成。

　　② 马洪君：《面向大海的选择——五点一线开发战略提出的背景》，《共产党员》2007年第5期。

有 28 处生态功能区，13 处国家和省级自然保护区。① 沿海经济带的建设必然会对该区域的环境带来以下几个方面的影响：

第一，沿海经济带工业项目建设带来的生态环境风险。在沿海地区，既涉及辽宁沿海防护林体系的建设问题，也涉及沿海湿地的保护问题，同时还涉及抵御自然灾害的应急保障措施等问题。

沿海经济带与沿海防护林体系建设。2006 年 4 月，辽宁"十一五"沿海防护林体系建设工程正式启动。20 世纪 90 年代末，辽宁沿海地区初步建成了海防林基干林带。但近年来，由于人为因素、自然灾害和树种老化等原因，很多地区的防护林遭到了破坏。特别是"五点一线"所处的沿海地区，处在海陆交替、气候突变地带，极易遭受台风、暴雨、海啸、旱涝和风沙等自然灾害的危害，生态环境十分脆弱。沿海经济带发展战略的启动，各种园区和基地项目的建设必然会使已遭破坏的沿海防护林体系雪上加霜。

沿海经济带建设与沿海湿地保护。滨海湿地是地球上仅次于热带雨林的第二大生物生产力高产系统，对整个生态环境的质量有巨大的维护作用。沿海经济带建设主要涉及鸭绿江口湿地和辽河河口湿地的保护问题。辽宁原本是全国湿地面积较大的省份，由于种种人为开发活动，辽宁天然湿地面积锐减。其中，滨海河口湾湿地已由 20 世纪 50 年代的 49.2 万公顷，下降到现在的 13.6 万公顷，降幅高达 72.4%。② 众所周知，湿地被誉为地球的"肾"与"肺"，辽宁的湿地还是"东北亚候鸟迁徙的咽喉"、"世界候鸟繁殖的最南端"和"中国候鸟越冬的最北线"，沿海经济带的建设涉及大量的湿地保护区域，必然对湿地保护带来严重的影响。例如，西起葫芦岛市绥中县、东至丹东东港市全长 1443 千米滨海公路全面贯通后，沿海经济带将新增工业园区 94 个，③ 然而滨海公路经过湿地时必然会对该湿地区的水系走向、鱼类、水禽类和生物湿地的通道带来一定的环境风险；丹东临港经济区的开发对鸭绿江口湿地候鸟迁徙也将产生一定的环境影响。再如，营口沿海产业基地占地面积 120 平方公里，所占用的土地主要是废弃盐田、低产盐田和低洼

---

① 《"五点一线"科学发展观　生态文明建设首善之区》，http：//www.chinanews.com/gj/kong/news/2008/06 - 28/1296106.shtml，2008 - 06 - 28。

② 王连捷：《五点一线建设与环境协调发展》，《共产党员》2007 年第 7 期。

③ 何骏、韩增林：《浅析辽宁省五点一线战略的作用和前景》，《海洋开发》2007 年第 1 期。

地。到目前为止，营口沿海产业基地已回填土方 1100 万立方米，建设园区道路 110 公里。① 废弃盐田和低洼地经过回填改为工业用地之后，大面积水域的消失必然对营口市未来的气候产生负面的影响。在沿海经济带战略的实施过程中，按照整体开发锦州湾的战略，锦州市将加快沿海经济带的开发，规划了一个 100 多平方公里的沿海经济区，用沿海的土地资源，把废虾池、废盐田和沿海荒滩改造成工业用地，② 这一规划也不利于锦州市气候生态环境的保护。大连长兴岛是国家斑海豹保护区，漫长曲折的海岸，使海岛景观秀丽多姿。多处海水浴场，沙优水碧，气候宜人，环境幽雅。海拔 328.7 米的横山，横卧渤海之滨，"横山远眺"与"龙口甘泉"被誉为"复州八景"之一。然而，为了发展临港工业园，长兴岛建设了一系列的基础配套设施、高速公路、铁路及环岛公路，公共港区建设全面开工，其起步工程规模为两个 7 万吨级和一个 5 万吨级通用泊位。大量建设工程项目的盲目增加必然对大连长兴岛的环境产生冲击。再如，大连花园口经济区是辽宁省"五点一线"沿海经济带的"五点"之一，该项目工程属于填海造陆项目，可能产生的环境影响包括：一是工程填海造地改变了工程海域的自然属性，形成新的人工岸线，对海洋水文动力环境产生一定影响，工程原有的底栖生物生态环境消失；二是施工过程中可能会造成附近海域海水中悬浮物含量增加，对海水水质环境产生影响；三是填海土石料山体开挖和运输过程中会给附近景观和民居带来噪声和大气环境影响。

另外，沿海经济带几个港口存在的一个共同问题就是岸线资源有限的问题，为了解决海岸线不足的问题，各个港口相继对岸线加以人工改造，修建凹凸型码头，填筑人工岛。人工增加海岸线的行为无疑对沿海的生态建设和环境保护带来严重的威胁。

第二，沿海经济带开发给渤海水环境带来的风险。

沿海经济带开发战略的提出是振兴辽宁乃至整个东北老工业基地的需要，然而，在战略提出和实施的同时，我们面临的是渤海水污染日益严重，且陆源污染突出。经济结构明显偏"重"的环渤海地区，资源、环境负荷已处于超载状态，水资源严重不足、环境污染和生态破坏已成为今后该地区

① 张莉莉：《举全市之力建设沿海产业基地》，《今日辽宁》2006 年第 12 期。
② 佟志武：《实施振兴方略　建设滨海新锦州》，《今日辽宁》2006 年第 12 期。

经济社会可持续发展的主要制约因素。沿海经济带上的园区，因为大都有临海的特征，几乎都提出了建设港口并希望依港兴市的目标，如果在开发中不充分考虑环境因素，势必要造成无序开发和恶意竞争。与此同时，沿海经济带的开发使高能耗、高污染的一些企业向沿海地区迁移，在钢铁石化等重化工业向沿海迁移的过程中，大量工业污水随着企业转移到近岸海域，加重了渤海海域水环境的污染，主要表现在两个方面：1. 加剧了石油类污染物对渤海水环境的污染。渤海湾沿岸有大小港口近百个，其中，辽宁沿海城镇工业废水和生活污水长期以来直接入海，大辽河、滦河等多条河流常年注入渤海，油污染非常严重。沿海经济带战略实施以来，锦州湾开发热度不断升温，国内外商家纷至沓来。2006 年底以前，锦州西海工业区将有华强辣红素、精细橡胶粉、低碳脂肪胺、锦恒气囊扩建等 10 个项目建成投产；单晶硅太阳能电池、光纤及半导体石英玻璃、环保设备、锦隆石化、友和彩印包装等一批项目开工建设。而锦州北方煤化工基地、国家石油战略储备基地、200 万吨玉米深加工、500 万吨油化工程、化工石油仓储等一批超亿元项目正在洽谈中。[①] 这些大型石化类重工业项目的建设必然会加剧石油类污染物对渤海水环境的污染。2. 陆源污染物增加给渤海水环境污染带来威胁。百川归大海，大量的陆源污水和污染物随水流进入渤海。据统计，近年来进入渤海的年污水量达 28 亿吨，占全国排污水量的 32%。[②] 辽宁省葫芦岛市长 35.5 公里的五里河，更确切地讲是条排污沟。因为沿河的锦州化工总厂、锦西炼油化工总厂等每年向河中排放近 3000 万吨污水，葫芦岛锌厂每年排放 1396 吨锌入海，占全国锌入海量的 64.8%。[③] 五里河城区段的河底底质中汞含量约为 90 吨，沿岸 100 米以内的土壤和农作物中汞含量大大超标。辽东湾海域油类超标率达 75%，其中锦州湾海域油污染达 100%。工业有毒有害废渣还以每年 10 米的速度向锦州湾推进，从 1992 年至今已造成了两平方公里的渣滩，形成海退渣进的"奇观"。[④] 另有原贝类资源丰富的 467 公

①　陈乃举、单丹兵：《黄渤海畔起宏图——五点一线沿海经济带巡礼》，《共产党员》2006 年第 12 期。

②　周波、温建平：《渤海污染现状与治理对策研究》，《中国环境管理干部学院学报》2006 年第 4 期。

③　岳丽娟、史宝成：《葫芦岛市近岸海域水生动物重金属污染状况的监测》，《中国环境检测》2001 年第 4 期。

④　维波：《辽东湾海域污染及防治对策》，《海洋开发与管理》2008 年第 3 期。

顷（7000多亩）滩涂成为不毛之地的死滩，而且锦州湾还有7平方公里海域为无生物之海。随着"五点一线"战略的实施，大量重工业型项目会在沿海区相继启动，项目建成后，海上流动污染源、渔业和交通运输船舶及其相关作业的污染就会增加，这就必然会加重渤海水环境的污染。

第三，沿海经济带海域资源的大量开发，对港口城市的资源环境产生一定风险。

从产业布局看，沿海经济带的发展布局基本上都是围绕装备制造、石油化工、食品加工、仓储物流等进行，高度同质化竞争带来了产业同构现象，导致相同产业不同地区之间资源的争夺。另外，沿海经济带开发在一定程度上是依靠自然资源优势吸引外商直接投资，可能引起自然资源过度消耗。通过10年时间，建成全国最大石油加工和石化产品深加工基地的大连市，目前正在规划的"大连双岛湾石化项目"，居然位于蛇岛老铁山国家级自然保护区。与此同时，沈阳装备制造业正在向营口港延伸；沿海经济带战略把营口作为沈阳西部工业走廊的"出海口"，给营口港自身的发展带来压力；石化等重大项目方面，中海油集团公司300万吨能源储备以及LNG、重交沥青项目落户营口，营口最大的工业项目——鞍钢年产500万吨以上的精品钢材项目，已经在营口全面展开。鞍钢等大型企业建设入驻一方面给产业区快速发展提供了强大的动力，另一方面由于营口现有岸线不足，为发展大型、超大型企业带来一定的制约，这就势必要大量开发海域资源，因此，给营口港的资源环境可能造成一定的破坏。

二、沿海经济带环境风险的原因分析

第一，沿海经济带原有产业布局不合理，缺乏综合性的管理协调机制。沿海经济带部分地段横跨不同区域，从运行机制和动力机制的建立看，如果不能理顺体制、创新机制，将导致区内资源的分散低效使用和重复建设，增大条块之间的协调成本，甚至形成各区块争资金、争项目、挖人才的无序状态。在港口建设上，也将出现分布过于密集、盲目做大等问题。导致重复建设的原因主要有三个方面：一是缺乏有效的协调以及整体开发的规划与政策。沿海6个城市都有强烈的发展冲动，也有战略上的规划和思路，但基本上都是从本城市本地区的局部利益出发，而把其他城市作为自身发展的外部条件，甚至是对手看待，各城市和港口没有对分工问题进行全局性的制度安排和有效的协调运作。二是临港城市产业结构同化现象严重。在辽宁省沿海6 个城市中，主导产业都是石油化工、装备制造、电子信息、建材、机械等产业，产业结构趋同现象严重。① 产业同构意味着没有形成以市场机制为基础的经济整合机制，区域发展缺乏合理的产业分工，必然导致低水平无序竞争。由政府主导规划而带来的产业同构，还会导致地方保护主义的存在。三是产业链条欠发达，各城市之间缺乏产业链分工。沿海 6 个城市基本上都在发展各自的产业集群，缺乏区域内部的协作，不仅难以发挥地区整体优势，还增加了生产成本，不利于辽宁省沿海整体的区域利益和各城市的长远发展。沿海经济带覆盖全省所有沿海地区，经过几年的发展，各港口已初具规模。但总体看来，目前各港口梯度模糊、分工不明确、竞争大于协作、急于求成、盲目做大的问题依然很突出，这将在很大程度上削弱港口发展优势。另一方面，由于种种原因，信息孤岛现象仍然存在于部门和行业之间。在辽宁沿海经济带城市中，只有少数港航企业建立了 EDI 中心，多数城市地方电子口岸尚未发展成为一个跨部门、跨地区、跨行业，集口岸通关执法管理及相关物流商务服务为一体的大通关统一信息平台。信息圈建设的整体步伐还不一致，有的地方还未形成区域整体功能。

第二，传统的粗放型经济增长方式并未转变。辽宁老工业基地建立时，走的是"高开采、低利用、高排放"的传统发展之路，如今许多资源型城市已经因资源濒临枯竭而出现了一系列经济和社会问题。目前，"五点一线"经济带的经济增长方式从总体上看仍然是粗放型的。主要表现在：一是经济增长主要依靠增加投入，扩张规模来实现。据统计，辽宁沿海地区在"六五"、"七五"、"八五"、"九五"和"十五"前三年，每增加 1 亿元GDP 需要的固定资产投资分别是 1.8 亿元、2.1 亿元、1.6 亿元、4.5 亿元和 5.0 亿元。② 这表明依靠投资来拉动经济增长的方式已经难以为继。二是技术进步主要依赖引进，企业自主创新能力不强。在经济增长因素的测算

①　孟晋：《辽宁西部海岸带区域经济发展方向与产业布局》，《沈阳农业大学学报》（社会科学版）2006 年第 1 期。
②　《转变经济增长方式的关键在于体制创新》，http://news.sina.com.cn/o/2005 - 09 - 06/18396876709s.shtml，2005 - 09 - 06。

中，要素投入增加对我国经济增长的贡献在 60% 以上，技术进步的贡献不足 30%，远远低于发达国家 60% 以上的水平。沿海经济带内部企业的自主创新能力不足，很多企业满足于通过购买技术、新设备，获得低附加值的短期效益，而不是自足技术开发。三是资源的消耗相当高且浪费严重。

第三，发达国家对于环境保护的呼声日益高涨，使发达国家加快了污染产业的向外转移。随着发达国家居民环保意识的不断提高，环保法规日趋严格，环境标准越来越高，大多禁止在国内生产高污染密集产品。于是一些西方投资者便借援助开发和投资之名，向发展中国家转移污染密集型产业和有害技术、设备、生产工艺，有的甚至公然向发展中国家出售危险废物"洋垃圾"，直接对发展中国家的生态环境和人身健康产生了负面影响。事实上，由于国内部分地方政府片面追求吸引外资数量而对项目失于督察、个别企业不顾社会责任等原因，一些污染性企业已对我国环境造成一定的负面影响。从全球范围看，污染性产业的跨国转移在 20 世纪后期也呈现越来越多的趋势。

三、沿海经济带发展产生的环境风险的治理对策

第一，以生态系统整体性为基础，科学规划沿海经济带产业布局，加快产业的区域整合。

美国学者韦斯科夫认为："整个地球是一个大的封闭系统，它由许许多多细小的生产环节相互关联所组成；每一个小环节的产物或废物的输出也是另一个小环节的原料输入。"① 康忙纳也认为地球是一个"封闭的循环"。② 整体性的生态系统是一个客观存在的事实，"环境的整体性不会因行政区划的改变而改变，不会因国家的变更而变更，在整体的环境区域内的所有人、集团甚至国家，都是一损俱损、一荣俱荣。"③ 因此，沿海经济带战略开发应该在生态系统整体性的基础上进行产业的布局与整合。

在产业布局方面，辽宁沿海经济带应主动承接当今国际资金、产业、技术转移，在布局建设上做到内外结合、方式创新、产业集聚、工业集中、土

---

① 吕忠梅：《环境法新视野》，中国政法大学出版社 2000 年版，第 4—5 页。
② ［美］巴里·康忙纳：《封闭的循环》，吉林人民出版社 1997 年版，第 236—237 页。
③ 徐祥民：《环境法学》，北京大学出版社 2005 年版，第 33—34 页。

地集约、环境友好、管理集成。[①] 首先，坚持科学发展观，贯彻循环经济理念，厉行资源节约、环保先行，处理好经济发展与环境的关系，实现经济社会可持续发展。立足于"保护土地、节约用地、合理用地"，对各类开发区用地实行总量控制，严格审批控制起步区规模，注重开发实效，提高土地集约利用率；对招商项目要科学论证，园区进驻项目要贯彻循环经济理念，注重通过集群配套，提高资源利用率。加强环境保护，贯彻国家"降耗减排"方针，严格控制审批"三高"项目，鼓励发展环保、再生能源产业及旅游休闲、创意产业等清洁型服务业，保护好有限的岸线资源，实现可持续发展。其次，招商引资与培育本地企业并重。对于地方经济来说，强化本地龙头企业发展的关联拉动作用和外部招商引资的牵动作用，构成经济发展的两大动力。地方政府在抓招商引资工作的同时，应注重扶持本地龙头企业发展，引导其向园区集中，并带动其他本地企业发展，努力开拓国内市场，夯实地方经济基础。应放眼国际市场，坚持大进大出的出口导向及外向牵动战略，引导企业开拓国际市场。在产业与项目发展选择上，坚持临港重化工业与特色产业并重，发展新兴产业与传统产业并重，大项目布点与小项目集中相结合。再次，坚持科学化的工作程序。产业规划、园区规划、园区基础设施建设、产业布局、产业集群发展必须坚持科学合理的工作程序，统筹安排。要防止与避免工作程序的本末倒置，给园区发展后续工作埋下隐患与先天不足，造成无法挽回的损失。借鉴新加坡裕廊工业区发展的成功经验，坚持高标准规划、高起点建设。选准园区功能定位，把园区发展同实施城市化战略结合起来，实行工业区、商贸区、生活区、文化区等统一规划，功能配套，资源共享。充分依托母城基础设施条件，加快园区的建设与发展。在产业布局建设上，充分考虑水、土地、能源等要素支撑条件，适度集聚发展，杜绝盲目圈地、一哄而上。在环境保护上，要预先规划和管制。遵循工业化发展的内在规律，以产业为纽带，以配套促聚集，注重上、中、下游产业的衔接，打造产业平台，增强园区产业竞争力。

在产业整合方面，首先，产业链结构整合。产业区是在产业内部分工和供需关系基础上发展起来的，产业链是带动区域经济发展的重要链条，并且

---

① 宫秀芬：《辽宁产业布局及发展方向》，《党政干部学刊》2007 年第 2 期。

产业链可以联动区域内的各个环节形成经济圈。打造辽宁省沿海经济带，必须发展既与沿海产业结构配套又与内地产业结构相关的产业，以便形成整体优势，节省成本。另外，通过区域内产业链条的扩展与延伸，围绕区域内的核心产业，由点及线，由面到体，形成特色经济带。由此，沿海经济带将拉动内地城市经济乃至全省及整个东北地区的经济发展。其次，资源整合。在各种资源中，亟须进行整合的是劳动力资源和信息资源。一是人才在经济的发展过程中存在很多正效应，比如群体效应、联动效应等，所以必须实施"人才兴省"战略，整合劳动力资源。沿海经济带的建设需要各类人才，引进的人才又会通过"回流效应"带动内地城市经济的发展。二是要对信息资源进行整合。通过建立沿海地带与内地经济带之间快速、便捷的信息资源网，方便沿海与内地沟通，了解双方的产业发展状况，并及时反馈、指导双方经济的进一步发展。再次，坚持区域间协作共建。在建设沿海经济带过程中，各地方政府由于利益分配和损失补偿所产生的矛盾，本质上是由沿海经济带建设的"区域外部性"决定的。解决此问题的途径除了省政府补助、协调各方利益外，还要根据"谁受益，谁补偿"的原则，来平衡各方的利益或损失。另一方面，沿海经济带的建设不仅仅是各地政府在经济带建设上共同投入，更需要通过沿海地区内部的合作对整个沿海地带的资源优势进行整合，形成合理的区域发展格局。① 沿海经济带的区域性开发性质决定了必须加强区内的协调和分工合作，沿海经济带的建设可以由参与的各方共同组建专门的"沿海经济带经济建设管理委员会"进行经济管理并指导建设，另外在所辖区域内政府进行社会管理，两者统一于沿海地带的经济发展。这样可以有效地避免因行政问题造成的无谓损失，实现共同发展。

第二，构建石化循环经济体系，建设生态型工业园。

生态型工业园是一个包括自然、石化工业和社会的地域综合体，是依据循环经济理论和工业生态学原理而设计成的一种新型工业组织形态，是生态工业的聚集场所。② 它通过园区内成员之间的副产品和废物的交换、能源和废水的有机利用、基础设施的共享来实现园区在经济效益和环境效益上的协调发展。发展循环经济，建设生态型工业园需要做到以下几点：首先，依法

---

① 马延玉：《辽宁产业集群发展与近域城市整合的互动机制》，《经济地理》2008 年第 4 期。

② 田锋：《发展循环经济建设生态化工园》，《化工技术经济》2006 年第 4 期。

推进清洁生产，对"五点一线"经济带企业项目建设的同时要强化企业内部的清洁生产进行审核，争取在石化冶金机械轻工建材等重点资源消耗和污染排放企业实现全行业废水"零排放"。其次，发展循环经济，建立生态园区就要实现发展模式的三大转变：从主要依靠自然资源转向主要依靠智力投资；从主要依靠物资资本转向主要依靠人力资本；从以牺牲环境为代价转向以保护环境为目的。资源及其废弃物的循环使用和再生利用，靠的是智力投入和科技进步。智力是园区发展的先导，科技是循环经济的手段。因此，首先要借助现代高新技术，对一些关键的资源回收利用技术、生态无害化技术、循环物质性能稳定技术以及闭路循环技术进行攻关，提高这些生态技术的可得性和经济合理性。再次，利用政策手段，形成循环经济发展的激励体系，政府要发挥对循环经济和生态园区的政策导向机制，如价格、税收和财政政策等，激励和刺激循环经济的发展。用"污染者付费"等经济手段促进循环经济的发展，是发达国家用激励机制保护环境的有机延伸。① 投资和消费是拉动循环经济发展的火车头。在投资政策和项目选择上，对投资方向的鼓励和限制上，向产业结构调整和升级的方向倾斜。通过对环境友好宣传教育，引导公众消费绿色产品，以需求拉动循环经济的发展。各级政府起表率作用，通过政府采购计划拉动园区循环经济的需求，并影响社会公众。如优先采购经过生态设计或通过环境标志认证的产品，优先采购经过清洁生产审计或通过 ISO14001 认证企业的产品。并在使用中注意节约及多次重复使用及废弃后主动回收等。政府应当更加注意应用经济激励手段和措施，以及其他激发民间自愿行动的手段和措施，来推动循环经济和生态园区的顺利发展。

第三，注重园区工业项目的环境风险评估，实现资源开发与环境保护并举。

王延松认为沿海重点开发地区具有较好的发展条件和发展潜力，是未来承载经济和人口的重点区域，应坚持开发与保护并重的原则。② 辽宁省在实施沿海经济带开发的推进战略、打造沿海经济带的进程中，必须坚持生态安全、科学集约、有序、有度、有偿开发的基本原则。对于"五点一线"经济带的重型工业项目应该做到以下几点：一是全力推进规划环评，对未开展

① 齐振宏：《循环经济与生态园区建设》，《中国人口·资源与环境》2003 年第 5 期。
② 王延松：《五点一线合理开发对改善辽宁生态意义重大》，《辽宁日报》2007 年 8 月 10 日。

规划环境影响评价的化工石化集中工业园区、基地以及其他存在有毒有害物质建设项目的园区、基地，各级环保部门原则上不得受理其范围内建设项目环境影响评价文件；二是对新建化工石化类建设项目与存在有毒有害物质的建设项目进行环境风险评价，其结论要作为建设项目环评审批的主要依据之一，评价内容不完善或存在重大环境风险隐患的，其环境影响评价文件不予审批；三是在建设项目环保"三同时"验收时，凡是环境风险应急预案与事故防范措施未落实的项目，一律不予验收；四是对排查中发现存在重大环境风险隐患的化工石化集中工业园区、基地和项目，开展环境风险后评价；与此同时，临港工业区建设要把控制污染，改善生态环境放在突出的地位。要加强工业污染防治，加大对重点污染企业的整治力度，加快建设一批产业关联度高、资源利用佳、废弃物排放少、绿化覆盖率高的生态临港工业区。要倡导循环经济，推行清洁生产。大力推进工业节水，逐步上一批海水淡化项目。加快发展环保产业，重点推进重大、关键环保技术的开发利用。近岸海域与岛屿生态区具有较好的发展条件和发展潜力，应坚持开发与保护并重的原则，实施大连长兴岛、营口沿海产业基地、辽西锦州湾和丹东、庄河临港工业区沿海经济带开发战略，实行组团式、串珠状开发，防止岸线资源无序遍地开发，优化沿海经济带建设。合理开发滩涂、近海资源，适度发展海水养殖，实施渔业资源增殖计划，建成一批海珍品增殖基地。部分地区退耕还苇，恢复滨海湿地环境；加强岛屿生态保护与恢复。只有实施合理的区域功能规划，才能实现沿海经济带开发与环保的双赢。

第十六章　辽中南城市群的水环境问题及其治理[①]

随着工业化和城市化的不断发展，水环境污染和水资源短缺已经成为制约辽中南城市群发展的"瓶颈"。辽中南城市群水环境的改善，影响着辽河流域污染、海洋污染、辽西沙化、辽东天然林退化和城市环境污染等诸多环境问题的解决。

一、辽中南城市群水环境问题产生的原因分析

辽中南城市群水环境问题的产生原因是多方面的，老工业基地的生产方式落后、城市化的加速度发展、农药化肥的过量施用以及水资源管理体制的条块分割是导致辽中南地区水环境问题的四个主要原因。

（一）老工业基地设备陈旧、生产方式落后

由于历史的原因，辽中南老工业基地偏重型企业较多，而且企业大部分是 20 世纪五六十年代甚至三四十年代的老企业。大型老企业虽然产值高，但是设备陈旧，技术落后。许多设备处于"超期服役"和"带病运转"状态。生产工艺落后的设备占 1/3 左右，不少设备是"煤老虎"、"油老虎"、"电老虎"，导致工业生产过程中水资源消耗高，损失浪费严重。与此同时，辽中南地区产业层次低，结构趋同、布局不合理现象仍然很严重，造纸、酿造、化工、印染等一些高耗水、重污染行业仍然占有很大的比重，例如，辽

---

① 本章根据王书明、高琳《辽中南城市群的水环境问题治理》（《中国海洋大学学报》（社会科学版）2010 年增刊）修改而成。

中南地区的老企业单位能源消耗远高于发达国家水平，大约为美国的 10 倍，日本的 20 倍，德国的 6 倍。[①] 这就使得该地区水资源短缺和水污染加剧的形势更加严峻[②]，成为影响辽中南城市群水环境实施可持续发展战略的重要因素。另一方面，工业点源污染尚未得到有效的控制，工业污水未经处理就直接排放入河、入海的情况仍然较多。水资源重复利用率低下进一步加剧了水环境的危机。

（二）城市化加快和生活污水增多

一方面是城市人口的快速膨胀，实际居住人口激增，城市规划根本无法考虑水资源的承载力。随着城市群的不断发展，城市群对自然资源消耗的速度要远高于单一城市，城市群人口又高度集中，一旦资源消耗殆尽，对社会经济发展的影响将不堪设想。城市群污染物排放过于集中，对区域环境造成的污染要远比单一城市严重得多，而污染物的排放实际是对未被利用资源的浪费，因而只有实施资源节约型发展战略，提高资源利用率，减少污染物排放，才能有效地改善城市群环境质量，实现城市群可持续发展。

（三）农药、化肥的过量施用

化肥和农药过量施用导致的污染，因其污染源分散广、没有明确位置，而被称为农业面源污染。化肥污染引起的环境问题主要有：一是使水源污染。造成人们生活用水的短缺，并因饮用被污染的水源而致健康损害。二是导致河川、湖泊、内海的富营养化。原因在于残留在土壤中的化肥被暴雨冲刷后汇入水体，加剧了水体的富营养化，导致水草繁生，许多水塘、水库、湖泊因此变臭，成为死水。

（四）水资源管理体制条块分割，形成了"多头管水，多头治水"的混乱局面

我国现行水环境管理没有基于流域水生态系统与社会经济发展的特点，

---

① 蒋明倬：《2007 中国城市的水危机：城市发展反自然化的代价》，《中国新闻周刊》2008 年 5 月 4 日。

② 蒋明倬：《2007 中国城市的水危机：城市发展反自然化的代价》，《中国新闻周刊》2008 年 5 月 4 日。

标准体系不够完善，特别是缺乏对水环境基准的研究工作，现行污染物排放标准与水环境质量标准也存在可操作性不强等诸多问题，标准的科学性和可操作性成为环境管理工作的难点，阻碍了我国环境管理措施的实施。水利部门虽然名义上是统一管理水资源含地表水、地下水和空中水的行政机构，但实际上有很多部门介入了水资源的管理，例如水量与水质的分散管理，水利部门负责的主要是水量管理，但水质管理主要由环保部门负责；地下水资源的分散管理体现在，城建部门负责城市地下水资源的开发与保护和建设，地矿部门负责地热矿泉水的管理，其余部分的地下水资源管理才归属水利部门管理，这种条块分割的结果是，造成水资源管理上的诸多问题：一是无法实现水资源优化配置和科学调度，造成水资源开发程度超限，地下水资源工程不合理，重复投资，工程效益低下。部分地区不合理地开发利用地下水资源的现象增加了水事纠纷。二是水价体系混乱，水价明显不合理。目前辽宁省有关水的收费有：水资源费、水利工程水费、自来水公司水费、排污水费和排水设施费等。在水资源管理城乡分割、部门分割的管理体制下，上述各种"费"的制定审批管理权均在物价部门，由各部门分别到物价部门去协商确立由不同级别的政府来审批，造成了水价格体系分割管理，且由不同部门征收，很难实现真正合理的水价格体系。

二、辽中南水环境问题的治理对策

针对辽中南城市群水环境存在的主要问题及其原因分析，主要从三个方面提出了相应的治理对策。

（一）以辽河流域水污染防治为重点，全面整治水环境污染

自 1996 年辽河流域被确认为全国"三河三湖"重点治理流域以来，辽宁省政府及各地不断加大辽河流域水污染的治理力度，收到一定成效。但由于受到辽宁省重化工业比重高、总量大、历史欠账多等因素制约，辽河流域污染问题一直未能得到根本解决。2005 年辽宁省政府下发《关于加强辽河流域水污染防治工作的通知》提出辽河治理的中期目标是，到 2010 年辽河水质明显改善，干流消灭超 V 类水体；长远目标是，恢复山清水秀的自然面

貌，维护流域生态系统的良性循环。[1] 为了实现预定的目标，建议辽河流域不得新上、转移、生产和采用国家明令禁止的工艺和产品，严格控制新建造纸、酿造、制药、制革、印染、化工等污染严重行业；加快城镇污水处理设施建设，加大污水处理费收缴力度，保证已建成的污水处理厂运行时间和处理水量稳定达到80%以上，建成的污水处理厂要全部安装在线监测系统；加快城镇垃圾处理场及配套设施建设，逐步实现建制镇生活垃圾无害化处理；加强饮用水源地保护，控制农业面源污染，严格限制在水库周边地区新建畜禽养殖业，开展畜禽养殖粪便资源化综合利用；创建节水型社会，加快城镇供水管网的更新改造，鼓励发展高效节水农业和中水回用，降低工业耗水量。

加强水资源保护。要本着"集中力量、突出重点、统一规划、综合治理"的原则，实施"碧水工程计划"，保护水环境，改善水质。城市中，实施点污染源治理和集中污水处理相结合，清污、雨污分流；农村中，加大面源污染治理，控制农药、化肥等对地表水的污染，规范畜禽规模养殖与粪便处理。严禁高耗水、重污染的项目投产运行，城市绿化环境用水和农业灌溉首先使用再生水。中部地区和沿海地区严格限制地下超采，东西部地区切实落实好退耕还林、还草措施，严禁人为造成新的水土流失。城镇、工矿企业废污水必须达标排放，切实保护好江河湖库和湿地资源。

（二）限制高耗水工业、农业的膨胀，建设节水型社会

按照《辽宁省节水型社会建设发展纲要》，建立长效机制，有步骤份额推进节水型社会建设。加强涉水法律法规建设，尽快形成以经济手段为主的节水机制，抓好废水处理和综合利用。首先，发展节水型农业，要特别注意发展抗旱农业，通过生物技术改善作物品种；通过土壤管理、施肥与病虫害控制达到对水资源的有效利用。发展节水型工业。工业节水的关键是提高水的重复利用率，加快高耗水项目改造步伐，对现有的高耗水、低效益的工业项目和设备要逐步进行技术改造，改进工艺流程，减少耗水量。新建企业必须同时建设污水处理和回用水设施；加速工业节水设备和器具的推广使用，

---

[1] 《辽河干流今年基本消灭超 V 类水》，http://www.china.com.cn/economic/zhuanti/wyh/2008 - 01/08/content_ 9500389.htm。

加强企业用水管理；新上项目要做到主体工程与节水措施同时设计、同时施工、同时投入使用；取水用户要做到用水计划到位、节水目标到位、节水措施到位、管水制度到位。沿海地区工业，积极利用海水代替淡水进行冷却。对于城市生活供水，实行定额用水管理和累进加价制收费方式，进一步完善节水制度，推广节水器具与设备，加快城市供水管网改造工程建设。

（三）成立辽中南水环境管理委员会，加强水环境管理的区域间合作

世界自然保护联盟水资源项目主任吉尔·博格坎普曾经说过，"目前世界最大的水危机其实不是水资源的危机，而是水管理和水利用的危机，我们必须更加高效、可持续地使用现有水资源"。[①] 在水环境的治理过程中，2006 年沈阳、铁岭等七城市环保局长签署《辽宁中部群水环境综合整治一体化合作框架协议》[②]，开展中部城市群流域环境质量联合监控，成立城市群环境监测联合体，实现环境质量监测数据、突发性环境污染事故监测数据、实验室硬件资源、环境监测科研成果和监测体系管理经验共享，从而进一步加强辽、浑、太河流域水污染防治，力争 2010 年各流域全面达标。《协议》实行区域生态恢复的统一规划、统一修复，避免一个地区局部生态破坏对另一地区产生不良影响。该协议意义在于，在中部城市群中建立起水环境综合整治和水污染突发事件应急的长效合作机制，保障生产和生活用水安全，提高水资源的利用率。在国际方面也有成功的经验可以借鉴，例如法国在塞纳河的治理过程中，建立了由环境部、农业部、交通部、卫生部等有关部门成立的水资源管理委员会，来制定流域综合治理政策和协调部门之间、地方政府之间的工作。加拿大在圣劳伦斯河流域治理过程中，由环境部牵头负责，建立了由农业部、经济发展部、海洋渔业部、交通部等多部门参加，以及企业、社区共同参与的工作机制，形成了统一规划、分部门实施、执法部门负责监督检查的工作机制。[③] 由于水环境问题具有一定的公共性，又基

① 刘坤喆：《"水管理"才是解决世界水危机的根本所在——专访世界自然保护联盟水资源项目主任吉尔·博格坎普》，《世界环境》2006 年第 5 期。

② 朱丹钰：《鞍山、辽阳、营口、本溪、抚顺、沈阳、铁岭七城市环保局长齐聚鞍山中部七城市联手净化水环境》，http://news.sina.com.cn/o/2006-05-26/06309029671s.shtml。

③ 郑正等：《从流域污染控制的角度反思中国的生态文明建设》，http://www.modernization.fudan.edu.cn/yjcg/list.asp? id =1640。

于以上国际国内的成功经验，因此，建议成立辽中南水环境管理委员会，建立有效的协调机制和公众参与机制，制定辽中南区域内水环境的综合治理规划。水资源综合规划是在水资源调查评价和经济社会发展对水资源需求预测的基础上，科学、公平、合理配置水资源，提出水资源可持续利用战略、水利发展目标、方案及实施步骤。[①] 规划是水利建设和水利工作的基础，是水资源可持续利用的前提。建议辽中南城市群的有关部门以实现水资源优化配置，提高水资源利用效率和效益为核心，从开发、利用、治理、配置、节约、保护等六个方面制定具有整体性、权威性、协调性和科学性的水资源综合规划，成立辽中南水环境管理委员会，协调现在的水利、环保、建设、农业、林业等多个部门综合负责辽中南水环境管理，把水的供、用、耗、排等过程联系起来考虑，规划确定后，严格执行。另外，从长远来看，辽中南城市群的水环境管理应该从水质管理、污染防治向生态管理转变，从水陆并行管理向水陆综合管理转变，从流域生态系统健康角度制定流域管理措施，建立基于水生态分区的流域管理技术体系，完善流域水生态监控指标体系，制定水化学标准、开展河流的生态系统完整性评价。只有实现区域间的分工和协作，才能从整体上改善辽中南城市群的水环境问题。

---

① 胡青：《解决辽宁水资源问题对策探讨》，《辽宁农业科学》2006 年第 1 期。

第十七章　黄三角地区城市与
生态文化建设的基本思路^①

　　城市文化是城市的精神灵魂和软实力的集中体现，是城市生命力与凝聚力所在，已成为提升城市竞争力的重要因素，正如戴维·兰德斯在《国富国穷》一书中断言，经济发展带给人们的启示就是文化乃举足轻重之因素。单霁翔也曾指出，文化凝聚着城市发展的动力，决定着城市的未来。^② 对于黄三角经济区来说，文化建设是推动其经济进步和人们生活水平提高以及区域内生态环境良性发展的根本保障，其发展思路应该体现在：把软硬件文化设施打造成黄三角经济区城市文化建设与发展的基础平台；把文化产业打造成黄三角经济区文化建设的助推器；把社区文化打造成黄三角城市文化的细胞工程；把生态文化打造成黄三角经济区文化的突出特色。

一、把软硬件文化设施打造成黄三角城市文化建设与发展的基础平台

　　城市文化需要物质装备，就像灵魂需要肉体，基础设施本身也是城市文化的重要元素，塑造特色的城市文化，就需要重视标志性的和完善的文化设施，把软硬件文化设施打造成为城市文化建设和繁荣的基础平台。

（一）建设文化硬件设施为文化需求提供活动空间和设备承载

　　胡锦涛同志在十七届六中全会中提出："要加快构建公共文化服务体系，

---

　　① 本章根据山东省文化艺术科学重点项目阶段成果《黄河三角洲高效生态经济区城市文化建设研究》改写而成。

　　② 单霁翔：《关于"城市"、"文化"与"城市文化"的思考》，《文艺研究》2007 年第 5 期。

按照体现公益性、基本性、均等性、便利性的要求，坚持政府主导，加大投入力度，推进重点文化惠民工程，加强公共文化基础设施建设，促进基本公共文化服务均等化。"[①] 文化硬件设施既有承载城市文化内容的重要建筑，还包括满足城市居民文化需求的活动场所，《黄河三角洲高效生态经济区发展规划》中明确指出要加大基层公共文化设施建设投入力度，建设具有时代气息和地域特色的标志性公共文化设施。鼓励社会力量捐助和兴办公益性文化事业。加强潍坊杨家埠木版年画、吕剧等一批国家级非物质文化遗产保护，在文物藏品比较丰富的地方建设一批市县级博物馆。加强文化信息资源共享工程建设，拓展服务功能。充分发挥黄河三角洲地区文化资源优势，培育和壮大文化企业。实施全民健身计划，加强公共体育设施和健身场地建设。实现县县有较高水平图书馆和文化馆，乡镇和街道有规范的综合性文化站、社区有文化中心，每个行政村拥有适宜的文体活动场所。[②] 目前黄三角经济区的城市文化事业在硬件设施方面有了一定的发展，公共图书馆、乡镇文化站、乡村文化大院、博物馆、书画院、艺术馆、文化馆、文化广场等文化建筑设施不断完善，开设了数个重点文物管理机构。此外，建设了大平台汇集文化要素，集中建设了黄河国际论坛、会展中心、黄河水体纪念碑、文化艺术中心、黄河口大剧院，使各种文化要素在这里汇集。根据《规划》要求，把文化设施打造成城市文化建设的基础平台还需着力于以下几个方面：

首先，按照《规划》要求合理安排空间布局，考察纽约、巴黎等成熟型国际文化中心城市的文化基础设施形态布局，一般都是以城市文化功能中心向整个城市辐射的空间格局，形成明晰的功能中心辐射结构。[③] 根据《规划》内容黄三角地区几大文化功能中心应该集中于：一是以孙子文化、吕剧文化和董永的孝文化等传统城市文化为中心的历史文化功能区。二是借助黄河文化园三园实体景观在垦利县区建立黄河文化区域，或者可以借助具有黄

---

① 《胡锦涛总书记关于文化建设和文化体制改革的重大理论观点》，http：//news. xinhuanet. com/politics/2010 - 07/29/c_ 12387878. htm。

② 《国家发展改革委关于印发黄河三角洲高效生态经济区发展规划的通知》，发改地区 ［2009］3027 号，2009 年 12 月 2 日。

③ 杨丽萍：《城市文化手稿》，大象出版社 2008 年版，第 204 页。

河文化象征的黄河水体纪念碑，在东营市东城区重新打造黄河文化区域，将黄河饮食文化、旅游文化、民俗文化和湿地文化、建筑文化等特色文化汇聚于此，建设黄河文化展览馆、黄河文化风情园、黄河文化影视园等文化场馆。三是以胜利石油管理局所在地为核心的石油文化区域，建设体现石油文化的广场、公园和雕塑，发展石油文化产业园区。四是以黄河三角洲湿地自然保护区作为生态文化自然资源区域中心项目，开发无棣县的贝壳堤岛与湿地系统自然保护区、邹平县的鹤伴山国家森林公园、麻大湖等生态文化资源，以滨州市滨城区和东营市东城区为试点区域，进行生态文化区建设，建造生态文化展览馆、湿地生态景观展示园、生态农业园。文化功能中心的建设能对所有区域形成巨大的带动功能和影响功能，带动全体居民的文化活动，满足全体居民的文化需求。

其次，加强经济区公益性硬件文化设施建设。公益性文化设施是城市居民理解和学习文化知识，传播城市文化的主要场所，经济区政府应该减少对有"形象工程"之嫌的大型公共设施、带有商业运营性质的文化旅游设施的投入，需在改造、维护现有图书馆、科技馆的基础上，增加文化经费投入，在市区建立新的具有综合文化功能的大型单体建筑，使其既符合生态特点，又集图书馆、博物馆、科技馆、展览馆、音乐厅、小型文艺演出馆等文化场馆于一体，并逐步实现场馆的智能化和信息化。鼓励当地一些非文化单位中具有的特色文化资源对居民开放，提高居民的文化生活质量。为解决农村地区文化资源严重不足的问题，建议各级政府制定加强文化硬件设施建设的有关制度，健全领导体系筹城乡文化，注意农村文化建设，成立黄三角城市文化建设宣传中心，建立公益文化设施建设专项资金，纳入财政年度支出预算，并根据经济增长情况按比例逐年增加以加大对农村图书室、村民俱乐部及农村文化站的资金投入，提高村民的文化素质。同时建立文化基础设施建设的重点项目库，项目应向乡村基层单位倾斜，巩固和完善市、县、镇、村四级文化网络。硬件文化设施的建设还应该体现建筑本土化和生态化，以美好的城市形象唤起城市居民的归属感、荣誉感和责任感。不但要增加建筑物功能的多样性，在建筑过程中采用低能耗材料，利用太阳能面板等工艺，而且要在建筑色彩和风格中体现当地生态文化、石油文化和黄河文化特色，可选用绿色、黄色、蓝色为主色，建设具有时代气息和地域特色的标志性公共文化设施。

再次，规范经营性硬件文化基础设施的建设。随着黄三角经济区的繁荣和城市的发展，为了满足当地居民日益增长的休闲生活的需要，具有明显通俗性和大众性的酒吧、歌舞厅、电子游戏厅、网吧等经营性文化设施迅速在城市中发展起来，对于此类设施，当地政府应该本着由社会资金运作，按市场规律管理的原则加强其规范性建设，引导其向着有序、健康的方向发展，让该类设施成为城市时尚文化、娱乐文化的基础平台。

（二）文化软件设施建设为城市文化发展提供基础保障

党的十七届六中全会提出，要"把文化改革发展成效纳入考核评价体系"，也就是说，公共文化服务体系的建设将成为政府和官员政绩考核体系中不得缺少的内容，这必将督促和激励政府及其官员对文化服务和管理的高度重视。城市文化只有良好的硬件设施是不够的，在某种意义上，以服务和管理为核心的软件建设更加重要。因此，黄三角经济区政府在完善文化硬件设施的基础上，还要在服务体系升级和管理模式创新上有所突破。一是创新管理机制，学习发达国家城市文化的管理模式和先进经验，充分调动管理与服务人员的工作积极性与创造性，摆脱目前管理与服务缺乏的状态，重视社会力量，并鼓励符合条件的社会组织加入日常管理中去，以保证最大化利用文化硬件设施，带动区域文化环境的改善；二是提高管理与服务人员的专业素质，以人为本提高服务和管理质量；三是将管理与服务纳入当地政府考核评价体系，通过确定不同公共服务种类以及管理的具体内涵，建立具有权威性的指标体系，规范、引导与监督公共文化服务与管理的良性发展；最后，还要加强各类新闻媒体的建设，利用黄三角报社、电视台等传媒手段传播先进的城市文化信息，并通过媒体对政府的文化管理和服务进行监督。

文化基础设施不但是文化服务的一种形式，而且是其他文化繁荣的物质空间，文化基础设施的数量和质量以及服务管理水平的高低，直接体现城市的公共文化服务水平，完备的基础设施有利于提高当地居民的生活质量和档次，把其打造成黄三角文化建设的基础平台将有助于当地文化活动的顺利开展以及城市文化的可持续发展。

二、把文化产业打造成黄三角经济区文化建设的助推器

党的十七大报告指出："在时代的高起点上推动文化内容形式、体制机制、传播手段创新，解放和发展文化生产力，是繁荣文化的必由之路。"党的十七届六中全会又一次站在经济社会发展全局的高度，对推动文化产业成为国民经济支柱性产业这一重大战略任务作出了全面部署，强调必须坚持把社会效益放在首位、社会效益和经济效益相统一，推动文化产业跨越式发展，为推动科学发展提供重要支撑，为人民群众提供健康向上、丰富多彩的精神文化产品。作为大众文化的重要组成部分，城市文化产业的快速发展不仅能为城市经济发展提供强大的动力，而且能提高城市的文化品位，改善城市形象，提高城市的竞争力。"因此黄三角经济区的建设不但要把文化产业作为新的经济增长点，以加快文化产业的发展来创造经济高峰；例如要充分挖掘本地丰富绚烂的历史文化资源，努力形成规模效应"；[①] 还要充分利用现代文化产业的开发来逐步丰富城市文化的内涵，促进精神提升，将城市文化产业打造成黄三角经济区文化建设的助推器。

（一）打造文化产业品牌提升城市文化内涵

文化产业品牌是黄三角城市文化的无形资产和城市对外宣传的名片，文化产业品牌能够在城市品位、城市活力、城市综合竞争力等多方面提升城市形象；反过来，也只有具备文化与创意活力的城市才会是适宜文化产业发展的地区。放眼世界，任何一个成功的城市，一定是在自己文化特色的基础上进行再创造的城市。国际上的巴黎、维也纳、罗马、洛杉矶、盐湖城之所以成为世界名城，很大程度是因为时装、音乐、艺术、电影、体育等文化品牌，丰富了城市的内涵，提高了城市的品位，加深了人们的印象。[②] 文化产业品牌是文化的经济价值与精神价值的双重凝聚，不仅可以将现有的文化资源转化为经济成就，并且还会通过文化利用提升整个黄三角城市的可持续发展和竞争力。文化产业品牌建设最重要一条是其产品要有鲜明的民族文化、地域环境、人文习俗等特色，要结合黄三角地区特点和自身优势，合理地培

---

① 宋先强：《关于构建城市文化的几点思考》，《湖南经济》2001 年第 9 期。

② 许思文等：《连云港文化论》，吉林人民出版社 2008 年版，第 180 页。

育、创造文化品牌。对于黄三角地区来说，依靠文化产业品牌战略提升城市文化内涵，需要重点做好以下几点：首先，做好文化经营。文化经营就是整合文化资源、发掘文化资本作用、促进文化繁荣的整个运作过程。[1] 只有充分整合黄三角的文化资源，高效经营其文化资本，才能真正推动黄三角经济区城市文化的建设。在文化产业经营中，必须始终以文化社会效益最大化为前提，提高文化产品质量，充分意识到文化经营所处环境中的利弊；其次，要打造以黄河和海洋文化为主题的文化品牌，包括利用渤海革命老区的红色文化资源优势建立红色文化品牌，融黄河文明、生态文明于一体的生态文化品牌；再次是打造当地传统文化为主题的品牌战略，例如：山东吕剧、大鼓子秧歌、滨州剪纸、渤海大鼓等民间艺术文化品牌以及孙武、董永等名人文化产业品牌。

（二）以文化旅游业开发为重点形成文化产业发展联动效应

随着黄三角地区经济的快速发展，人们对文化产品和服务的需求将会日益旺盛，这为文化产业发展提供了巨大的空间和市场潜力。未来几年文化产业将成为城市发展的重要支柱，成为宣传城市文化的桥头堡。因此，黄三角地区应该充分发掘自身文化优势，形成文化产业集群化发展。

黄三角地区的文化旅游资源丰富，依托自然历史文化资源建设高端旅游胜地并以此形成文化产业发展联动效应可以成为该地区文化产业发展的一个总体思路。《黄河三角洲高效生态经济区发展规划》中提出要发展生态旅游业，按照发展大旅游、开发大市场、建设大产业的要求，加强旅游基础设施建设，推动旅游资源整合，突出神奇黄河口、生态大观园、梦幻石油城、黄河水城、武圣故里、宋代古城、世界风筝之都、摩崖石刻、海岛金山寺、滨海渔盐、枣林等特色，开发生态观光、文化会展、休闲度假、体育健身和古贝壳自然遗迹等产品。着力打造黄河入海口、滨海旅游度假、红色旅游和民俗文化四大精品旅游线路。支持黄河口生态旅游区、黄河水城、孙子文化旅游区建设，逐步建成国家级旅游区。[2] 根据《规划》要求，当地文化旅游产业的开发应该以生态文化和黄河文化为先导，树立黄河水城、生态之都、石

---

① 饶会林：《城市文化与文明研究》，高等教育出版社 2005 年版，第 325 页。

② 《国家发展改革委关于印发黄河三角洲高效生态经济区发展规划的通知》发改地区［2009］3027 号，2009 年 12 月 2 日。

油之都的城市品牌，逐步开发黄河饮食、生态果园、生态林园、湿地草原、石油会展、苏武祭祖等专题旅游产业，积极挖掘特色旅游产品，并努力打造环渤海区域联合文化旅游产业。黄三角城市发展特色文化旅游产业，应深入挖掘当地的文化内涵和相互之间的关系，应尽快扩充资本实力，合理配置有限资源，走一条特色化、规模化、集约化的发展道路。首先该地区要充分开发利用齐文化、孙子文化和吕剧文化资源，将文化与经济结合，对这些文化遗存资源和新建人文景观进行整合，在古齐文化区域兴建配套设施，展现齐国人的生活方式、饮食娱乐等场景，发展军事文化旅游，并配合以发展娱乐演艺业，大力开发具有地方特色的民间音乐、歌舞、戏曲等表演艺术。其次，集中开发黄河文化和生态文化特色旅游，依托黄河入海口和黄河口湿地生态整合开发生态文化旅游景观，将生态湿地的观鸟活动做到产业化，打造生态农业、生态工业观光园，带动第一二产业的发展；开发黄河特色餐饮文化业，在弘扬鲁菜文化的基础上，深入挖掘当地饮食精华，使黄河口大闸蟹、黄河口刀鱼等特色食品形成品牌优势；"积极开发黄河商品文化，选出黄河三角洲地区特色生态产品重点开发，打造旅游纪念品牌，并开发图书音像制品，组织当地电视台、媒体、音像制品商拍摄制作有关黄三角经济区黄河文化、生态文化、名胜古迹和历史文化的音像制品和宣传片，将其作为旅游纪念品促销。"[①] 再次，打造石油为品牌的工业旅游资源，石油是经济区发展所依托的主要资源，以石油工业为链条的特色工业旅游也是当地一大特色，并能推动石油工业和相关产业的发展。依托石油科技馆和石油工业园发展石油文化旅游业，积极发展石油产品会展、石油生产生态技术和循环经济参观、学习交流等石油文化产业开发，并制作能够体现石油文化的石油纪念品进行销售。当地的文化旅游产业在初具规模后应实行区域联合开发战略，一是与胶东半岛文化旅游加强联系，形成环渤海文化旅游业的整体优势，二是与济南都市圈的城市形成文化旅游互动，三是与天津北京等传统文化旅游城市形成跨省区际文化旅游线路。

（三）增加文化产业的科技含量

城市文化产业是城市文化与经济高层次合作的行业，文化产业不能走传

---

① 牛序茜：《开放视野下黄河三角洲文化产业发展的对策》，《山东省农业管理干部学院学报》2009 年第 3 期。

统行业的粗放生产管理的老路，必须加强科技与文化的结合。首先，鼓励文化企业加大技术创新投入，广泛运用现代科技，加快产业升级，在培育主导产业、改造传统产业等重点领域和关键技术的开发方面，取得突破性进展。此外，以提高文化产品的核心技术为重点，开发一批技术含量高、市场前景好、竞争能力强、能形成产业规模的文化产品。在文化旅游、新闻广告等文化产业中加入更多的高新科技内涵，例如，在文化旅游业中，例如数字信息技术开发数字生态观光园、立体动感黄河游览园等。用现代信息传播手段促进经济区文化产业资源的传播与整合，引导文化消费潮流。其次，通过建立新的人才机制，利用当地的教育资源和优厚的待遇培养、聚集一些懂得文化信息技术、数字艺术软件开发和文化产品创作营销以及文化产业经营管理的人才，建立人才激励机制，通过政策引导文化产业的人才成长。

三、把社区文化打造成黄三角城市文化的细胞工程

城市社区文化是一种综合的社会意识形态，体现为一种地域性文化，是以社区为依托，以文化活动为载体，所表现出来的社区成员的生活方式、行为习俗、价值观念、知识水平、娱乐心态、审美层次、人文环境等文化现象的总和。[1] 社区作为城市中的基层组织，是城市的重要元素和构成基础，社区的文化建设能够增强城市居民的凝聚力，展现独特的城市文化特色与氛围，同时其良性发展还能够吸引人才、技术和资金的流入。

（一）社区文化所具有的特征是其成为细胞工程的前提

之所以要把社区文化打造成黄三角城市文化建设的细胞工程，主要在于它所具有的特征。首先，社区文化是由当地社区居民在长期的生产和生活过程中自发形成的，社区文化的形成机制类似哈耶克所讲的"自发秩序"，而非从外部嵌入的"人为设计"，因此它具有明显的地域特征，最能代表当地的传统城市文化。其次，社区文化内容丰富多彩，形式多样。社区文化的内容不仅包括体现民间传统和民族风格的戏剧、音乐、饮食等艺术，还涵盖了现代社会发展多带来的一切科技成果，从形式来看，由于社区人群的结构复杂性，其服务对象、文化设施、文化形态都呈现出多样性的特征。再次，社

---

① 诸山：《生态学视阈下的城市文化》，江西人民出版社2010年版，第187页。

区文化拥有广泛的群众基础，是当地居民社会生活和需求的真实反映，吸收和调动全体居民的兴趣和积极参与，能更好地推动城市文化的建设和发展。

（二）打造城市文化细胞工程的路径

1. 完善社区文化设施

社区文化建设首先要加强经济区内社区文化设施的完善，政府应加大投资力度，完善小区内运动场、菜市场、洗理中心等物质文化设施，为社区成员的工作生活提供优质服务，建设社区文化广场及文化活动场所，例如社区图书室、文化站、健身房、文化宣传橱窗等，以丰富社区成员文化生活的多样性。对于黄三角地区经济水平较为落后的村落文化设施建设，需要在乡村成立一个综合的文化发展组织对文化资源进行整合，政府组织有关部门开展文化下乡活动，由宣传、文化部门组织社区群众文化活动，让乡村居民不断接受先进文化熏陶，普及文化工作。充分挖掘社区内丰富的文化资源，调动社区内企事业单位参与文化建设的积极性。

2. 积极发挥社区文化的教育功能

《规划》提出优先发展黄三角地区的教育事业，通过社区的教育功能来提高市民的文化素质以及文化认同是文化细胞工程建设的重要内容之一，社区组织应该充分利用社区文化资源对社区成员开展系统的教育活动。首先要普及基础教育，在学校开设黄河三角洲城市文化课程体系，使中小学生从小受到当地文化熏陶，逐步提高其文化素质。其次，要发挥当地高等院校、职业学院的作用，通过要求大学生参与社会实践和经济区文化建设来完善大学生城市文化教育的教学体系，充分利用高校的师资、文献和设备资源，如利用高校教师开展文化教育培训；利用高校出版社印刷宣传具有重要理论价值和意义的研究成果，丰富充实城市的文化市场；高校图书馆也应当主动出击，利用自身丰富的文献资源、先进的设施及过硬的人力资源优势积极参与经济区城市文化建设，为所在社区的经济文化发展提供信息服务和信息保障。高校图书馆与地方公共图书馆进行校地联姻，高校图书馆的藏书系统要具有为地方服务的功能，让高校图书馆走进社区，让市民走进高校图书馆。[①] 再次，通过多种途径的成人继续教育，广泛开展职工培训以及再就业

---

① 杨丽华：《论高校图书馆在城市文化建设中的作用》，《中州学刊》2007 年第 5 期。

培训，更新职工的文化知识、提高业务能力和技术水平，充分挖掘职工的工作潜力和文化潜力。最后，还要通过老年大学，夜校等教育机构满足经济区内一部分待业人员和退休老人等学习的需要，向其传授具有当地特色及现代化的文化课程，提高这部分人的文化水平和文化修养，让他们利用闲暇时间学习并发扬当地的传统文化，如剪纸、吕剧、秧歌等，既能增加他们的生活情趣，又能使城市文化得到弘扬和传播。

3. 提高社区文化建设队伍水平和社会参与度

第一，提高社区文化的群众参与度。在推进城市社区文化建设过程中，各级政府应该扮演掌舵者角色，明确各职能部门的职责，坚持以人为本、居民自治的社区文化管理原则，授权给社区内的居民和单位，增加他们参与决策的机会，让社区居民通过社区居委会和群众自治组织来行使自己管理社区文化的权力，将社区内居民的幸福感指数纳入当地政府考核体系，并将其引入黄三角高效生态经济区社会发展的总体规划。随着社区建设的不断深入，群众性的文体活动已经成为社区文化建设的重要组成部分，社区组织应该发动群众融入社区，积极参加文体活动。通过在居民中开展弘扬社会公德、文明单位和家庭竞选、油地共建等精神文化活动来提高居民的思想道德水平和文化素质，塑造社区伦理精神；在乡村社区积极实施"非物质文化遗产保护工程"，利用节日和集市，开展丰富多彩的文体活动，举办欢乐吕剧节、"电影放映周"、"购物美食周"、文化产品展览会、文化产业发展专题报告会等，挖掘民族民间文化，打造特色文化品牌，保护传统民间文化的生存空间①；依靠社区公共文化设施为依托开展为当地居民服务的社会公益活动，倡导公益文化，提高社区的综合发展水平。鼓励社会力量投资社区文化建设也是提升群众参与度的一个重要手段，不仅能够解决社区文化资金投入不足的问题，而且可以成为社区文化活动发展的永久动力。黄三角地区的社区管理部门应该充分调动本社区内的群体和企业，鼓励他们对社区公益性文化活动进行捐赠，并成立专门委员会对文化经费进行管理，同时通过媒体宣传形成良好的社会赞誉。

第二，加强社区文化队伍建设。社区服务和管理队伍是社区文化建设的

---

① 戴鸿：《达州市城市社区文化建设调查与思考》，http://www.dazhou.gov.cn/zbbook/gzyj/2009 - 12 - 28/0912281538116475.html。

主体，应重视抓好社区服务工作，增强管理和服务队伍。首先通过公开招聘、竞争上岗等办法组建专业社区文化工作者队伍，通过优惠政策措施鼓励高校相关专业的大学生投身城市社区文化建设，并加强对专业人员的培训和再培训。各社区应成立社区文化管理组织机构，配备专职干部，逐步形成社区文化管理的责任制。其次应充分发挥社区业余文化工作者的作用，许多下岗职工和退休老人对当地文化有着深厚的了解和热爱，有良好的沟通协调能力，通过他们的积极参与，不但可以起到对文化的宣传和资源整合，还能够增加服务职能，拓宽服务领域。

四、把生态文化打造成黄三角经济区文化的突出特色

《规划》将黄三角经济区定位为全国重要的高效生态经济示范区，即高效利用区域优势资源，推进资源型城市可持续发展，加强以国家重要湿地、国家地质公园、黄河入海口为核心的生态建设与保护，实现经济社会发展和生态环境保护的有机统一，为全国高效生态经济发展探索新路径、积累新经验。[①] 黄三角经济区的建设目标是成为全国重要的高效生态经济示范区，其特色是高效、生态，因此该地区的文化建设目标将是成为全国生态文化示范区，突显生态文化特色。

（一）生态文化建设的原则

1. 高效原则

高效是黄三角经济区建设所固有的原则，虽然经济区内自然资源丰富，但经济的发展不能再走高消耗的老路，必须注重生产和消费的生态性、资源利用的高效性，推行清洁生产制度，发展循环经济。

2. 和谐原则

黄三角经济区在进行生态文化建设的同时，要把握好传统文化的建设，注重现代城市文化的经济理性，处理好与石油文化的关系，以生态文化武装经济建设，改变过去石油文化中的负效应，做到各种城市文化和谐共存。

[①]《国家发展改革委关于印发黄河三角洲高效生态经济区发展规划的通知》，发改地区〔2009〕3027号，2009年12月2日。

3. 继承与特色原则

黄河三角洲的传统文化中，积累了质朴的生态伦理智慧，而且"黄三角地区有中国暖温带保存最完整、最广阔、最年轻的湿地生态系统，生态类型独特"①，因此在进行城市生态文化建设过程中，既要继承传统的生态文化思想，依靠这些特色自然景观突出城市魅力，又要通过生态城市建设增加黄河三角洲地区的生态文化内涵。

（二）生态文化建设的物质基础

芒福德认为景观也是一种文化资源，因此生态文化在黄三角地区有着丰富的载体，黄河三角洲是生态系统保护较完整的地区之一，拥有两个国家级自然保护区（黄河三角洲自然保护区、无棣贝壳堤岛与湿地系统自然保护区）和一个国家森林公园（鹤伴山国家森林公园），② 同时黄河文化和海洋文化汇聚于此，为黄三角城市特色生态文化的打造提供了先天条件。

1. 充分利用厚重悠久的黄河文化

黄河文化是黄河两岸人类的发展史，是以黄河为纽带发展起来的沿泛黄地区文化，是以农耕文明为支撑的文化。③ 但黄河文化的表现不仅在农耕方面，在文化、文学、艺术方面都有所体现，包括了诸如湿地文化、黄河宗教文化、黄河饮食文化等，这也体现了黄河三角洲地区文化的多样性特征。黄三角地区生态系统独具特色，处于大气、河流、海洋与陆地的交接带，是世界上典型的河口湿地生态系统，多种物质和动力系统交汇交融，陆地和淡水、淡水和咸水、天然和人工等多类生态系统交错分布，具有大规模发展生态种养殖业、开展动植物良种繁育、培育生态产业链、发展生态旅游的优越条件。④《山东半岛蓝色经济区战略研究》提出："发挥黄河三角洲原生态优势，打造国际知名的生态旅游项目，在黄河口建设全球温室气体排放最低的度假社区，并争取获得联合国环境规划署的命名，使其成为全球民间环保论

---

① 《聚焦黄三角战略背景：起飞，黄河三角洲》，http://www.dzwww.com/shandong/sdnews/200912/t20091204_5245525.htm。

② 张金路等《黄河三角洲文化概要》，齐鲁书社2007年版，第87页。

③ 郑贵斌、蔺栋华等：《黄河三角洲高效生态经济区研究》，经济管理出版社2010年版，第187—188页。

④ 《国家发展改革委关于印发黄河三角洲高效生态经济区发展规划的通知》，发改地区［2009］3027号，2009年12月2日。

坛的举办地、全球游客生态体验地、著名温带休闲度假地。发挥鲁北生态化工工业园的物质综合利用水平、排放水平已经优于丹麦卡伦堡生态工业园的优势，进一步把其打造成全球排放水平最低的生态工业园，使其成为全球、全国循环经济示范基地、节能减排教育基地。"① 黄河三角洲所固有的可渔可农的条件以及生态的脆弱性决定了开发利用黄河文化需要重视以下几个方面：

首先，在城市建设当中充分利用和挖掘黄河的水文化，建立亲水空间，进行水系修复和河道的生态修复，丰富水域文化内涵，努力打造黄河水城。其次，在工业生产领域，黄三角城市发展高效生态经济，需要在确认自然价值的基础上，创造、应用和发展生态技术和生态工艺，采用资源—产品—再生资源—再生产品的循环生产模式，并提高其在经济发展中的比例。此外还要推行清洁生产，在推行清洁生产的过程中，逐步采用非物质化的生产消费方案，减少对自然资源的消耗，在整个区域内更多地为居民提供服务而非直接产品。油田职工由于工资及福利待遇较高，在消费方面存在着高消费、高享受的消费观念与生活方式，建设生态文化要求经济区居民改变这种消费行为，倡导绿色生活，逐步形成有利于生态城市经济发展和生态保护的生活方式。再次，"在农业生产方面，利用充足的土地资源和土地类型多样性特点发展现代生态农业，形成以牧渔农为主的三元农业产业结构，重点发展有比较优势的畜牧业和水产业，加强北方'四位一体'的生态农业模式、平原农林牧复合生态模式（如'上农下渔'种养模式）、生态种植模式、生态畜牧业模式（如牧草利用模式）、生态渔业模式（如稻田养鱼模式）、生态林业模式（如以冬枣、桑蚕为主，突出杂果类生产的经济林利用模式）、设施生态农业模式、旅游生态农业模式、生态农业产业化模式、节水农业模式、有机农业模式等的推广。"② 最后，大力发展生态服务业，如物流业、会展博览、投资服务、外包服务、科技咨询等产业，尤其以黄河文化为主线大力发展生态旅游业。

---

① 张华：《山东半岛蓝色经济区战略研究》，山东人民出版社 2009 年版，第 6 页。
② 慈福义等：《黄河三角洲高效生态经济区循环经济发展的 SWOT 分析与战略目标选择》，《工业技术经济》2009 年第 2 期。

2. 着力开发体现现代文明的海洋文化

21世纪是海洋世纪，海洋文化蕴含丰富、宽博广远，《山东半岛蓝色经济区发展规划》提出建设全国重要的海洋生态文明示范区。科学开发利用海洋资源，加大海陆污染同防同治力度，加快建设生态和安全屏障，推进海洋环境保护由污染防治型向污染防治与生态建设并重型转变；提升海洋文化品位，优化美化人居环境，增强公共服务能力，打造富裕安定、人海和谐的宜居示范区和著名的国际滨海旅游目的地。壮大黄河三角洲高效生态海洋产业集聚区和鲁南临港产业集聚区两个增长极优化沿海城镇布局，培育青岛—潍坊—日照、烟台—威海、东营—滨州三个城镇组团。[①] 为了进一步加强海洋文化建设，赋予海洋文化以新的时代特征和生态内涵，应采取以下对策：

第一，合理开发黄三角地区丰富的海洋资源，突出黄三角高效生态和海洋经济特色，做大做强优势产业，加快发展循环经济，着力建设特色海洋产业集聚区，将该城市群打造成为环渤海地区新的增长区域和生态型宜居城镇组团；根据《黄河三角洲高效生态经济区发展规划》明确潍坊港、东营港、滨州港和莱州港的功能定位，提高其吞吐能力；抓好水利设施建设，在充分利用黄河水的基础上，有条件的城市和地区积极实施海水淡化工程，以解决黄三角淡水资源缺乏的瓶颈。

第二，在发展海洋经济时要重点加强海洋生态保护，依据海洋生态环境承载力，优化生态空间结构，积极探索海洋生物自然保护区和黄三角湿地自然保护区的建设，保护海洋生物的多样性；大力实施滨海湿地等典型生态系统的保护与修复工程，保持海洋生态系统的完整性；加强海洋作业生产的污染监控，提高信息化检测技术水平。

第三，发展海洋文化旅游业。突出海洋特色，推动文化与旅游融合发展，建设全国重要的海洋文化产业基地，深刻挖掘海洋人文资源内涵，加快建设一批特色海洋文化旅游景区，加快发展工业旅游，将东营石油城、烟台国际葡萄酒城等产业旅游地打造为国际知名的滨海旅游目的地。

（三）生态文化建设的体制保障

首先，要加强各项生态保护政策和生态文化建设的法律法规建设，通过

----

① 《国家发展改革委关于印发黄河三角洲高效生态经济区发展规划的通知》，发改地区〔2009〕3027号，2009年12月2日。

对不符合生态要求的社会活动以及各种反生态文化的现象进行强制制裁可以维护生态文化的主流地位，严格维护生态规划的权威。黄河三角洲地区政府需要设计出一个为体现当地地域文化而特别设定的法律法规模式，划分各地域各级别的法律层次，制定相关法规规章，完善黄河和海洋的生态补偿机制。完善生态产业方面的立法，建立引导性产业政策，并确定各级和各项法律法规之间的相互关系，建立信息反馈机制，有效监督各项法律的实施情况，做到有法可依；要加强环保执法队伍和执法力度的建设，做到执法必严，违法必究。生态保护中的激励政策是生态文化建设中必不可少的，政府和企业应该制定一系列鼓励生态保护和技术创新的激励政策，通过资金支持和精神奖励使当地居民和企业单位加快文化创新和技术推广。

其次，要变传统管理制度为生态化的管理制度。建立综合决策机制，把经济发展和生态环境的保护结合起来综合决策，禁止或限制损害城市环境质量的行为，从而保证经济区内的各项重大决策既能带来经济效益，又不对生态环境进行破坏。生态化的管理制度还要有效促进有序竞争，作为政府管理部门，在政策制度的制定，管理措施的运行方面要尽可能作科学而完备的考虑，要坚持民主决策，科学管理，为生态城市群的生态文化建设奠定生态化的制度基础。政府官员还要改变传统的以经济增长为唯一追求的政绩观和由此建立起来的官员考核、任免体制。

再次，要完善生态文化建设的公众参与机制，城市生态文化本质上是公众文化，它离不开公众的支持和参与。在市场和政府不可控制的领域中，通过制度的创新建立民间环保组织将是生态文化建设的巨大依靠力量。在民间组织开展工作的过程中，经济区政府应通过法律法规确定环保组织的合法地位，并且避免这类组织成为半官方性质，保持其社会团体性，真正起到普通市民对生态文化事业的参与和管理，通过有效的信息源确保民间环保组织对政府和企业的环境行为进行有效监督。

（四）生态文化建设的精神支持

生态问题在某种程度上说是人类的心态问题。"生态平衡要走出进退维谷的境地，就必须引进一个'内源调节机制'，在动态中通过渐式的补偿，在推动社会发展的同时，达成人与自然的和谐。这个内源就是'心源'，就是人类独具的精神因素。人类的优势，仍然在于人类拥有的精神。"① 因此城市生态文化的建设基础在于改变市民的传统观念，提高市民的生态文化素质，形成经济发展与自然环境和谐伦理道德观念。通过多层次、多形式的生态文化教育和宣传对城市群内居民进行生态知识以及经济发展和环境保护和谐发展思想进行普及是生态文化建设的一项重要手段，通过教育，可以提高市民的生态意识，形成人与自然和谐发展的价值观念。政府有关部门应该让市民了解城市群建设存在的环境问题，要结合"生态交易日"、"世界环境日"、"黄河口湿地生态文化节"等特色生态环境节日对群众进行生态文化科普教育，还要开展面向企业主的生态文化教育宣传，提供环境咨询和技术支持，切实增强人们内心中经济发展与生态文化和谐统一的观念。在众多的教育形式中，环保基础教育和环保高等教育是一个重要途径。高校教育集中、正规、对城市的文化具有很强的辐射作用，而且学校还具有引领生态文化建设的传统优势、资源优势、身份优势，不但能够提高大学生生态意识，而且通过强化应用型生态技术教育还能为生态产业发展提供支持。因此当地政府应该积极配合中国石油大学、滨州医学院等高校对生态文化理念进行教育和宣传，首先，高校应在经济区内对黄三角地区的传统生态文化进行继承和发扬，在学生公共课中增加生态文化教育的内容，树立学生保护环境、维护生态、尊重生命、合理利用自然资源的观念。其次，高校要成立专门研究机构，对当地特色生态文化进行研究，并对市民普及特色生态文化知识和理论。在通过宣传教育建设生态精神文化的进程中，必须统筹好黄三角地区城乡居民的生态文化意识和素质，黄三角经济区政府应该利用绿色社区的可持续发展模式这一城市生态文化建设潮流，积极进行社区生态教育，通过绿色社区来增加生态文化宣传的广泛性和辐射性，对于各级领导干部要进行系统的生态文化培训，对于乡村居民，采取警示性的生态文化教育，提高农村居民的生态忧患意识，充分发挥主题活动的作用，通过广播电视、书画影视创作的生态公益宣传，配合当地良好的自然生态资源，开辟和建设生态文化建设的培养基地，开展居民生态文化建设的体验活动。

---

① 丁丽燕：《环境困境与文化审思——生态文明进程中温州地域文化的传承与转型》，中国环境科学出版社 2007 年版，第 112—113 页。

第十八章　山东半岛海洋环境问题合作治理模式①

　　近年来，伴随半岛沿海地区高强度全方位的开发，山东半岛海洋环境形势日益严峻，严重制约半岛经济社会可持续发展和人与自然关系的协调。如果再不采取综合而有效的控制和治理措施，附近海域的海洋环境问题随时可能恶性爆发，不仅严重制约山东海洋经济的发展，也时刻威胁沿海地区人民的健康安全。因此，有必要重视当前山东半岛出现的各种海洋环境问题，并重新审视当前应对该海域海洋环境问题的应对机制。伴随着山东半岛海洋环境问题日益突出，如何加强山东省海洋环境问题治理成为亟待解决的重要课题。

一、山东半岛海洋环境问题的治理政策的效果分析

　　面对日益严峻的山东半岛海洋环境问题，越来越多的人开始关注这片曾经美丽富饶的海域，各种针对山东半岛附近海域环境问题的治理政策也不断出台。2001 年，面对海洋环境专家"渤海可能变成'死海'"的警告，为了拯救渤海，国家四部局联合海军、环渤海四省市（天津、河北、辽宁、山东）政府开出了斥资 555 亿多元、15 年三个疗程的"渤海碧海行动计划"药方。计划在 2005 年"碧海计划"第一个"疗程"的结束之年，使渤海环境污染得到初步控制。让人们大失所望的是，根据《2005 年中国海洋环境质量公报》显示，与 2003 年相比，渤海海域严重污染、中度污染、轻度污

① 本章根据山东省社会科学规划重点项目《山东半岛蓝黄经济区生态文明建设研究》（12BSHJ06）阶段成果修改而成。

染海域面积分别增加 280 平方公里、2060 平方公里、2470 平方公里。[①] 2006
年上半年，渤海污染状况依然没有好转反而呈现整体恶化趋势，显然，"碧
海"药方疗效甚微。为解决山东半岛海洋环境问题，虽有各种政策方案出
台，但其治理效果却往往非常有限，这不能不引发我们对现有政策方案的有
效性进行反思。总的来说，目前治理山东半岛海洋环境问题的政策及其效果
主要是：

（一）加强对半岛流域的治理和沿岸废弃物排放的控制，但治理和控制效果并不理想

为了防止陆地污染物通过注海河流最终进入海洋造成附近海域的污染破
坏，山东半岛曾多次采取措施对地表受污染河流进行整治。这种整治主要从
两方面来进行：一方面是对已经污染的河流进行治理，恢复这些河流正常的
生态状况，如 2005 年由山东省政府确定实施的"两湖一河"碧水行动计划，
即是为了加强南四湖、东平湖及省辖淮河、小清河流域水污染防治工作。[②]
另一方面，采取相关措施禁止新的生产生活污染再次排入这些河流造成新的
污染，这主要是通过控制排污企业、加强城市污水处理厂的整治等实现。为
避免各种陆地生产生活废物再次排入河流，山东半岛各城市都注重加大生活
污水和工业"三废"的处理设施建设，目的是用以提高陆地生产生活污染
物的处理能力和处理效率，大幅度减少各种污染物的入河量和入海量。

但事实表明，各种废弃物处理设施的兴建并没有有效防止被治理过的河
流再次受污染，也没有对海洋环境污染发生有效的防范作用，往往是"边治
理边污染"。出现这种局面的原因主要有三点：第一，由于河流的跨区域性
特征，各地区在对流域的保护和治理过程中难以突破行政区域的界限，没有
建立流域水资源和水环境综合管理和整治系统，致使治理保护效果相当有
限；第二，未启动农业污染控制工程，山东省作为农业大省其陆地农业生产
过程中所造成的环境污染不可忽视，过量使用的农用肥料和药物是区域内河
流的重要污染源；第三，各种废弃物处理设施的实际利用率很低，各地方排
污处理设施的建立往往仅仅以"形象工程"而存在，无法真正发挥高质量

---

① 李淑文：《环渤海污染问题的原因和对策》，《经济研究导刊》2007 年第 3 期。
② 王倩：《山东将启动两湖一河碧水行动，大力治理污染》，《大众日报》2005 年 1 月 5 日。

高效率处理陆地生产生活污染物的作用，大量的污染物依然存在，直接排入到河流中的情况更是屡见不鲜，造成河流的再次污染在所难免。

（二）推进生态渔业等工程的实施，但生态环境继续退化，海洋生物资源持续锐减

山东省颁布各种制度和规定以提高半岛附近海域海洋资源的可持续发展能力。如编制全省近岸海域保护和使用规划，强调要集约有序利用海域资源，加强海洋生态保护，重点搞好莱州湾、胶州湾、黄河口等生态功能区的修复与治理等等。种种努力仍然无法取得良好效果的原因，一方面是由海洋捕鱼业自身的特点，即海洋捕鱼业的地点不确定性和难控制性等特点使得各种相关规定难以真正落实，也无法对渔民的具体行为进行行之有效的监督；另一方面则是配合生态渔业工程的相关保障制度尚不完善，各种牺牲渔民短期利益的限制捕捞政策缺乏必要的补偿和激励机制，政府仅仅是要渔民要怎样进行生产，却没有为渔民选择这样的生产方式提供必要的补偿和保障，众多渔民基本的现实生活无法得到保障，要求渔民会为长远的环境利益而限制自身当前的行为更是无从谈起。

（三）强调建立和完善海洋环境调查监测系统，提升对附近海域的监测能力；但检测系统的建立速度还有待提高

为配合国家"908"海洋综合调查与评价计划，不少学者提出应围绕重点海域海洋环境承载力和海洋资源可开发量对山东半岛海洋环境进行全面系统的近海综合调查，以全面掌握山东近海海洋物理、化学、生物及社会经济状况指标，为山东海洋环境监测提供评价基线数据。同时，充分发挥国家和山东各级海洋监测部门和科研力量的优势，密切合作，建立和完善山东近海海洋环境监测网络，加强山东半岛近海污染监测、监视和应急系统的建设，以便对污染状况作出及时的预警和评价，提高对污损事件的应急处理能力。此外，为了深入解决山东半岛近海环境污染问题，强调开展污染防治和环境保护科学研究工作的重要性，以便为半岛海域环境问题的控制、管理、预防和治理行动等提供科学依据。但整个山东半岛附近海域海洋调查和监测系统的建立仍面临重重困难，这主要是由资金匮乏等原因导致。虽海洋环境问题的解决关系到整个山东长远的发展，无论国家还是山东省也都投入不少资金，但相比整个海域海洋环境问题的调查和监测系统这一庞大工程的建立仍

然显得不足，资金的匮乏是限制海洋环境治理和保护的瓶颈。资金不足使得相关的研究工作无法开展，也无力引入国外先进的技术体系，此外，当前对海洋污染防治和环境保护的研究主要集中在自然科学领域，忽视了社会学、管理学等社会科学所扮演的重要角色，而只偏重于技术层面的治理措施其效果必然是相当有限的。

除上述问题以外，相关法律制度体系不够完善，各种有法不依、执法不严的现象还时有发生；公众对海洋环境保护及治理的相关问题不够了解，海洋保护意识淡薄；依靠力量和治理手段单一，行政力量和行政手段参与过多，公众以及企业、社会组织的参与还相对较少，缺乏市场机制的引入，致使海洋环境问题治理的力量相对薄弱和有限等也是制约半岛海洋环境问题有效解决的重要原因。从根本上说，山东半岛海洋环境问题各种治理政策所发挥的效果有限的原因，主要是各种治理政策在制定和推行时往往只立足于一个方面或者一个区域，是一种片面的、单一的、彼此分离的治理思路。而海洋环境问题本身所具备的整体性、复杂性和庞杂性等特性，决定了当前以市、县单个行为主体的环境治理是行不通的，山东半岛海洋环境问题的解决必须突破传统的区域界限，通过各地区的联合，从海陆统筹的视角，动用各种社会力量，走出一条区域合作治理的模式。

二、山东半岛环境问题合作模式的探索

当前由单个行政单位独立推行的治理模式效果并不明显，在现有模式基础上探索出一套新的治理模式已经成为现实的必然选择。新治理模式可以概括为一种海陆统筹、区域联合、多重社会力量共同参与的"合作治理"模式，这一模式的主要内容可以分为：

（一）加强区域和部门的协调与合作，形成海陆统筹、综合治理的机制

海洋环境保护和生态建设是一项跨地区、跨部门的复杂系统工程，其涉及面广，工作任务重，必须加强领导，协调行动。山东省内各政府及各相关部门需转变以往单独行动的观念，转而通过区域联合、各部门相互协调的途径，从海陆统筹的视角谋求整个区域海洋环境问题的最终解决。

首先，海水的流动性则决定了海洋环境管理的动态性和地区合作性，任何单一政府或单一部门都难以实现对海洋环境的有效保护，各政府及各部门

必须联合应对。各级政府应在对整个区域内海洋环境问题的解决达成共识基础上，集中调动整个山东半岛各地区的力量，确保形成综合治理的合力，必须克服治理过程中的部门割据和责任相互推诿等问题，避免出现各区域各自为战、治理步调不一致的现象。联合治理海洋环境问题的具体途径，一是要将整个区域的海洋环境问题纳入统一的法律政策体系，对半岛海洋环境问题的治理监管进行宏观统一指导调整，避免政出多门的情况；二是成立综合治理监管机构"山东半岛海事委员会"，由副省级或副省级以上的领导专管，并以本机构为核心，集中调度半岛各地区与海洋环境保护相关的各部门力量，从而克服现在多头领导、群龙闹海的弊端；三是治理监管资金的多方筹集和集中分配使用，使投入的资金得到最大限度的使用，但这需要以透明的财务公开制度和较为完善的监督基础为基础，需要强调民间力量参与的重要作用，也可由省人大成立专门的监督委员会对这部分资金进行监督。

其次，由于海洋污染主要来源于陆源污染特别是陆上河流污染，因此海洋环境保护不仅要注重对海域环境管理，更要注重对陆上流域的管理，必须做到"河海统筹"。各地区需要突破行政区域的界限，建立流域水资源和水环境综合管理和整治系统。可以建立由省政府有关部门和地方政府组成的流域综合管理协调委员会，承担流域内各项相关计划审核任务，并对涉及跨流域跨地区的相关纠纷进行协调仲裁；建立水质和水量统管、点源和面源同控的一体化检测系统，从污染物排放口到如何排污口，再到河流监测断面，最后到入海口控制断面，均应实现水量和水质、点源和面源同步监测；建立以河流允许纳污能力为依据的污染物排放总量削减制度；建立以流域水资源优先配置为基础的节水制度等①。同时，提高各种废弃物处理设施的实际利用率，真正发挥其高质量高效率处理陆地生产生活污染物的作用，避免河流的再次污染。通过上述措施，保证入海主要河流的水质和水量，从而保护附近海域的环境和生态。

最后，半岛各行业也需要相互配合，共同为半岛海域环境状况的改善努力。由原先只注重减少工业生产污染，到同步完善陆上农业生态环境监测体系的建设以避免陆上农业对海洋环境造成间接污染。通过推广清洁种植、清

---

① 夏青：《为渤海崛起奠基——渤海环境保护总体规划要点》，《第四届海洋强国战略论坛环渤海区域崛起与发展论文集》，第1—10页。

洁养殖、乡村清洁示范等工程，大力发展绿色农业，减少农业生产过程中对海洋造成的污染。按照绿色农业和生态农业的要求，推进农业产业结构的调整，积极发展生态农业和以科学技术为中心的集约农业，建立结构优化、布局合理、标准完善、质量安全、管理规范的农产品生产、加工体系，提高农业生产集约化、生态化及优质化程度。通过在种植业中推广平衡施肥、科学用药，逐步消除陆上种植业污染①。

（二）调整优化产业结构，合理产业布局

首先，山东半岛应充分发挥自身的资源优势、产业优势和区位优势，加快高新技术产业和现代服务业的发展，促进产业结构优化升级。目前山东半岛第二产业层次不高、第三产业比重偏低，应以加大第二产业结构调整力度、加快第三产业发展为重点，加快产业结构的优化升级，建立以高加工度化制造业和高新技术产业为主导的工业生产体系。同时，山东半岛需要加快第三产业发展。2005 年，山东半岛城市群第三产业占 GDP 比重为 33.6%，比珠三角、长三角分别低 12.4 个百分点和 7.4 个百分点。山东半岛城市群第三产业发展应以"优化结构、完善功能"为目标，突出发展现代服务业，在促进人流、物流、资金流、信息流高效运转的同时，使现代服务业成为山东半岛城市群新的经济增长点。② 通过产业结构的优化升级，减少农业工业污染的排放，进而实现对半岛附近海域环境的保护。

其次，山东半岛需进一步优化产业布局，加强城市之间的产业分工与协作。胶济铁路沿线是山东省传统工业相对集中的区域，机械装备、石油化工、冶金、建材、纺织服装和食品加工等行业具有良好发展基础，③ 但同时也是半岛陆上污染较重的地带，应突出抓好传统产业的升级改造，加快利用高新技术和先进适用技术改造传统产业的步伐，提高工业产品的技术含量和附加值，避免该产业带污染的加重和扩散。山东半岛各城市应根据各自的资

---

① 傅金龙、张元和：《浙江省海洋生态环境存在的问题和对策研究》，《决策咨询通讯》2003 年第6 期。

② 李广杰：《山东半岛城市群产业发展发展的思路与对策》，《郑州航空工业管理学院学报》2007 年第 10 期。

③ 李广杰：《山东半岛城市群产业发展发展的思路与对策》，《郑州航空工业管理学院学报》2007 年第 10 期。

源特点和比较优势，打破行政区划的限制，加强各城市之间的产业分工与协作，建立各城市间产业互补配套、生产要素自由流动的发展机制，避免重复建设，特别是容易对环境产生破坏的石油化工等行业应该合理规划，强调集中发展，防止污染的扩散和转移，尽可能控制易受污染的范围。

（三）着力打造山东半岛海域蓝色经济区

胡锦涛同志在 2009 年 4 月视察山东时提出要"大力发展海洋经济，科学开发海洋资源，培育海洋优势产业，打造山东半岛蓝色经济区"的重要指示，随后山东省委九届七次全体会议以及山东各地区相继研究部署打造山东半岛蓝色经济区这一重大战略任务，而蓝色经济区的提出与建设，将对山东半岛海洋环境问题的解决、实现山东半岛海洋经济的可持续发展以及建设半岛海洋生态文明产生重要影响。要打造山东半岛海域蓝色经济区，有必要解决以下几个方面的问题：首先，应该正确认识蓝色经济区的含义。蓝色经济区建设发展规划不等同于一般的产业区规划，蓝色经济也不等同于海洋经济，打造山东半岛蓝色经济区应该搞清楚"蓝色经济"的内涵和外延，发展蓝色经济不仅仅指的是依托海洋发展海洋经济，还蕴含着建设海洋蓝色生态文明的深刻含义，即在充分开发利用海洋资源推动经济社会发展的同时，也要做到科学开发实现海洋环境资源的可持续利用。其次，山东省需要对海洋产业进行结构调整和布局优化，将山东建设成海洋经济强省。当前山东省的海洋产业部门较少，新增加的海洋产业产业化程度不高，产业结构层次较低，改进的主要途径有：改变当前以利用海洋生物资源为主的局面，充分利用海洋空间和海洋非生物资源；调整海洋经济的产业结构，逐步降低捕捞业等第一产业的比重，加快第二、三产业的发展，尽快建立以第二产业为主体、第三产业为支柱的高层次结构，促进海洋产业结构的优化升级；大力发展科技水平高的新兴海洋产业部门，增加科技进步对海洋经济的贡献率，提高海洋经济的竞争力等。最后，建设山东蓝色经济区要在半岛地区着力发展高端产业，打造半岛高端产业聚集区。在当前金融市场动荡、经济增长放缓的形势下，研究高端产业发展问题非常具有现实的意义。依托现有产业优势和科技人才优势，山东半岛应大力发展高端产业，重点培育一批主导产业、培植一批骨干企业，将重点放在发展海洋化工、海洋医药、海洋生物、船舶制造高端产业上，同时，政府应该努力为高端产业的发展创造良好的服务环境，主要表现为政策的支撑和政府部门的服务效率，例如简化行政许可和行政审批手续，设立科技成果转化专项资金，吸引创新资源向山东半岛集聚，加快科研成果向现实生产力转化等等。

（四）促进政治精英与公众、会团体与企业形成良性互动与资源整合

首先，应该加强对公众开展海洋意识和海洋法律、法规教育，尤其是针对大中小学生进行海洋环境知识普及。海洋环境知识的传播除了需要借助电视、广告、多媒体等传媒机构进行常规宣传，还应该寻找新的途径，如动员海洋环保志愿者深入到社区中对公众进行讲解示范；鼓励各环保人物深入学生课堂特别是大学课堂，通过讲座等形式号召青年学生对海洋环境保护的关注和行动等等。在海洋环保知识的宣传过程中，要注重各类社会精英作用的发挥，一方面应该鼓励各关注海洋环保问题的学者进行相关的理论探索和实践，并为其言论发表创造开明的氛围，充分发挥学者的点化带动作用；另一方面，注重政治精英特别是政府官员在公民行为导向方面的重要影响，政府官员长期有力的倡导鼓励必然有利于公民行为的改善。同时，政府应该努力为公众参与海洋环境保护提供法律、资金等方面的保障，政府信息公开、政策听证等对改变政府与公民之间信息不对称、发挥公众的参与监督等都有重要的推动作用。此外，通过成立民间智库的形式，除了可为政府的相关决策提供依据，在动员公众关注和参与方面也有着不可低估的重要作用。

其次，要注重发挥各社会团体的作用，特别是各正式和非正式的环保组织的作用，不仅要发挥其在海洋环境保护中的直接作用，更要注重发挥其在社会动员、公民教育以及对政府监督等方面的作用。社会团体积极作用的发挥，离不开政府提供的良好环境和支持，政府一方面应该采取鼓励政策推动海洋环境保护民间社团建设，并通过赞助和募捐的方式设立海洋环境保护基金，对有突出贡献的个人和团体进行奖励，另一方面应该创造良好的社会氛围，及时定期公布区域海洋环境质量状况信息，以便于民间团体参与到海洋环境保护的监督中。

最后，要特别重视企业在海洋环境保护中的作用，将市场机制引入到半岛海洋环境问题的保护中。作为重要的污染制造者，企业是政府管制的对象；作为环境保护者，企业又是政府可以依靠的重要力量。离开了企业的配合与协作，海洋环境管制就是一纸空文，不会有任何实际效果。注重鼓励和

支持企业为海洋环境保护自愿作出的技术性的或组织上的创造性实践，通过清洁生产等为环境保护作出贡献。变革管制方式，将市场机制引入对海洋环境的管制之中，使海洋环境治理产业化，通过利益机制推动海洋环境问题的解决，这种方法既可以显著降低环境保护的成本，又能提高环境政策手段的社会可接受性和费用有效性。例如在我国也有试点的排污权交易制度，即通过建立排污许可证的交易市场，允许污染源及非排污者在市场上自由买卖许可证。但目前我国在海洋环境问题解决过程中仍主要以行政手段为主，经济手段的应用情况较少，所以应该逐步将市场机制引入到半岛海洋环境问题的解决中。

此外，解决山东半岛海洋环境问题的途径还有：进一步完善法律法规体系，拉大"守法成本"和"违法成本"的差距，并着重强调法律的落实；重视立足于整个区域的科学研究，既包括继续加大对区域海洋环境保护的科技创新、技术升级等自然科学领域的研究，也包括加大围绕山东半岛海洋环境问题的各种社会科学的研究，将社会科学研究成果和自然科学研究成果结合起来；尽快建立完善高效的海洋监测和灾害预警系统，提高监测和预防能力；以政府为主体，以财政为手段，除继续坚持落实"谁污染谁治理"、"谁污染谁赔偿"赔偿惩处制度外，还应建立起较为完善的"保护环境者补偿"、"谁治理谁受益"的海洋环境和生态保护补偿机制，消除各参与主体的后顾之忧，等等。

第十九章 长三角区域环保制度创新研究进展

长三角作为我国最大的经济实体，学界对其经济发展模式的研究非常丰富，相比之下，对于长三角环境问题的研究虽然已经起步，但是还处于成长阶段，近年来由于太湖水污染的危机事件频发，江苏乃至整个长三角的环境问题逐渐被重视，然而，在中国期刊网上检索结果表明，目前现存的研究多是集中在污染事故发生后的治污技术手段研究，而对于污染源治理的社会学研究也多是停留在单一的经济发展模式转变的呼吁阶段，相比之于国外的制度发生学方面的研究稍显逊色。尤其是在我国这样一个社会体制结构特殊、缺乏国际经验可循的情况下，从制度分析角度，探索环境问题产生的根源和治理的对策研究就非常必要，鉴于生态文明建设的发展要求，有效的制度建构是必然，因而基于长三角的区域行政体制进行研究对于实际问题的解决具有非常重要的意义。

一、关于长三角区域发展中的环境问题的研究

陈璐认为长三角地区人口密度高，土地承载压力本来就很大，近年来，由于工业化和城市化迅猛发展，生态环境急剧恶化。一方面，由于乡镇工业缺乏合理布局等原因，使污染从城市扩散到农村；另一方面，由于生活水平的提高，工业污水和生活污水的排放量急剧增加。苏锡常地区出现大范围地下漏斗，引起地表局部沉降，水乡泽国出现了普遍的"水质性缺水"，长江沿江各城市普遍向长江排放污水，不仅对长江各江段造成污染，甚至引起海

洋污染，使得舟山渔场也受到影响，区域环境污染日趋严重。① 唐琦等认为长三角地区面临着新的发展机遇与挑战：一方面，地区综合竞争力不断增强，城市化水平日益提高，外商来此投资的热潮不减，区域间的交流与合作不断增多；但另一方面，企业自主创新能力不高，能源缺乏，交通紧张，生态环境受到严重破坏等问题也日益显著，影响着地区经济发展的可持续性。② 郁鸿胜认为伴随着长三角地区经济快速增长，区域资源消耗加速和环境污染加剧现象突出，资源环境瓶颈日益凸显。建设资源节约型和环境友好型社会，完善节能减排制度，加强长三角地区资源和生态环境建设，成为长三角地区转变经济发展方式、实现又好又快发展的重要任务。③

　　长三角涵盖两省一市，要研究长三角的环境问题除了对于整体上有一个宏观把握外，还要分区域对不同行政区域的环境问题进行研究，为分析长三角环保体制的创新和区域—体化的整合研究奠定理论基础。上海环境问题的研究相对较多，宋静利用环境库兹涅茨曲线假说，以上海市 1991—2002 年的废水排放量、废气排放量和固体废物产生量为纵轴，以人均 GDP 为横轴，绘制环境库兹涅茨曲线，来描述环境污染问题与经济发展之间的关系，得出上海的经济增长是以排污量的增加为代价的结论。目前上海的环境质量与发达国家、城市相比还有很大差距，同时随着经济增长、社会转型的加速进行，环境问题又出现新的变化。第一代环境污染问题尚未解决，第二代环境污染问题逐步突现，如可吸入颗粒污染、VOCs 和臭氧、光化学污染、环境激素、微量有机污染物和有毒有害污染物的污染问题等。④ 王虎经过分析认为上海与全国、与世界各国同样，都是走着一条"先污染，后治理"，继而"边污染，边治理"的路程，目前上海的环保战略思路以及具体政策没能完全适应科技进步、社会经济结构已经发生变化这一客观事实。环境保护和建设节约型社会政策不仅要制定针对政府管理的政策，而且还要制定针对企业

---

① 陈璐：《长江三角洲地区发展特征问题与建设构想》，《安徽师范大学学报》（自然科学版）2005年第 4 期。
② 唐琦、虞孝感：《长江三角洲地区经济可持续发展问题初探》，《长江流域资源与环境》2006 年第 3 期。
③ 郁鸿胜：《长三角的资源环境压力和生态建设》，《浙江经济》2010 年第 6 期。
④ 宋静：《对新时期上海环境保护工作的几点思考》，《上海城市管理职业技术学院学报》2004 年第 S1 期。

的引导政策，建立生产者责任延伸制度，要求企业承担社会责任。目前上海现行的环境保护和建设节约型社会政策还未能充分体现循环经济理念，未能充分体现有效的管理和制约，未能充分要求和引导企业承担社会责任。环境保护和建设节约型社会的政策导向应该是"和谐"、"责任"和"循环经济"，重点应该体现全面贯彻科学发展观，提高企业环保意识，促进企业社会责任。要求企业以循环经济的理念指导生产经营全过程，转变经济增长方式。政府部门要充分利用法律、行政、经济和社会手段，从硬约束和软约束两方面激发企业以及相关主体的主动性，使节约资源能源、重视生态与环境保护成为企业的自觉行动，实现真正意义上的源头管理。① 吴劲松结合时事，认为中国入世给上海环境保护带来很多机遇，如可加速产业结构调整、引进国际环保投资和先进的环境治理技术，但同时也给上海环境保护带来了挑战。为了应对挑战，上海必须加快环境法制建设、环境经济政策的研究和制定、加快人才培养，并提高企业的环境意识和产品的环境标准。② 洪浩简要回顾了上海市第一轮环境保护和建设"三年行动计划"目标的完成情况及"计划"实施带来的环境效益，阐述了2003—2005年上海市新一轮环境保护和建设"三年行动计划"的总体目标及主要指标。明确了只有不断创新、完善体制与机制，逐步建立起与国际惯例接轨的环境管理体系才是达到目标的途径。③ 方芳展望了"十一五"时期上海环境保护事业深入发展的战略机遇期，筹办世博会、实施"科教兴市"主战略和基本形成上海"四个中心"框架的关键阶段。而今，上海世博会已经用实际行动向世界证明了上海市为生态城市建设所付出的努力，环境保护成效明显。④

　　黄莲子通过对《浙江统计年鉴》和《中国环境年鉴》资料进行整理，选取1992—2004年上述三个环境质量评价指标的时间序列数据，同样运用时序全局主成分分析法对中国环境质量进行动态描绘，得出结论：1992—2004年，浙江的环境质量综合指数大体上趋于逐年上升趋势，也就是说浙

①　王虎：《上海环境保护和建设节约型社会的政策思考》，《上海经济研究》2007年第6期。
②　吴劲松：《中国加入WTO与上海的环境保护》，《上海环境科学》2000年第7期。
③　洪浩：《关于上海新一轮环境保护"三年行动计划"的目标、特点及主要框架》，《上海环境科学》2003年第3期。
④　方芳：《全面推进生态型城市建设——上海环保工作的形势与展望》，《环境保护》2006年第3期。

江的环境质量状况逐年恶化，工业综合排污量日益增多。这说明浙江省多年来的经济发展在一定程度上是建立在环境污染的基础之上的。通过回归分析发现，浙江工业化发展水平与环境质量的关系模型并不符合环境库兹涅茨倒"U"曲线。而是一种波浪形。这说明环境库兹涅茨倒"U"曲线只是一种可能而不是一种必然。如果我们尚停留在环境与经济之间存在倒"U"关系的认识上，坚持认为环境质量终将随经济的发展而改善，而不及时采取环境保护措施，那么一旦环境污染水平超过了环境承载限度，遭受破坏的生态环境就无法恢复了。可见，环境库兹涅兹曲线不能被误解为"先污染、后治理"模式具有普适性。同时，在这篇文章中，作者提出，在当前经济水平的刚性约束下，我们可以充分利用政策发挥作用的弹性区间，进行合理调控，促进经济建设与生态环境保护的协调发展。具体的调控方向是：第一，倡导有利于可持续发展的经济增长方式、生产方式和消费方式。以绿色 GNP 引导经济增长方式向高效、低耗、低污染方向转化；通过产权明晰的制度安排和合理的环境资源价格，以及资源税、污染税等经济杠杆，调节人们的生产和消费行为向着有利于生态环境保护的方向转化。落实和普及清洁生产、绿色消费模式。第二，坚持环境与发展综合决策，污染防治和生态环境保护并重。从规划入手，按照生态规律组织和部署经济活动。结合国民经济结构的战略性调整，促进高技术改造传统工业，淘汰落后的技术工艺。通过投资结构的调整，诱导环境友好型项目的建设和产业群的形成。从开发建设的源头控制生态破坏，污染防治要依靠产业、产品结构的调整，实行源头和生产全过程的控制。第三，完善环境法规、标准和政策，利用市场机制，强化环境管理。多方开展环境领域的科研、技术、管理等的国际交流和合作。[①]

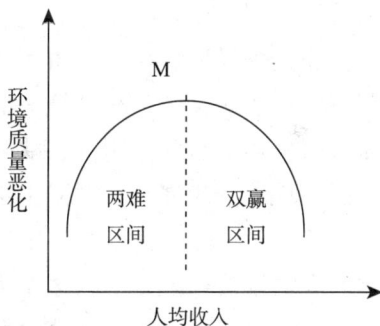

图 19 - 1　环境库兹涅茨曲线

从曲线的峰点 M 向横轴画一条垂线，曲线下的面积分为两个区间：在垂线的左边，环境质量随人均收入的提高而恶化，两者表现出明显的不协

---

① 黄莲子：《浙江工业化发展水平与环境质量的关系研究》，硕士学位论文，浙江工商大学，2007 年。

调，称其为"两难"区间；垂线右边，环境恶化的速度逐渐降低，环境质量随人均收入水平的提高而改善，两者进入正相关阶段，称其为"双赢"区间。

二、长三角区域现行环境保护制度的缺陷研究

苏浙沪两省一市共同签订的《长江三角洲地区环境保护工作合作协议（2009—2010 年）》规定长三角从 2009 年起，将分别在水体、发电厂、尾气等 6 大领域统一行动，开展污染治理合作。这是长三角试图从经济领域开展排污治理合作工作来促进长三角环境质量状况的改善。

王腊春等针对长三角水环境恶化突出的环境现实，以及长江三角洲水环境恶化久治不见大效并有加剧趋势的问题，提出长江三角洲水环境治理应总结过去工作中的经验和教训，以及水污染主要污染源的变化，调整水环境治理和保护的思路。他建议改部分治理为整体治理、单项治理为综合治理，并以水环境承载力和水资源承载力观点指导水环境治理和保护，使长江三角洲水资源得到可持续利用。[①]

徐光华提出，在长三角区域环境质量急剧恶化的情况下，环保领域仍然存在诸多问题，缺乏相对统一的区域环境准入和污染物排放标准、缺乏区域环境信息共享与发布制度、缺乏区域环境监管与应急联动机制和缺乏区域环境保护相关法律规范。他提出必须树立共生共赢、互利互惠、科学发展的理念，倡导循环经济模式，制定区域环境保护中长期规划，统一区域环境准入和污染物排放标准，实行区域环境信息共享与发布制度，共同推进太湖流域水环境综合治理，建立蓝藻预警和打捞机制，建立区域环境监管和应急联动机制，联合开展跨界应急演练，加快区际环境保护相关法律规范的研究，制定和改革 GDP 核算体系，实行 SGDP 核算试点等，以此建立长三角环境保护协同机制，促进该区域经济、社会长期、稳定和可持续发展，进而为其他地区的发展提供经验借鉴。[②]

董宪军指出长三角还远未形成一个有机的整体，其联系与合作还是非常初级的，两省一市的许多行动还缺乏统一规划，体制性障碍依然存在，各自

① 王腊春、史运良等：《长江三角洲水环境治理》，《长江流域资源与环境》2003 年第 3 期。
② 徐光华：《长江三角洲地区环境保护协同机制研究》，《中国浦东干部学院学报》2010 年第 2 期。

为政、条块分割现象依然比较严重，区域可持续发展依然面临严峻挑战。区内因地方行政主体利益导向，难以做到资源的优化配置，互相设置贸易壁垒，开展资源大战，对于各类资源和要素的开发已接近或超过临界值，小而散、效益低、污染广等区域开发的负面效应日益显著，由此损害了区域整体利益。当前，推进长三角区域一体化的首要任务就是要转变发展思路，淡化行政区划色彩，协调地区规划，着力整合区域资源和各类开发行为，以避免区域内部重复建设和恶性竞争，实现资源利用效率最大化和可持续化。因此该地区各城市政府必须把资源与环境问题摆上重要的议事日程，并采取切实措施加以解决。必须改变目前各地独立、封闭地进行资源开发利用与生态环境保护的工作方式，走区域一体化的资源开发与环境保护的道路。①

毕军等分析了《关于进一步推进长江三角洲地区改革开放和经济社会发展的指导意见》，明确将长三角区域范围划定为江苏、浙江和上海两省一市，并提出了区域"一体化"发展的思想。开展区域合作，联合进行污染治理和环境保护已是必然趋势。为加快推进长三角环境保护一体化，长三角两省一市携手建设区域环境保护合作平台，共同打造"绿色长三角"。②

三、长三角环保制度创新研究

《长三角形成跨界水体生态补偿机制总体框架》针对长三角水体污染流域跨界问题突出，长三角各省市积极加强环保联动与协调，形成了长三角跨界水体生态补偿机制总体框架。根据补偿机制总体框架，机制实施范围包括长三角所属 16 个城市，拟选择跨省界河道开展相关试点。长三角流域跨界水体的生态补偿机制，采取受益补偿与污染赔偿相结合的补偿方式。一般情况下，当上游地区出境水质优于控制目标时，下游地区应对上游地区实施补偿；当上游地区出境水质劣于控制目标时，上游地区应对下游地区实施赔偿。补偿的形式主要是资金补偿，同时也鼓励上下游各方通过协商采用政策补偿、项目补偿、智力补偿等形式来代替。与此同时，长三角地区还将建立长三角流域跨界断面水质目标考核制度、长三角流域跨界断面水质联合在线

---

① 董宪军：《长江三角洲地区资源开发与环境保护一体化构想与对策》，《华东理工大学学报（社会科学版）》2005 年第 1 期。

② 毕军、俞钦钦等：《长三角区域环境保护共赢之路探索》，《中国发展》2009 年第 1 期。

监测制度、长三角流域跨界水体联合治理制度，并建立起长三角流域跨界水体生态补偿纠纷仲裁、水体污染预警应急等配套制度。①

　　杨新春等在关于太湖流域水污染治理中政府职能定位的研究中指出，缺乏跨区域的地方政府合作是导致水危机的一个主要因素，由此需要建立一个有效的地方政府的合作机制。太湖是一个"公湖"，这就造成了太湖"公地悲剧"。而政府作为公共治理的核心主体，理应承担起公共物品的供给责任，"从现代政府受托责任来看，环保问题要求政府出手，其实是公共产品和公共服务的供给问题。"而这种水污染的治理的公共事务是跨区域性的，是"无法由单个地方政府单独而有效地得以解决的"。② 朱德米以太湖流域水污染防治为案例，以政府对企业环境行为的监管一直面临的三个挑战——由于信息不对称带来的交易成本过高、企业的环境成本与收益不确定、监管方成为被监管方的"俘虏"为理论基础，分析了在环境危机的压力下，地方政府采取了运动式的环境治理方式，企业面临着不确定的环境管制，地方政府与企业之间往往形成了"同谋"和"零和"关系，探索可能的路径和政策选择。③ 江苏省哲学社会科学规划办公室认为水污染主体多元化使得当前以水行政主管部门为主的管制型水资源管理体制无法满足水污染综合防治和治理的要求，结合太湖流域水污染管理现状，将构建的合作治理模式应用于太湖流域，提出一系列适用于太湖流域的水污染合作治理的建议措施。④

　　张劲松认为长三角区域在率先发展起来后，要向生态型区域迈进；而在建设生态型区域的过程中，政府应该承担主要责任。长三角向生态型区域转变，既基于人们急于从工业社会所带来的危机中脱困的背景，又是人们对后工业社会批判性反思的结果，也是为了实现人与自然的和谐。长三角区域的各地方政府主导地位的发挥受到诸多因素的影响，遭受了执政理念提升、生态补偿机制不健全、对科学技术过度依赖、市场主体逐利所带来的困境。长

---

　　① 张良、冯源：《长三角形成跨界水体生态补偿机制总体框架》，http://news.xinhuanet.com/newscenter/2009 – 03/28/content_ 11090057. htm。

　　② 杨新春、程静：《跨界环境污染治理中的地方政府合作分析——以太湖蓝藻危机为例》，《改革与开放》2007 年第 9 期。

　　③ 朱德米：《地方政府与企业环境治理合作关系的形成——以太湖流域水污染防治为例》，《上海行政学院学报》2010 年第 1 期。

　　④ 《我国流域水污染的合作治理模式及其在太湖流域的应用研究》，《江苏社会科学》2009 年第 5 期。

三角区域各地方政府要承担起推进科学发展、推动建立区域合作机制、推广可持续发展道路的责任。[①]

庄士成等认为长江三角洲区域经济一体化存在制度瓶颈，表现为区域经济合作的制度化程度低，与行政区划相关联的制度安排以及基于市场经济合作制度的缺失割裂了区域市场，阻碍了生产要素的自由流动。长江三角洲区域经济一体化的关键在于推进区域合作的制度化。区域合作制度的供给主体是政府，政府主导的制度创新是推进长江三角洲区域一体化的动力，构建区域合作制度要处理好公平与效率、竞争与合作、市场与政府等几方面的关系。基础制度环境、规划和政策、制度实施机制形成区域合作制度的基本架构。[②]

四、新时期长三角环境保护工作的基本原则研究

当代的环境问题主要是由于环境污染而不断发生的公害事件以及人类生存环境质量的恶化而引起公众的警觉，但是环境问题却绝不局限于环境污染及其治理，不能局限狭义的环境保护。更深远和更有意义的环境问题应该是如何有效的将环境问题和人类社会发展联系起来，实现经济的可持续发展，社会的健康和谐发展。

（一）加强污染治理，强化自然环境保护和修复工作

舒川根首先分析了人类文明目前正处于从工业文明向生态文明过渡阶段，而后围绕环太湖地区经济社会快速发展和环境持续恶化的现实，研究其长期以来推行的较为粗放的发展方式和经济结构，给流域的生态环境治理带来前所未有的压力，认为太湖蓝藻的爆发说明太湖流域必须从工业文明向生态文明过渡，努力构建环太湖流域的生态文明。构建环太湖流域的生态文明既是环太湖地区工业文明发展的必然结果，也是充分发挥环太湖地区厚重的文化和生态资源，实现环太湖流域环保的一体化和有效防治太湖污染的客观要求。[③]

---

① 张劲松：《论长三角生态型区域建设中的政府责任》，《社会科学》2009 年第 3 期。
② 庄士成、朱洪兴：《长江三角洲区域经济一体化的制度安排与架构》，《当代财经》2007 年第 6 期。
③ 舒川根：《太湖流域生态文明建设研究——基于太湖水污染治理的视角》，《生态经济》2010 年第 6 期。

（二）创新环保制度，以社会发展转型推动区域生态文明建设

建设长三角生态城市群。毛俊华等认为 2010 年世博会为长三角区域发展带来了新契机，也为解决制约地区发展的问题提供了新的历史条件。长三角两省一市要充分把握机遇，开展产业升级、环境联合治理以及构建信息化长三角等措施应对未来发展中的若干问题。① 刘石慧等认为从国内外环境看，长江三角洲城市发展将走一条"全球—本土化"道路，在中国加入"WTO"背景下，长江三角洲地区各城市的产业整合将进一步推进，根据城市发展学说和规模位次法则，长江三角洲地区城市化过程将空前加速，区域基础设施的建设，将重塑市场经济条件下的新型城市经济关系，上海核心城市功能将不断完善，带动城市群区域经济一体化协调发展。② 陈璐认为长江三角洲都市连绵区发展中存在的主要问题有核心城市的现代化功能不完善，城市产业结构趋同，城市间分工不明确，行政区划分割导致的矛盾日益尖锐，农业发展后劲不足，土地资源浪费严重，区域环境污染日趋严重。认为长三角地区大都市连绵区城镇空间格局基本形成，但核心城市现代化功能有待完善，行政分割区域协调不够。③ 宁越敏等分析了长江三角洲都市连绵区形成的动力机制：宏观政策机制如跨区域基础设施的组织、产业政策、权力下放、户籍政策和行政区划，投资机制、市场机制和辐射机制。④ 朱英明认为城市间基于城际产业链尤其是城际战略产业链的分工协作关系加快了城市群产业一体化的进程，因此构建了由产业战略力维度和城际链接力维度构成的城市群产业一体化发展模型，利用该模型确定长三角城市群三大城际战略产业链，依据产业链各环节的优区位要求，对三大城际战略产业链在城市群地区进行空间布局。最后指出，加快城市群产业一体化的关键是，城市群城际战略产业链类型的正确选择和城际战略产业链环节的合理布局和优化

① 毛俊华、徐明：《把握世博契机，共建魅力长三角》，《上海信息化》2009 年第 8 期。

② 石慧、王正卫：《长江三角洲地区城市发展趋势研究》，《财经研究》2003 年第 11 期。

③ 陈璐：《长江三角洲地区发展特征问题与建设构想》，《安徽师范大学学报》（自然科学版）2005 年第 4 期。

④ 宁越敏、施倩等：《长江三角洲都市连绵区形成机制与跨区域规划研究》，《城市规划》1998 年第 1 期。

组合。①

　　发展长三角生态经济。唐立国认为长江三角洲经济一体化是一种不可阻挡的必然趋势，只有加快区域经济布局和产业结构调整，才能加快经济一体化的进程，他从 15 城市产业结构入手，通过分析比较，长三角要实现区域经济一体化，并使该地区率先融入世界经济一体化当中去，必须实现产业结构的整合；加强地方政府的合作；加强市场资源配置的功能，形成统一的市场体系；实现产业一体化，培养具有国际竞争优势的产业群落。② 陈建军从产业经济和市场体制方面多角度地分析了长江三角洲各次区域之间产业同构产生的原因，认为长江三角洲区域内部的产业同构有其必然性，不应过分夸大这一问题所带来的负面效应，需要重视的是由产业同构所反映出来的制度问题，即市场机制的不完善问题，认为必须从长三角正在形成的广域产业集聚和上海建设"四个中心"的客观现实出发，在长三角次区域实行"趋同"的产业发展定位，进而和长三角区域经济一体化形成互动格局。③ 陈璐认为长三角地区综合实力雄厚但区域发展差异明显，区域产业群落具有明显综合优势，对外经济开放优势快速提升，资金、技术和高素质劳动力要素组合良好。④ 唐琦等认为长三角可持续发展必须明确目标，切实进行长江三角洲整体和各个城市的功能定位；加强自主产权的创新研发，提高产业层次，整顿和调整开发区，集约利用土地资源，加强区域交流与合作，促进区域经济的融合，加强基础设施建设和可持续发展的能力建设。⑤

　　海陆统筹，发展长三角"大生态"文明。施从美认为长三角区域是中国最重要的跨行政经济区域。改革开放 30 多年来，其经济成就令世人瞩目，但其生态安全却不容乐观，已步入生态环境恶化的高风险时期。由此，长三角区域环境治理必须进行生态文明转向。分析长三角区域环境治理失灵与困

　　① 朱英明：《长三角城市群产业一体化发展研究——城际战略产业链的视角》，《产业经济研究》2007 年第 6 期。

　　② 唐立国：《长江三角洲地区城市产业结构的比较分析》，《上海经济研究》2002 年第 9 期。

　　③ 陈建军：《长江三角洲地区的产业同构及产业定位》，《中国工业经济》2004 年第 2 期。

　　④ 陈璐：《长江三角洲地区发展特征问题与建设构想》，《安徽师范大学学报》（自然科学版）2005 年第 4 期。

　　⑤ 唐琦、虞孝感：《长江三角洲地区经济可持续发展问题初探》，《长江流域资源与环境》2006 年第 3 期。

顿的诸多因素，提出包含生态意识文明、生态制度文明和生态行为文明为主要内容的生态文明建设的具体路径。① 在长三角生态文明建设过程中，不仅经济发展要求海陆统筹，沿海开发要对接内陆产业，环境保护与治理也要海陆统筹，一方面截断陆域污染向海洋的延伸，更重要的是在海洋开发初期就要明确可持续的发展方向，海洋经济的发展更要坚持生态文明的发展方向，唯此才能在未来海洋权益争霸的时代维护好国家的海洋权益。从国家宏观经济的角度规划海洋，并促进不同经济区域首先在观念上建立一体化联系，既是当前实现两岸三地经济互补、加速两岸统一进程的需要，同时也对优化大经济区域内的产业结构，提升中国在亚太地区和世界经济中的竞争力有着深远的意义。② 在生态文明意识的指导下，长三角各行政主体纷纷调整发展方向，其中王永昌提到 21 世纪是海洋世纪，更是近现代人类发展的战略资源。纵观世界，大国崛起无不同海洋紧密联系，近现代文明一定意义上就是海洋文明、蓝色文明。目前世界 3/4 的大城市、70% 的工业资本和人口聚集在距海岸 100 公里以内的海岸带地区。浙江是我国重要的海洋大省之一，海洋资源极为丰富，发展潜力巨大。浙江要在新的历史起点上实现新的跨越，加快建设"海上浙江"，势在必行。没有海洋经济强省，就难以有真正的经济强省；没有海陆的统筹发展，就难以实现真正的统筹发展。科学看海发展海洋经济，建设"海上浙江"，必须在科学看海上拓展新视野，进一步强化海洋意识，树立新的海洋观，充分认识建设"海上浙江"的战略意义，切实增强紧迫感和使命感。纵观全球，逐鹿海洋、竞争海洋、深度开发利用海洋已成当今世界大势所趋。欧美、日韩等濒海国家都把加快海洋开发利用作为重大发展战略和基本国策。加快建设"海上浙江"，是顺应世界发展大势的必然选择。③ 张文锦等认为新形势下，兼具长三角一体化发展和江苏沿海开发两大国家战略叠加优势下的江苏沿海地区，应以增长极理论为指导，科学地选择一个能够结合市场力量自发推动和政府政策支持引导的区域来形成增长极，进而快速带动沿海地区的发展。通过实证分析说明南通作为江海交汇的

---

① 施从美：《长三角区域环境治理视域下的生态文明建设》，《社会科学》2010 年第 5 期。
② 张登义、徐志良等：《建立"新东部"，实现中国整体疆域内区域统筹的宏观愿景》，《太平洋学报》2010 年第 2 期。
③ 王永昌：《建设"海上浙江"：决定浙江未来发展的重大战略》，《今日浙江》2010 年第 2 期。

关键节点和长三角经济向北翼腹地拓展的第一梯度城市，是江苏沿海开发应该首先着力培育的第一增长极，并从政策资源倾斜、交通设施改善、产业布局调整和开放水平提升等方面提出了相关建议。① 张颢瀚等主张将空间战略引入江苏沿海开发战略，沿海开发已成为国家区域整体发展战略的一个重要组成部分。江苏沿海进入国家开发战略，需要遵循空间经济发展的规律，通过强化区位优势、开发资源优势、大力发展交通通讯等基础设施，强化规划引导和政策激励等，以促进沿海地区更充分地利用各种资源和条件，抓住机遇加快经济的空间集聚与发展，激活区域发展内在动力，引导城市和区域发展的合理定位，尽早发展成为以上海为核心的长三角世界级大城市群北翼的一个"自我组织"的城市连绵带。② 吴以桥等认为 2009 年江苏沿海地区发展规划提升到国家发展战略层面对江苏海洋产业发展提出了迫切要求，也为海洋产业优化提供了契机。对江苏主要海洋产业与沿海区域经济发展的相关性进行了定量分析。得出江苏海洋产业近年来产业结构调整较快，但产业规模扩展不足；传统海洋产业仍占据主导地位，新兴海洋产业发展较慢；海洋一产、三产与沿海区域经济发展具有较高的相关度，海洋二产相关度较弱；海洋交通运输业仍处初级阶段。针对海洋产业发展现状及存在的问题，从促进江苏海洋产业持续发展，实现沿海地区发展战略目标的角度提出海陆一体化开发等建议。③

五、展望

首先，长三角的环境现实严峻，自然科学领域的治理手段研究日臻完善，而且大多经受住实践的考验，可以为政府相关部门所直接采纳，随着科学发展和社会进步，必将有效解决不断出现的环境污染。然而，污染源头治理仍是关键，这决定了结合社会发展规划对环境保护进行系统研究的必要性。目前长三角环保制度创新研究在以下几方面显示出明显不足：第一，局

---

① 张文锦、唐德善：《江苏沿海开发的增长极选择》，《经济问题》2010 年第 4 期。

② 张颢瀚、张超：《空间经济发展的要素与沿海发展要素的形成——兼论江苏沿海开发的战略引导》，《南京社会科学》2010 年第 3 期。

③ 吴以桥、杨山等：《基于沿海大开发背景的江苏海洋产业发展研究》，《南京师大学报》（自然科学版）2010 年第 1 期。

限于舶来的各种学术理论而开展研究，并非针对长三角环境问题本身，导致研究目标指向不足，实际问题解决能力差；第二，研究分散，不成体系，无法达到研究的规模效应，是对研究者智力资源的浪费；第三，缺乏对生态文明的整体研究。与时俱进也是环境治理的本质要求，我们在分析现行环保体制不足的基础上，应该落脚于生态文明建设，对长三角未来发展转型进行分析。

第二十章　利益相关者与北部湾生态功能区建设^①

2008 年，国家批准实施《广西北部湾经济区发展规划》把广西北部湾经济区作为西部大开发和面向东盟开放合作的重点地区，要把该区建设成为中国—东盟开放合作的物流基地、商贸基地、加工制造基地和信息交流中心，成为带动、支撑西部大开发的战略高地和开放度高、辐射力强、经济繁荣、社会和谐、生态良好的重要国际区域经济合作区。这一发展战略势必对该地区的生态环境产生强烈影响，尤其是面对脆弱的喀斯特和岩溶地貌更需科学论证，谨慎开发，发展规划必须充分考虑生态特点，进行分区保护和开发。《生态广西建设规划纲要》将北部湾地区划分为 4 个生态功能大区、42个生态功能亚区，科学确定了生态区内不同区域的主体功能定位，并从宏观上明确保护与发展的主要方向，逐步形成社会与人口资源环境相协调的各具特色的区域发展格局。

一、生态功能区建设是多元利益相关者共同参与的过程

功能主义认为社会是一个复杂体系，它的各个组成部分协同工作产生了稳定和团结。社会作为一个有机体，其中的各个构成部分以系统的方式结合在一起，对社会整体发挥着好的作用。每一部分也帮助维持着平衡状态，这也是系统平衡运转所必需的。^② 根据这一观点，北部湾经济区的生态功能区

---

① 本章根据王书明、金娟《加强北部湾经济区的生态功能区建设》（《海洋法律、社会与管理》2011 年卷）修改而成。

② ［英］安东尼·吉登斯：《社会学》，赵旭东、齐心等译，北京大学出版社 2007 年版，第 16 页。

划分正是在全面分析不同区域的生态系统特征、生态问题、生态敏感性和生态系统服务功能类型及空间分布格局的基础上，明确不同区域生态系统的主导生态服务功能及生态保护目标，将各区域的生态功能明确化，针对各功能区的实际提出相应的具体政策，用各个功能区的良性发展带动整个经济区的可持续发展。建构主义则认为，任何一项社会议题都是社会各个方面利益相关者共同作用的结果。一项问题的出现是多方因素作用的结果，主张的提出者也不是单一的，一个问题的提出者反映的是只是问题的一个角度。与问题相关的多方，包括问题制造者、问题的受众、大众传媒、草根组织等表达的观点才是一个完整的主张提出过程。① 北部湾经济区的生态功能区建设是国家和地区经济发展、社会、个体及国际合作各利益主体共同参与的过程。在各利益相关者参与建设之前有必要形成生态功能区共同治理的合作机制。

（一）多元利益相关者共同参与决策、广泛参与治理

决策正确科学与否会影响整个管理过程的成败。在生态功能区治理中，利益相关者治理模式实施的关键在于利益相关者共同参与决策，形成共同参与决策机制。我国管制型治理模式下，决策机制体现为政府和相关行政部门拥有决策权，决策制定与实施依靠政府权威作出，很少或基本没有和公民社会的互动与回应。生态功能区治理的决策机制是在治理结构中，赋予利益相关者一定的决策权利，对于核心利益相关者在决策中拥有较高的决策权。② 在北部湾生态功能区建议成立由各级地方政府工作人员、社会团体、企业和公民代表组成的决策委员会，在决策过程中负责收集代表各自利益群体的利益要求，并且在决策过程中充分表达，影响决策。在这一过程中，各级和各市政府同样作为核心利益相关者，基本职能就是创造、培育民主广泛参与的决策氛围，发扬民主决策的环境；社会团体、企业和公民的职责是充分行使民主权利参与决策；政府相关部门要结合技术和科学手段对于决策形成提供理性的决策方案。这种决策机制，较之管制型治理模式下政府单向度的决策，增强了政府与利益相关者的互动与回应。

生态功能区的治理需要利益相关者的广泛参与。在新加坡必须靠全体人

---

① ［加］约翰·汉尼根：《环境社会学》，洪大用等译，中国人民大学出版社 2009 年版，第 69 页。
② 洪富艳、宣琳琳：《我国重要生态功能区多元治理模式研究》，《绿色财会》2010 年第 3 期。

民的努力才能确保每个人都持续享有清洁的水源。因此，利益相关者共同治理的模式，应充分分析各级地方政府工作人员、社会团体、企业和公民的利益要求，不再回避利益冲突，而是结合利益需求尽可能满足各个利益相关者整体的利益，有助于提高利益相关者参与的积极性。扩大公众参与，倡导企业和公众采取环境保护的自觉行动具有重要意义。[①] 北部湾地区的生态参与关系到各级政府、企业、环保主义者以及普通公民，包括政策制定者、实施者、污染制造者和污染受众，广泛参与决策的重点在于唤起社会公众对公共利益实现的责任感，积极参与到政府政策的执行中，形成关于利益相关者参与治理的边界、方式、参与程度与利益实现程度相联系的一套行动机制安排。

（二）构建畅通的利益协调沟通机制

生态功能区利益相关者积极参与治理是建立在畅通的利益表达机制、利益沟通机制和利益协商、利益补偿机制上的。我国生态功能区治理中，积极赋予了利益相关者一定的话语权，促使其充分表达自己的利益诉求及对生态功能区治理的愿望和要求十分重要。只有清晰了解核心利益相关者的这些愿望和要求，生态功能区治理中的利益相关者的参与热情和保护建设意识才会根本上提高，而充分的利益表达就提供了了解利益相关者愿望的平台。[②] 由于北部湾经济区的特殊地理条件和文化模式，结合各少数民族的文化生态观念，在政府把握大前提的情况下，在生态补偿方式、石漠化治理、造林植草模式、树种选择、组织划分、林地承包方式、生态林与经济林比重、具体实施方案等方面对少数民族农民放权，由其参与选择。具体操作可以依托少数民族村落等组织，通过投票方式表决，依据多数票规则产生结果。这与政府全权负责相比，由于农民更了解当地的土地质量、气候与物种的适宜性、聚落生态群落组成，其偏好、利益表达在一定程度上更符合少数民族的传统文化、生态环境要求，从而达到少数民族民众获利、生态建设成效提高的双赢效果。在政府和多元利益相关者之间建立一种经常性的有关生态功能区治理问题的协商对话机制和定期的利益表达机制，让群众充分表达意见和要求是

---

① 张雅丽、黄建昌：《日本、新加坡生态环境政策对我国的启示》，《兰州学刊》2008 年第 2 期。
② 杨妍、孙涛：《跨区域环境治理与地方政府合作机制研究》，《中国行政管理》2009 年第 1 期。

十分必要的。

（三）多元利益相关者共同监督管理

监督是所有者及相关利益者用以对管理者的经营决策行为、结果进行有效的审核、监察与控制的制度设计。探索在北部湾经济区的生态功能区建立专门的、独立的利益相关者多元参与的执法和监督机构，可由环境治理、生态保护等相关领域专家，政府官员、社会团体、企业等主要利益方代表，社会公众、媒体代表等共同组成，对生态功能区治理整个过程中相关利益者的行为进行监督与控制，确保各方利益的均衡与持续发展。① 该监督机构的职责主要在于：第一，监督属地政府机构和相关行政部门的管理行为，防止地方政府短期的政绩工程和追求自利而滥用职权、权力寻租，对于生态功能区治理中违规项目不予限制的行为予以制止和监督其调整；第二，监督生态功能区内相关行业企业的生产经营行为，防止这些经营主体为了追求经济利益而忽视生态功能区的生态利益和所有利益相关者的整体利益，采取违规和不符合生态功能区治理要求的开发行为；第三，监督属地居民的行为，属地居民的生产和生活直接作用于生态功能区，是最为经常和密切的影响生态功能区的群众性行为。加强监督与管理具有十足的必要性，采取利益相关者举报、制止等行为防止属地居民对于生态功能区的破坏；第四，这种监督机制还在于在生态功能区的经营性行为，吸收利益相关者参与管理，对于生态服务功能消费者的行为进行监督，对于不良表现、污染和破坏生态功能区环境的行为定期进行跟踪与调查。② 利用监督部门监督政府行为、监督政策执行者行为，政府监督企业的生产行为、民众监督企业的污染治理和排放行为等等措施，北部湾地区的生态共同监督机制会很快发挥作用。

二、加强北部湾经济区生态功能区建设

（一）以循环产业集群推进生态经济发展

按照产业集群种类的不同，循环产业集群的构建可以有三种方式。首

---

① 洪富艳、丁晨：《我国生态功能区利益相关者共同治理机制的思考》，《价值工程》2010 年第 1 期。
② 郭佩霞、胡晓春：《公共选择视野中的生态环境建设与治理》，《云南财贸学院学报》2005 年第 6 期。

先，可以某个主导产业、优势产业或特色产业为基础，通过生态化设计，按照循环经济理念来构建产业生态链群。通过建立绿色采购机制，迫使上下游企业实施清洁生产；通过产业链的纵向延伸和横向拓展来增加废弃物利用的网链；通过辅助产业链来集中对废弃物进行资源化和无害化处理。通过优惠的政策和机制，营造良好的产业生态环境，发挥群落自组织机制作用。这一点实现的是循环产业集群的资源环境优势。其次，在传统产业集群基础上，通过分析群内能流、物流、信息流和资金流的走向，以及产业链、价值链和生态链的构成，通过嵌入补链企业和循环链条，使之实现物质能量的多重循环和综合利用，在经济效益的基础上发挥生态效益，实现经济效应与生态效应的双赢。最后，在原有的经济技术开发区和高新产业园区的基础上进行生态化重构，通过信息网络和基础设施的建设，构建起企业之间基础能源和资源使用的公共平台，实现资源和能源的高效利用，通过构建纵向和横向的废弃物综合利用和无害化处理的链条和网络，推行清洁化生产，实现园区的环境友好和发展的良性循环，这一点是循环产业集群的可持续发展效应的良好体现。[①] 此外，培育和构建循环产业集群，必须同时重视市场和政府的双重作用。在北部湾经济区的开发开放中，政府的作用在于制定相关发展规划，协调政府部门与企业之间、企业与企业之间、企业与市场之间的关系，政府营造出良好的政策制度环境和产业生态氛围，充分调动产业之间的组织机制以及市场的配置作用。

（二）建立生态补偿机制

生态补偿是通过调整损害或保护生态环境的主体间的利益关系，将生态环境的外部性进行内部化，达到保护生态环境、促进自然资本或生态服务功能增值的目的的一种制度安排，其实质是通过资源的重新配置，调整和改善自然资源开发利用或生态环境保护领域中的相关生产关系，最终促进自然资源环境以及社会生产力的发展。从补偿的主体来看，首先涉及的就是中央、广西政府和北部湾地区各市政府应加大对生态脆弱地区的财政转移支付，形成规范的财政转移支付体制。中央政府应进一步增加对限制开发区域和禁止开发地区用于公共服务的一般性财政转移支付和用于生态环境建设的专项转

---

① 蔡绍洪、冯静、李莉：《以循环产业集群实现和谐生态经济》，《环境保护》2007 年第 22 期。

移支付，积极争取尽快将限制开发区域和禁止开发区域的经常性生态环境建设资金纳入中央和地方预算科目，且该项资金的增长速度要略高于中央财政增长速度。① 此外积极探索建立健全省以下的横向财政转移支付机制，尤其是北部湾地区各市政府之间的支付体系的统一和协调，包括针对流域之间的补偿等，明确针对限制开发区域和禁止开发区域的财政转移支付政策。例如每年从 GDP 或地方财政中拿出一定比例资金，专门用于生态建设和产业结构调整，激励生态环境保护工作。② 另一方面，根据生态保护所获利益共同享受、成本共同负担的原理，应充分发挥市场机制的作用，形成一个能反映资源稀缺程度的价格形成机制，进一步完善资源开发利用补偿机制和生态环境恢复补偿机制。

　　从补偿的对象来看，北部湾经济区内喀斯特地貌和岩溶地貌等生态脆弱区的限制开发地区和禁止开发地区的生态补偿，其补偿对象应包括受到影响的居民、企业和地方政府；其补偿机制的建立和健全应是分阶段进行的过程。其中既要分阶段明确补偿的重点、对象、方式和标准，又要着眼于长期的生态补偿机制的建立和财政转移支付手段的完善，逐步建立和完善限制开发和禁止开发区域利益补偿的基本思路。③ 此外，通过金融创新，如建立生态环保创业投资基金等方式，建立多元化的生态补偿融资体系，确保稳定充足的资金投入，则是一个需要地方政府、企业和地方非营利组织共同努力的渐进过程。这种融资体系可看作是生态补偿的一种输血形式，生态环保创业投资基金一方面对企业征收环保税，促进企业环保意识的加强，另一方面对企业的环保措施进行奖励，鼓励企业的环保行为，督促企业采取可持续的生产方式。环保税的征收包括：首先应扩大税收种类，增加水污染税、大气污染税、污染资源税、生态补偿税等，其中生态补偿税是使经济受益企业能够对其造成的污染支付污染治理费用，对污染受众的利益损失进行补偿，协调经济发展和环境保护；其次，应扩大资源税的征税范围，将矿藏和非矿藏资

---

① 王永莉：《生态功能区建设中四川生态脆弱地区的发展机制研究》，《西南民族大学学报》（人文社科版）2009 年第 6 期。

② 葛少芸：《民族地区生态补偿机制问题研究——以甘肃甘南藏族自治州黄河重要水源补给生态功能区生态保护与建设项目为例》，《湖北民族学院学报》（哲学社会科学版）2010 年第 2 期。

③ 王永莉：《生态功能区建设中四川生态脆弱地区的发展机制研究》，《西南民族大学学报》（人文社科版）2009 年第 6 期。

源都纳入征税范围，对非再生资源、稀缺性资源课以重税，对土地、森林、海洋资源等自然资源进行征税，防止生态破坏。再次，提高征税标准。过低的资源税单位税额不足以影响经济收益大的纳税人的经济行为，限制了资源税调控作用的发挥空间，弱化了资源税对资源的保护作用。我国资源税的征收从1994年开始，但是总体征收幅度不大，对稀缺资源的限制使用作用不明显。2005年，国家税务总局调整了部分矿产资源的单位税额，税收收入也有所提高，超过140亿元，但与同期产品最后的价格相比仍然处于较低水平。[①] 提高资源税的单位税额，对于保护生态脆弱地区脆弱的生态环境开发和稀缺资源的利用，起着积极的作用。

除了上述在经济发展时期利用经济手段减少对环境的破坏以外，生态补偿制度还涉及经济得到大力发展以后，在具备经济能力的情况下对生态的补偿。

（三）国际范围内的生态协同保护

生态功能区的建设要遵循协同原则，力求行政系统与生态系统和社会系统的利益一致性，行政系统的变化与发展关注生态系统和社会系统，形成合力，促使人类与自然和谐共赢。北部湾经济区的生态功能区建设涉及中央政府与广西自治区政府、广西自治区政府和北部湾地区内各市政府、北部湾地区内各市政府之间以及北部湾地区政府与周边国家政府之间的生态协同保护体系。广西政府和周边国家一起进行的大湄公河及次区域合作中也涉及相应的生态保护措施。在行政系统内，首先继续夯实中央政府与广西自治区各级政府共同组成的行政体系，增强整体性，在政策的制定与实施中践行整体原则，破除现有的上有政策下有对策的潜规则，保证行政系统的整体利益；[②] 其次，北部湾地区政府与周边国家政府之间在原有的跨区域、跨国界的经济合作行政体制之下，建立生态合作机制。力图在生态保护政策上达成一致，建立联合监督机构，监督环境保护政策的执行力度和执行效果。在协调机制方面，建立健全的国内部门协调机制和国际部门协调机制。由于环境保护与可持续发展涉及多方面的内容，治理环境问题几乎涉及政府的所有部门，所

---

①　张丽君、张斌：《民族地区生态功能区建设》，《黑龙江民族丛刊》2008年第1期。

②　洪富艳、宣琳琳：《我国重要生态功能区多元治理模式研究》，《绿色财会》2010年第3期。

以协调各部门之间的立场和解决部门间的冲突非常重要。与周边国家的生态保护协调机制力图不受其他政府部门的约束与牵制，用国际生态系统综合管理的思想，可建立生态保护行政特区，保持生态系统的完整性管理模式才能保证现有的生态措施发挥作用。

地区生态经济发展是以地区环境特征和资源优势为出发点，北部湾地区的生态功能区建设是建立在以最小的环境代价换取最大的经济增长原则的基础上的新型绿色经济增长形式。以产业集群带动经济增长，以生态补偿维护生态环境是在大的发展形势下的经济增长总方针，北部湾的生态功能区建设还需要更详细的规划，以及在发展过程中对发展规划和发展方式的不断修正。

第二十一章　北部湾经济区开放型生态文明建设[①]

　　生态文明是以尊重和维护生态环境为主旨，以可持续发展为根据，以未来人类的继续发展为着眼点，强调人的自觉与自律，强调人与自然环境的相互依存、相互促进、共处共融。这种文明观同以往的农业文明、工业文明具有相同点，它们都主张在改造自然的过程中发展物质生产力，不断提高人的物质生活水平。但生态文明突出生态的重要，强调尊重和保护环境，强调人类在改造自然的同时必须尊重和爱护自然，而不能随心所欲为所欲为。[②] 很显然，生态文明建设是要求在全面发展经济的前提下，始终保持经济的理性增长，全力提高经济增长的质量；调整经济发展结构，在合理的产业布局下注意保护自然资源；集中关注科技进步对于发展瓶颈的突破，注重运用高科技手段治理污染，始终调控环境与发展的平衡。[③] 生态文明是经济发展、生活水平提高以及环境保护相统一的各方利益最大化的协调。

　　由于经济发展相对滞后，工业化和城市化带来的污染相对较轻，北部湾近岸大部分海域保持一类水质，成为中国目前唯一的"洁海"，海洋生物多样性备受珍视。温家宝考察广西时也强调：要处理好人与自然的关系，把保护生态环境放在第一位。生态环境是优势，生态环境也是竞争力，北部湾地区的开放开发，无论是设计还是施工，都要注重生态环境建设。要按照总体

---

　　① 本章根据国家社会科学基金项目（《生态文明的环境社会学研究》）阶段成果《北部湾区域生态文明建设》修改而成。
　　② 尹成勇：《浅析生态文明建设》，《生态经济》2006 年第 9 期。
　　③ 尹世杰：《略论生态文明与构建和谐社会》，《湖南商学院学报》2008 年第 5 期。

规划确定的功能定位、空间布局、发展重点选择和安排项目建设，建立整体优化、生态良好、可持续发展的良性循环机制。尽管从政府到民间都对广西北部湾经济区心存"经济与自然"共赢发展的良好愿望，但是在经济开发的热潮中，海洋油气、沿海石化、能源、林浆纸、钢铁等重大工业项目开始投产或进入前期工作阶段，工业化带来的环境破坏和污染初现端倪。同时由于海水养殖业的快速发展，养殖污染日益严重，经济发展与海洋生态环境保护的矛盾日益尖锐。① 选择一条经济发展与生态保护并重的生态文明发展之路实现可持续经济发展的内容和方式，体现着一种不同于以往发展模式的新型发展之路，进行生态文明建设应该是因地制宜、因地而异，不能陷入模式化的发展道路。

北部湾经济区进行生态文明建设具备了各方面的条件，包括国家政策的倾斜等支持性措施、地区资源优势，但是能体现北部湾经济区的特色之处在于北部湾经济区所处的地理优势，北部湾经济区地处我国大西南，拥有优越的自然条件、良好的生态资源和独特的地缘优势，并且享有国家给予的少数民族地区、边疆地区、西部地区和沿海开放地区等各种特殊政策；国家西部大开发战略深入实施，泛珠三角区域合作、西南六省区市区域合作不断深化，处于中国—东盟自由贸易区的前沿，泛北部湾经济合作、大湄公河次区域合作正在推进，这多重机遇表明，北部湾经济区要走出一条适合区情、具有特色的发展道路，实现跨越式发展，发挥后发优势就应该抓住新的契机，更好地利用国内国外两个市场、两种资源和各种有利条件，拓展新的发展空间。《广西北部湾经济区发展规划（全文）》中对"开放合作"的解释是"充分发挥区位优势，实施以面向东盟和泛珠三角为重点的对内对外开放合作战略。扩大开放合作领域，提高开放合作质量，构建内外联动，互利共赢，安全高效的开放型经济体系，形成经济全球化、区域经济一体化条件下参与国际国内合作和竞争的新优势"。包括发展对外经济、广泛开展国际合作和国内合作，其中以国际合作为重点，全方位多领域扩大与东盟合作，加快推动形成以大湄公河次区域合作和泛北部湾经济合作为两翼，以南宁—新加坡经济走廊为中轴的中国—东盟"一轴两翼"区域经济合作新格局。积

---

① 古小松：《北部湾蓝皮书（2009）》，社会科学文献出版社2009年版，第54页。

极推进泛北部湾合作，打造次区域合作的新亮点，积极拓展与日韩、欧美及其他国家和地区合作。[①] 纵观各方面条件，北部湾经济区的生态文明建设应以开放合作为重点，充分吸收全球资源、吸引全球资本，结合东南亚的地理优势加快建设区域经济群，整合本地区的众多民族文化，协调生态文化多样性，发展现代化的生态经济。

一、开放型生态文明建设的内容

（一）面向全球

经济全球化和生态化的发展趋势使我们认识到现代经济发展应以全局观念和整体利益为基础，立足全球，尽力吸收全球资源，吸引全球资本。发达国家拥有的雄厚资本和先进生产技术是发展中国家及欠发达国家要求经济增长的必需条件，面向全球吸引投资包括技术和资本的引进是实现地区经济增长的快捷途径。以罗默（1986）、卢卡斯（1988）等代表的新增长理论认为，通过产生外溢效应，外商直接投资将加速先进科技水平和知识在世界范围内扩散。从世界总体资源使用效率，生产从发达国家向发展中国家转移，节约发达国家大量资源有利于新产品的研发活动。对引进过程而言，大量外商直接投资的流入对经济增长的影响不仅仅局限于资本积累弥补储蓄缺口和外汇缺口的作用，通过学习和吸收发达国家的先进技术，发展中国家经济存在利用后发优势，形成"赶超效应"。[②]

发达国家尤其是欧美国家由于国内市场的饱和，长期寻求海外市场的开发，对华投资一直是欧美国家开发亚洲市场的重点。发达资本主义国家具有发展中国家和欠发达国家所没有的产业优势、资本和技术优势。从世界主要发达国家工业化进程来看，国家的工业化主要是由资本和技术密集型产业来实现的。大多数发达国家在19世纪末和20世纪初，资本和技术密集型产业成为主导和支柱产业，产业资本和技术开始大量输出国外，网络全球劳动力和自然资源，控制世界市场，实现对本国劳动力和资源的替代。[③] 以德国为

---

① 《广西北部湾经济区发展规划（全文）》，http://www.chinagate.com.cn。

② 蒋长流、代军：《外商直接投资与安徽经济增长关系的实证分析》，《经济研究导刊》2007年第3期。

③ 刘吉发、杨均华：《全球化背景下产业竞争优势探究》，《经济论坛》2008年第1期。

例，德国跨国公司在华投资日益深入，主要以技术投资为主，投资技术含量高，投资逐渐系统化，有利于资金、先进技术、管理经验进入我国多方领域。但当原来分散经营的合资企业由投资控股公司联合起来后，以同一种战略目标展开市场竞争，能更有效地在内部调集与运用资源，形成新的竞争优势，对内资企业，特别是关系到国计民生的关键行业和部门形成冲击，不利于国内企业的自主发展。同时德国跨国公司迫于国内压力，有把污染程度高的企业，如橡胶、塑料等生产转入我国的趋势，加重了我国环境问题，影响了我国的环境效益。[①]

北部湾经济区地处华南经济圈、西南经济圈和东盟经济圈的结合部，是我国西部大开发地区唯一的沿海区域，也是我国与东盟国家既有海上通道又有陆地接壤的区域；拥有丰富的海岸线、土地、淡水、海洋、农林、矿产、旅游等资源，发展潜力大；在近年的开发开放中经济实力明显增强，基础设施建设取得重大进展，特色优势产业快速发展，开放水平不断提高，与国内其他地区的经济合作日益深化，在面向东盟开放合作中的地位日益凸显。[②]面对全球的资源优势，北部湾经济区的发展处于资本和技术密集型产业阶段，具有丰富的劳动力资源和能源资源，具备为工业化提供基础设施建设和服务业发展提供劳动力和资源密集型产业的条件。在抓好资源密集型产业竞争优势的同时，承接发达国家和地区的产业转移，树立品牌产业，将国内的产业资本和技术带入东盟国家，使一些比较竞争优势产业和"瓶颈"产业获得新生力量。在承接发达国家先进发展经验的同时，杜绝洋垃圾等污染的转移，要注意产业污染的转移和保护生态环境平衡。

（二）面向亚太

北部湾经济区的发展立足于全球，但重点应该在亚太尤其是东南亚地区。北部湾经济区积极融入多区域合作，特别是与国家开放战略联合起来，与中国—东盟自由贸易区建设结合起来，加强与周边省区的联合与协作，加强与周边国家和地区的开放合作，以开放合作促开发建设。北部湾经济区的开发开放的重点是吸引日韩、港澳台的产业优势、资本技术优势，与东南亚

---

① 秦晓钟：《德国跨国公司对华直接投资现状分析》，《国际经贸探索》1998年第1期。
② 《广西北部湾经济区发展规划（全文）》，http://www.chinagate.com.cn。

周边国家开展深入的区域经济合作。在开发开放的初期已有一些合作的先例：广西凭祥市分别与越南谅山省谅山市、文朗县、高碌县和长定县正式签署《中越边境开放合作备忘录》，此举为促进边境地区开放合作、促进双边经济社会发展、加强中越地方双边对华交流和共同推进口岸经济区、综合保税区建设提供了广阔空间。这个经济区合作是中越两国区域经济合作的核心区。① 广西南宁市成功承办联合国工业发展组织2008年全球投资促进高峰论坛和第四届桂台经贸合作交流会。与杭州市、智利伊基克市、法国马恩河谷省、印尼茂物市等中外城市缔结为友好城市；成功举办了中国广西——韩国友好周。② 北海市也在2008年与印尼三宝垄市缔结为友好城市。③ 北部湾区域内的开放合作已经初见成效，但是开放合作层次还不够高。与东盟的合作有了快速发展，但总体水平还不高。2008年，北部湾经济区与东盟贸易额约20亿美元，仅占中国与东盟贸易额的1%，仅为广东与东盟贸易额的3.5%。经济区的外贸依存度为16.2%，比全国低50个百分点。④

北部湾经济区与其他区域的合作刚刚起步，在开放合作上应该抓住周边国家和地区的经济特色，对于毗邻国家如越南可以开展双边区域的经济合作、生态合作，充分利用其原材料、资源性产品和部分技术密集性产品；对于经济基础较好、资本和技术较强的日韩和新加坡，可用优惠的开放合作政策吸引资本和技术投资。以日韩为例，长期以来日韩在中国的投资从产业结构来看，都是以制造业为主要投资领域，但近年日资企业在第三产业的投资不断增加，如流通业、零售业、金融业和保险业等增加较快，韩资企业则主要集中于第二产业，在第三产业的投资项目较少。从投资区位来看两国都集中在沿海各省市，日本投资区位主要集中在长三角和华南地区，而韩国主要集中在东北地区和环渤海地区，近年两国在投资区位上都发生了一些变化，主要的投资重点集中到长三角地区，均表现出由大中城市向小城市和城郊发展的态势。从日资和韩资企业在华投资的区位动态看，向沿海地区集中的趋势仍不会改变。由于中国政府对中西部地区经济发展的重视，以及对外资政

① 古小松：《北部湾蓝皮书（2009）》，社会科学文献出版社2009年版，第7页。
② 古小松：《北部湾蓝皮书（2009）》，社会科学文献出版社2009年版，第53页。
③ 古小松：《北部湾蓝皮书（2009）》，社会科学文献出版社2009年版，第54页。
④ 古小松：《北部湾蓝皮书（2009）》，社会科学文献出版社2009年版，第57页。

策的改变，如由过去以地区为重点的外资到转向以产业为重点的诱导政策，使得沿海地区在政策上的优势逐渐丧失，中西部的比较优势不断显示出来。在这种政治背景条件下，日资企业在华投资开始向中西部发展。① 北部湾经济区要做的是充分配合国家各项政策，以地理区位优势、自然资源优势和劳动力资源优势，根据两国在华投资发展的阶段性、投资企业自身的经济规模和战略、本国的产业结构特征，吸引资本和技术投资，大力发展本区域的第三产业。

（三）面向传统

一个地区的经济发展与该地区的文化密不可分，生态文明建设的要求之一就是建设生态社会主义精神文明。在寻求地区经济发展过程中，如何将特色的民族文化传承下来是在社会主义现代化建设的转型时期，体现于建设生态文明的要求中：树立人与自然和谐的文化价值观，树立符合自然生态法则的文化价值需求，体悟自然是人类生命的依托，把对自然的爱护提升为一种不同于人类中心主义的宇宙情怀和内在精神信念。

广西是以壮族为主体的少数民族自治区，也是全国少数民族人口最多的省（区）。境内居住着壮、汉、瑶、苗、侗、仫佬、毛南、回、京、彝、水、仡佬等 12 个世居民族。② 从各民族具体的分布区域来看，居住在广西北部湾地区的少数民族主要是京族和壮族，京族主要分布在美丽富饶的广西北部湾的"京族三岛"——巫头、澫尾、山心。其他一小部分京族人散居在北部湾陆地上。壮族主要分布聚居在广西西部的南宁、百色、河池、柳州四个地区，少数分布在桂林市、钦州市、贵港市和贺州地区。③ 针对这种少数民族聚集的状况，发展生态文明经济单单考虑一个民族的文化传统显然是片面的，应该把北部湾经济区内的少数民族放到整个西南地区的少数民族文化中来研究，从整体上作出该地区的生态文化规划。如果说"文化是一个民族对周围自然环境和社会环境的适应性体系"这一命题成立的话，那么，古代西

---

① 张文忠：《日资和韩资企业在华投资的产业结构和区位特征》，《世界经济》1999 年第 5 期。

② 《广西民族分布状况》，http：//www. vos. com. cn/2009/07/06_ 137318. htm，2009 − 07 − 06/2013 −
10 − 21。

③ 《广西民族分布状况》，http：//www. vos. com. cn/2009/07/06_ 137318. htm，2009 − 07 − 06/2013 −
10 − 21。

南地区少数民族为适应其所处的自然环境而进行的文化调适，以及人与自然和谐相处的良性互动关系构成了西南少数民族的生态文化。① 在少数民族传统文化中，人与自然同根同源的意识根深蒂固，彝族文献中《宇宙源流》认为，宇宙万物都是由气形成的，首先形成的是天地，然后形成了日月、星辰、昼夜、年月、寒暑，并由此化生了万事万物。苗族则称枫树为"豆民"，即"祖母树"，传说人是由枫树中飞出的蝴蝶的后代。② 由于将自然神化，少数民族地区的人们生态保护意识具有普遍的自觉性，如在侗族地区，凡是寨子边、道路边的乔木，特别是常绿乔木，一旦发现幼苗，不论老少，都会主动把它保护下来。在水族地区，生长在河畔、井边、路旁及村寨门口高大挺拔、粗壮雄伟的古树，都会被人们敬若神明，加以保护。并且在少数民族的乡规民约中，保护树木的内容占有较重的比例。③

　　各少数民族在长期的生活实践中形成了自己的民族心理、风俗习惯、价值观念。每个民族都有鲜明的民族特色、民族优势，能在不同的生态环境中繁衍生息、世代相传、显现出强大的生命力，是与拥有自己的优秀民族文化传统与文化遗产分不开的。少数民族优秀文化中蕴含着丰富的人与自然和谐相处、协调共进关系的内容，积淀着根深博大的生态文明和生态伦理思想。很多民族的自然崇拜、图腾崇拜、乡规民约及民间禁忌等，都体现了对文化生态环境的积极保护。民族文化所体现出的崇尚民族精神、伦理道德规范等更是凝聚人心、加强民族团结和稳定社会的基本要素。④ 保护好民族的文化精华，对民族的传承与兴旺和加强少数民族地区经济社会发展与各民族的安定团结，有极其重要的意义。少数民族的生态文化并不"落后"，其不仅集中体现了"人与自然和谐"、"人与社会和谐"，而且还提供了一整套行之有效的可持续发展体系，少数民族文化中体现出的人与自然同宗同源思想、生态保护意识的自觉性以及少数民族乡规民约中体现的生态保护思想足以指导

---

　　① 李良品、彭福荣、吴冬梅：《论古代西南地区少数民族的生态伦理观念与生态环境》，《黑龙江民族丛刊》2008 年第 3 期。

　　② 卢延庆：《少数民族生态观在生态文明建设中的现实价值——以贵州省为例》，《郑州航空工业管理学院学报》2009 年第 5 期。

　　③ 卢延庆：《少数民族生态观在生态文明建设中的现实价值——以贵州省为例》，《郑州航空工业管理学院学报》2009 年第 5 期。

　　④ 侯丽清、郝爱萍：《论少数民族地区生态文明建设》，《包头职业技术学院学报》2008 年第 2 期。

北部湾经济区开放型生态文明建设中的生态文化建设。这一点会在后面的章节着重讨论。

(四) 面向现代化

"现代化"对于中国来说并不陌生,很多学者将其看作是一种动态的发展过程,包括社会进步、经济增长和文化变迁等过程。对于现代化很难有准确客观的定义,但是概括来说,现代化是指 18 世纪以来,在科学技术发展的带动下,人类社会以经济发展为中心、包括经济、社会、环境乃至文化等各个层面的全面发展,是人类社会从传统农耕社会向现代工业社会的过渡与转化。[①] 生态现代化的理论是在经济得到极大发展,生态环境遭到严重破坏的背景下,学者开始关注并探讨生态环境与现代化的关系,寻找生态环境与现代化实现耦合和双赢的途径。据此,现代化不仅仅是经济和社会的发展变迁,而应该是经济、社会和生态的全面和谐发展。现代化的实现也应包括生态环境的现代化,注重人与自然的和谐,保护好生态环境这一重要的承载体。生态现代化理论强调科技、市场、政府及全球民众的关注参与和交流在保护和治理生态环境中的作用,并提出生态环境治理新策略。[②] 生态现代化的观点认为生态文明的建设是以绿色科技为先导,科学技术是污染的预防性策略,强调政府、公众和企业的参与和平等决策,环境保护增加企业成本的同时也给企业带来了商业利润。[③]

针对北部湾经济区的环境现状,生态现代化的观点为北部湾经济区的生态文明建设提供一些借鉴:1. 提高全民生态意识,加强生态文明教育。生态现代化不是简单地从污染治理入手,而是从改变人的行为模式出发,通过改变经济和社会发展模式,达到环境保护和经济发展双赢的目的。[④] 普及生态知识,提升全体国民现代生态意识,是预防北部湾经济区污染的先决条件。2. 完善制度设计,建立生态利益补偿机制。北部湾经济区境内生态环

---

① 陈增贤、张存刚:《生态现代化理论对解决我国西部地区现代化进程中瓶颈问题的启示》,《甘肃理论学刊》2009 年第 4 期。

② 陈增贤、张存刚:《生态现代化理论对解决我国西部地区现代化进程中瓶颈问题的启示》,《甘肃理论学刊》2009 年第 4 期。

③ 肖健:《生态现代化理论对我国建设生态文明的借鉴意义》,《浙江统计》2008 年第 5 期。

④ 肖健:《生态现代化理论对我国建设生态文明的借鉴意义》,《浙江统计》2008 年第 5 期。

境较为脆弱，实施生态环境建设的任务不可能由政府独自承担环境保护与经济社会发展之间的矛盾。因此，北部湾的环境成本还应当由环境服务功能受益者来分摊，让享受环境服务功能的地区和个人有偿使用环境保护的成果。北部湾经济区生态环境的改善也惠及周边国家和地区，在主体功能区规划视野下，可以考虑建立跨区域的生态利益共享和生态风险共担机制，筹资建立北部湾经济区生态发展基金，确保资源的开发利用建立在生态系统自我恢复的可承受范围之内。[①] 3. 充分发挥企业在节能减排和环境保护上的重要作用。鼓励企业将环境政策视为一个促进竞争力的因素，使企业有可能成为环境保护视野中的一个促进性角色。积极树立"绿色竞争力"发展意识和"防治污染有回报"的理念，改变以往对自身环境职责的认识，采取中长期发展规划，将企业角色由单纯地对污染管制的依从和被动服从转变为更加重视自身的环境职责，将生态经济的观点纳入到企业的整体规划中。4. 大力发展节能环保技术，提高科技在环境保护和生态改革中的作用，必须用强调预防的科学技术来取代传统的生态治理和恢复方法。企业应将研究重点转移到能够减少工业对环境的不良影响的技术上来。北部湾经济区在承接产业转移、壮大经济实力的同时应淘汰和限制落后技术，鼓励节能、清洁的产业创新。[②] 5. 积极引导公众参与公共政策的制定，发挥他们在环境保护中的积极作用。生态现代化强调参与，应提升非政府组织和学者在政策制定中的角色，生态现代化是一种政府、企业、环境工作者以及科学家共同合作重建的生态经济关系。[③]

二、从环境建构主义视角看北部湾经济区开放型生态文明建设的条件

生态文明建设不仅仅是政府行为，它也是一个地区经济长远发展、众多利益相关者利益最大化的要求。在充分论述北部湾经济区如何进行开放的基础上强调北部湾经济区的开放发展条件是必不可少的环节。北部湾经济区的

---

① 陈增贤、张存刚：《生态现代化理论对解决我国西部地区现代化进程中瓶颈问题的启示》，《甘肃理论学刊》2009 年第 4 期。

② 何玉宏、冯韵东：《生态现代化理论及其对当代中国环境保护的启示》，《江西社会科学》2008 年第 1 期。

③ 何玉宏、冯韵东：《生态现代化理论及其对当代中国环境保护的启示》，《江西社会科学》2008 年第 1 期。

长远发展应该是在经济发展过程中，寻求最大经济利益的环境问题制造者、环境问题的受众、解决环境问题的政府和政策制定者三方利益协调最大化的结果。

建构主义认为包括科学理论在内的一切知识的内容归根结底是由社会、文化因素的参与和作用而形成的，社会问题的产生都是社会因素和自然因素"主动生成的协同建构"。① 建构主义的理论优势在于首先建构主义认为对社会问题的定义是由不同的社会行动者和主张提出者之间力量共同作用的结果，其次建构主义通过探究谁认为环境问题存在以及谁反对主张这样的重要问题，从而允许我们把环境话题置于相关的社会和政治背景中考虑，由此为环境决策作出了有价值的贡献。② 环境议题与社会的社会建构的核心思想认为这些问题和议题的进程直接对应的是社会行动者们成功的"主张提出"，这些社会行动者包括科学家、实业家、政客、公务员、新闻记者和环境活动家。③ 建构主义认为社会问题是如何提出的比社会问题本身的具体细节的探讨更重要。社会问题的提出过程主要表现在主张本身、主张提出者及主张的提出过程。④ 主张即为对问题的陈述，在这一过程中，如何提出问题以引起他人关注是问题的核心。要引起他人关注，问题必须具备一系列可以陈述事实的依据或资料，能够对这一问题采取的行动进行正当化论证，并能有一系列为缓解或消除问题所需要采取的行动。这一行动通常是由现有的官僚机构制定新的社会控制政策或形成新的机构去执行这些政策。⑤ 一项问题的出现是多方因素作用的结果，主张的提出者也不是单一的，一个问题的提出者反映的只是问题的一个角度。与问题相关的多方，包括问题制造者、问题的受众、大众传媒、草根组织等表达的观点才是一个完整的主张提出过程。

汉尼根指出，在研究环境问题的社会建构中，可以确认三项关键任务：集成主张、表达主张和竞争主张。⑥ 即环境问题的发现和表现，环境问题的提出和表达、针对环境问题采取的实际行动措施三个方面。通常环境问题都

---

① ［加］约翰·汉尼根：《环境社会学》，中国人民大学出版社 2009 年版，第 34 页。
② ［加］约翰·汉尼根：《环境社会学》，中国人民大学出版社 2009 年版，第 34 页。
③ ［加］约翰·汉尼根：《环境社会学》，中国人民大学出版社 2009 年版，第 67 页。
④ ［加］约翰·汉尼根：《环境社会学》，中国人民大学出版社 2009 年版，第 67 页。
⑤ ［加］约翰·汉尼根：《环境社会学》，中国人民大学出版社 2009 年版，第 69 页。
⑥ ［加］约翰·汉尼根：《环境社会学》，中国人民大学出版社 2009 年版，第 71 页。

是在科学研究领域内首先被发现，但是与环境问题直接相关的，联系密切的是日常生活在该环境中的人们。对于环境问题的具体表现，当地居民以及环境问题的受众更有发言权，这些日常生活体验即可作为环境的实际经验知识。在环境主张的表达过程中，问题的提出者需要做的是要引起公众对问题的关注及认可，同时还要将问题主张合法化。这要求环境主张的提出者成为合法权威的信息来源，使得环境问题得到政府、科学界、媒体和公众的认可。环境议题可能很快地进入政治议程，但环境运动在议程中要求通过相关政策却很难，特别是当这些政策牵扯到利益相关者的利益分配问题时。汉尼根提出为一项环境主张争取实质行动要求主张提出者不间断地抗争，寻求实现法律和政治上的变革。虽然科学证据和媒体关注仍然是构成主张的一个重要部分，但是问题的抗争主要还是在政治领域进行。[①] 金登认为一项政策提案要能通过必须满足两个基本标准：一立法者必须确认一个提案在技术上是可行的，也就是说如果实施，这个提案要能够发挥应有作用；二在政治共同体中能存留下来的一项提案必须与政策制定者的价值观相协调。汉尼根也认为一项环境主张要在政治领域的激烈竞争中取胜需要特殊的知识、时机和运气的结合。[②] 这种特殊的知识可以理解成关于环境问题的专业理论以及经验数据。一项问题的解决需要在一定的政治经济条件之下，在适当的时机提出议题和解决措施，才能获得解决的机会。

北部湾经济区的概念从 2006 年提出至今，在初期建设中取得的发展成就是有目共睹。北部湾经济区建设生态文明，将发展目标确定为"新型生态经济区"是在全球经济可持续发展背景下、我国寻求新经济增长模式的前提下结合北部湾经济区的地理位置、资源优势和文化特征，进行充分论证的结果。实现生态文明寻求经济发展与生态环境相协调，实现人与自然的和谐共处，经济效益、社会进步与环境效益的多赢是国家、地区经济发展及个人生活提高的共同目的。

（一）北部湾经济区建设开放型生态文明是国家及地方相关利益的体现

理性主义认为，一项理性的政策是获得"社会收益最大化"的政策；

---

① ［加］约翰·汉尼根：《环境社会学》，中国人民大学出版社 2009 年版，第 77 页。
② ［加］约翰·汉尼根：《环境社会学》，中国人民大学出版社 2009 年版，第 78 页。

或者说政府应该选择那些使得社会收益最大限度地超过社会成本的政策，同时避免实施那些成本高于收益的政策。在社会收益最大化的界定上有两个重要原则：第一，任何成本超过收益的政策都不应该被采纳。第二，在所有可供选择的政策中，决策者应该选择那个收益超过成本最多的政策。换句话说，只有当一项政策获得的收益和其代价相比是正值，并且大于实施其他政策的收益与损失之比时，才可以说选择的政策是理性的。① 理性主义包括对实施一项公共政策带来的所有社会、政治、经济价值损益的计算，而不仅仅是可以用金钱来衡量的那些。理性政策的制定必须对社会价值偏好有一个全面的理解，其次还要求知道备选政策方案的基本情况，具备准确预见备选方案结果的预测能力，以及正确计算成本收益之比的能力。最后，理性的政策制定还需要有一个利于形成理性决策的决策制定系统。② 实际上作出完全理性的政策决策是不可能的，但是这一分析要求在制定决策之前考虑各方利益，以各方利益最大化为衡量标准。我国经济长足发展，保持快速发展势头的同时，东部地区的资源饱和，经济再高速增长的需求得不到满足，而此时西部地区尚未寻找到新的经济增长方式。东部经济继续发展以及我国经济的均衡发展都要求新的资源条件。北部湾经济区的能源优势和地理位置优势吸引了众多投资目光。东部地区的重工业、化工业将会在北部湾经济区寻找落脚点，而北部湾经济区也将借此机遇重新优化整合产业结构，调整经济发展方式。先进生产方式与丰富资源的结合是双方经济新发展的理性选择，符合我国经济可持续发展的需求，符合北部湾建设新型生态经济区的目标。

在北部湾经济区初期的经济发展中，国家和地方政府先后批准实施了一系列的政策性文件，包括《生态广西建设规划纲要》、《广西北部湾经济区发展规划》、《广西北部湾经济区总体发展纲要》、《广西北部湾经济区城镇群规划纲要》等，为北部湾经济区的后续发展提供政策基础。同时，国家及地方政府将北部湾经济区的发展纳入"泛北部湾次区域经济合作"中，借助中国—东盟自由贸易区框架下的新的次区域合作带动北部湾经济区的经济增长。北部湾经济区作为中国参与泛北部湾合作核心区，其开放合作上升为国家战略，基于全局考虑，北部湾经济区的功能定位是：立足北部湾、服务

① ［美］托马斯·戴伊：《理解公共政策》，北京大学出版社 2008 年版，第 15 页。
② ［美］托马斯·戴伊：《理解公共政策》，北京大学出版社 2008 年版，第 16 页。

"三南"（西南、华南和中南）、沟通东中西、面向东南亚，充分发挥连接多区域的重要通道、交流桥梁和合作平台作用，以开放合作促开发建设，努力建成中国—东盟开放合作的物流基地、商贸基地、加工制造基地和信息交流中心，成为带动、支撑西部大开发的战略高地和开放度高、辐射力强、经济繁荣、社会和谐、生态良好的重要国际区域合作区。[①] 加快北部湾经济区的开放开发是国家利益和地区利益的最好体现，具有重要的战略意义。它有利于推动广西经济社会全面进步，从整体上带动和提升民族地区发展水平，振兴民族经济，巩固民族团结，保障边疆稳定；有利于深入实施西部大开发战略，增强西南出海大通道功能，促进西南地区对外开放和经济发展，形成带动和支撑西部大开发的战略高地；有利于完善我国沿海沿边经济布局，使东中西部发展更加协调，联系更加紧密，为国家经济社会发展战略注入新的强大动力；有利于加快建设中国—东盟自由贸易区，深化中国与东盟面向繁荣与和平的战略伙伴关系。[②]

（二）北部湾经济区建设开放型生态文明是经济利益相关者长远利益的体现

北部湾经济区开发开放政策实施以来为全力促进开发、吸引投资，出台了一系列的优惠政策措施，尤其在广西壮族自治区人民政府颁布实施《关于促进广西北部湾经济区开放开发的若干政策规定》后，投资广西北部湾经济区可以在产业支持、财税支持、土地使用支持、金融支持、外经贸发展、人力资源和科技开发、优化投资环境等七大方面享受优惠政策。[③] 各大企业纷纷进驻北部湾经济区：中石油 1000 万吨炼油项目、印尼金光集团投资的林浆纸厂、中华电力投资的电厂、台企富士康等等大型企业以及像台资鞋企这样的中小企业扎堆进驻南宁等地区。这些企业的进驻是利用北部湾经济区的地理位置、能源、劳动力和技术等条件，重新创造经济效益和价值，同时北部湾经济区的发展也需要这些企业的参与。但是在经济利益相关者追求利益的同时，环境保护问题最容易被忽视。企业为了追求利益最大化而排污，而

---

① 古小松：《北部湾蓝皮书（2009）》，社会科学文献出版社 2009 年版，第 4 页。

② 古小松：《北部湾蓝皮书（2009）》，社会科学文献出版社 2009 年版，第 5 页。

③ 《投资广西北部湾经济区七大方面有优惠政策》，http：//news. gxnews. com. cn/staticpages/20090106/ne-wgx49637173－1848336. shtml，2009－01－06/2013－10－25。

且也会为了利益最大化而把自己需要承担的对他人造成的伤害的代价最大化,那就是把在生产过程中增加的成本转嫁给社会上的其他人。污染的经济代价还是有限的,另外还有很多由污染引起的生态环境的代价。在众多的生态代价中,最紧迫的是环境和气候的变化,这给生物多样性带来无法估量的威胁。[①]

对于企业来说,减少或消除污染物的排放会增加生产的成本。在污染问题上,企业会利用它们的影响力来保护自己的利益,把污染治理费用转嫁给社会上的其他人。企业的目标是追求高效率,一些高污染的重化工业、煤炭、钢铁业在生产活动中高度消耗资源能源的同时产生的大量废气污染物,是周边居民所不能承受的困扰。在居民强烈抗议下,中小企业会重新选择生产地,但是对于盈利丰厚为当地创造巨大经济效益的大企业却不会如此。重新选择生产地的中小企业将污染留在当地,而大企业也不会在短期内停止污染。即使采用一定的污染处理技术,企业也不会参与到污染治理工作中去。对于污染,没有技术参与和资金参与,居民无力解决只能默默承受,而企业所有者带着巨大的经济收益离开污染地,享受更好的生活环境和更高质量的生活。北部湾经济区虽然环境状况较全国其他地区优越,但是生态环境脆弱,一旦遭到破坏则难以恢复。在经济开发的热潮中,海洋油气、沿海石化、能源、林浆纸、钢铁等重大工业项目开始投产或进入前期工作阶段,工业化带来的环境破坏和污染初现端倪。同时由于海水养殖业的快速发展,养殖污染日益严重,经济发展与海洋生态环境保护的矛盾日益尖锐。进行生态文明建设,要求企业与地方政府、当地居民一起承担经济发展和生态平衡的责任是地区经济可持续发展以及企业追求长远利益的要求。

(三)北部湾经济区建设开放型生态文明是保护污染受众和弱势群体的要求

经济的发展带来了不同群体间收入的差别,使得社会有贫富差别阶层。这些贫富差别不仅仅是在收入、社会地位和个体身份的不同,在环境的产生和对环境治理的责任承担上也出现了巨大的分化。取得巨大经济利润和效益的群体日益成为经济的中上层,而经济收入低、受到环境污染影响、无力改

---

① [英]简·汉考克:《环境人权:权力、伦理与法律》,重庆出版社 2007 年版,第 117 页。

变自身境遇的污染受众们逐渐沦为弱势群体。中上阶层在拥有大量的经济财富的同时也享有更优越的自然环境。他们在获得财富、享受富裕生活的同时对优越环境的利用和享受比贫困的弱势群体多得多，同时他们制造的环境消耗量和污染排放量大大多于弱势群体，而弱势群体却往往是环境污染和生态破坏的直接受害者。中上阶层可以通过各种方式享受优越的自然环境，即使是受到环境污染也有良好的社会保障条件。弱势群体对自己生活的自然环境却失去选择的权力，不但要忍受城市工业污染转移所带来的污染，而且没有一个保障因污染而带来的健康侵害的渠道。中上阶层应当对环境保护尽更大的社会责任，但事实是他们往往没有承担相应的环保义务。而且收入越高的人群在环境保护上往往不愿意承担更多的责任，他们更倾向于由弱势群体和他们一起或是由弱势群体单独承担由他们造成的环境污染治理责任。

北部湾经济区的生态环境较为良好，在目前的发展中尚未出现这类利益摩擦，如果在未来的建设中忽略生态良好的要求，那么发生在其他地区的矛盾冲突在本地区上演也是不足为奇的。北部湾经济区开发开放不仅仅是当地居民受当地污染的影响，很可能会出现污染由周边国家和地区转移而来或者是本地区的污染转移至周边国家，无论污染是如何流动，在寻求生产发展、生活富裕、生态良好的生态文明建设中都是各方利益相关者不愿意见到的场景。鉴于北部湾经济区的特殊地理位置，保护本地区居民免受污染也就是保护周边国家地区和居民免受污染，保护治理本地区的污染也会引起周边国家和地区对污染治理和环境保护的重视。

第二十二章　海南生态文明省建设的优势[①]

一、海南生态省建设研究进展

自 1999 年海南作为第一个试点生态省份以来，我国目前已经建有十余个生态省。生态省建设的实践证明，它是我国推进区域可持续发展的一种有效组织形式，为可持续发展实践提供了一个新的平台和切入点，为解决日益严峻的生态环境安全问题开辟了一种新的途径。海南的实践引起了国内学术界对生态省建设的研究兴趣，本文回顾了学术界对生态省尤其是海南生态省建设研究的主要进展，希望对今后的研究能起到重要的参照作用。

（一）生态省概念界定、理论基础与主要内容

生态省建设是我国特有的概念，《生态县、生态市、生态省建设指标（试行）》将生态省定义为社会经济和生态环境协调发展、各个领域基本符合可持续发展要求的省级行政区域。目前学术界关于生态省的概念还没有形成统一的界定，各学者分别从不同研究视角对生态省提出了自己的观点。

朱孔来[②]、郑向敏[③]根据我国关于生态省的界定认为，生态省就是生态环境与社会经济实现了协调发展、各个领域达到了当代可持续发展目标要求

---

①　本章根据王书明、高晓红《自然文化与发展战略的整合——论海南生态省建设的三大优势》（《中国海洋大学学报》（社会科学版）2011 年第 5 期）修改而成。

②　朱孔来：《对生态省建设有关问题的思考》，《世界标准化与质量管理》2006 年第 9 期。

③　李正欢、郑向敏：《福建创建生态省的若干问题研究》，《林业经济问题》2002 年第 5 期。

的省份。何文傅指出生态省是以一个省的行政管辖区域为空间范围，在这个范围内生命系统与环境系统之间，通过不断的物质循环、能量流动与信息传递，建立起一个相互联系、相互影响、相互作用、相互依存的统一整体，从而实现平衡、协调与可持续发展。[①] 张永春认为生态省是一个以省域为单位，以人为生物主体的生物与生物、生物与环境的关系符合生态学原理的生态巨系统，即生态省是人与其他生物、人与自然环境关系高度融洽，人与自然高度和谐、统一的行政区域。[②] 他们注重通过分析生态系统的组成要素间的关系对生态省进行界定。

以下学者则主要从生态学和生态经济学的角度对生态省进行阐述。季昆林认为生态省实质上是"生态经济省"，是在一个省域范围内，以科学发展观和可持续发展战略、环境保护基本国策统揽经济建设和社会发展全局，转变经济增长方式，提高环境质量，同时遵循三大规律（经济增长规律、社会发展规律、自然生态规律），推动整个社会走上生产发展、生活富裕、生态良好的文明发展道路。[③] 郑琰珠指出，生态省的内涵是以可持续发展理论为基础，运用生态经济学原理和系统工程学方法，遵循生态规律和经济规律，在省的区域范围内建立科学合理的良性循环经济体系，促进经济、社会和生态环境复合系统和谐、高效、可持续发展。[④] 祝光耀认为，生态省（市、县）建设是以生态学和生态经济学原理为指导，以区域可持续发展为目标，以创建工作为手段，把区域（省、市、县）经济发展、社会进步和环境保护三者有机结合起来，总体规划，合理布局，统一推进，努力消除现阶段条块分割，部门职能交叉，相互掣肘的管理体制弊端，将区域（省、市、县）可持续发展的阶段性目标时限化、具体化和责任化，把区域小康社会建设的宏伟目标转化为实实在在的社会行动。[⑤] 他在用生态学和生态经济学进行阐述外，从另一角度对生态省含义做了补充，即生态省建设还要从政府职能方

① 何文傅：《关于实施生态省建设的思考》，《中国环境管理》1999 年第 6 期。
② 张永春：《关于生态省建设的理论探讨》，《农村生态环境》2003 年第 4 期。
③ 季昆森：《循环经济与生态省建设》，《马克思主义与现实》2005 年第 4 期。
④ 郑琰珠：《区域生态环境建设的理论与实践研究——以福建省为例》，博士学位论文，福建师范大学，2003 年。
⑤ 祝光耀：《生态省建设是区域可持续发展的有益探索与实践》，《中国生态农业学报》2004 年第 4 期。

面进行创新，这便将生态省建设的主体——政府的能力建设作为生态省建设的一个重要因素，扩展了生态省的外延。

综观学者们的研究，对生态省定义很多，但都对生态省概念的本质理解有共同之处，即认为生态省是贯彻实施可持续发展理念的省份，是实现"环境与社会经济协调发展"的发展模式。可以说，生态省建设的提出和有效实施可以解决两大难题，"一是解决工业革命以来人类发展与资源环境之间的冲突；二是解决环境保护与经济建设相互脱节、相互矛盾的两张皮现象"。①

《生态县、生态市、生态省建设指标（试行）》中明确指出生态省是运用"可持续发展理论和生态学与生态经济学原理"进行建设。《福建生态省建设总体规划纲要》指出要"遵循生态经济学原理"建立协调发展的生态效益型经济体系。《黑龙江省生态省建设规划纲要》提出生态省建设要"依据生态学、生态经济学和系统工程学原理"。《浙江省生态建设总体规划纲要》明确了建设生态省就是"坚持可持续发展战略，运用生态学原理、系统工程方法和循环经济理念"。海南省的《海南生态省建设规划纲要》指出要"动用生态学原理和系统工程方法"。从国家政策文件以及各生态省建设试点省份的规划纲要来看，生态省建设的理论基础是可持续发展理论、生态学原理和生态经济学原理。主张用可持续发展理论、生态学和生态经济学作为生态省建设基本理论指导的学者比较多，如张力军②、傅发春③、蔡守秋④、王政⑤、刘新宜⑥、凌欣⑦、季昆森⑧、祝光耀⑨等。张永春认为生态学及由生态学衍生出的生态经济学原理对于生态省建设都有重要价值，而最具指导价值的原理应该是生态系统原理、生态平衡原理、物质再循环原理、负

---

① 季昆森：《关于生态省建设的几点思考》，《安徽科技》2003 年第 6 期。

② 张力军：《大力发展循环经济　扎实推进生态省建设》，《环境保护》2005 年第 10 期。

③ 傅发春：《福建省生态省建设研究》，博士学位论文，福建师范大学，2003 年。

④ 蔡守秋：《建设生态区的法制保障（上）》，《河南省政法管理干部学院学报》2003 年第 2 期。

⑤ 王政、马品懿：《论建设生态省的法制保障》，《科技情报开发与经济》2006 年第 12 期。

⑥ 刘新宜：《生态省建设的基本诉求评析》，《环境保护》2001 年第 8 期。

⑦ 凌欣：《生态省建设的理论与实践研究》，博士学位论文，中国海洋大学，2008 年。

⑧ 季昆森：《循环经济与生态省建设》，《马克思主义与现实》2005 年第 4 期。

⑨ 祝光耀：《生态省建设是区域可持续发展的有益探索与实践》，《中国生态农业学报》2004 年第 4 期。

反馈原理等。郑琰珠认为生态省建设的理论基础除了可持续发展理论、生态学和生态经济学，还要包括生态承载力理论、系统论和区域论等。有些学者从其他学科角度对生态省建设的理论基础进行了探讨。如王如松认为，生态省建设的理论基础是社会—经济—自然复合生态系统理论、生态服务功能以及复合生态系统规划、管理与建设的系统方法。[①] 王辉丰针对海南生态省建设，提出海南要以可持续发展理论作为生态省建设的理论依据。[②] 吴榜华指出建设生态省要遵循"人—自然"的整体价值观和生态经济价值观，实现人与自然的和谐相处，协调发展。[③]

随着社会生态环境的日益恶化，为探索生态环境问题而提出的生态学及经济学分类学科越来越多，如可持续发展理论、循环经济、绿色经济学等，另外一些学科如生态伦理学、系统论、生物科学等也开始进入生态省建设的理论视野，这些学科的称谓和侧重点有所不同，但由于其研究的对象和任务具有相似性，在内容上也存在着很多交叉及重合，这也为生态省建设的不断发展奠定了深厚的理论基础。

生态省建设的理论基础广泛而又具有深刻的科学性和理论性，其指导下的具体建设工作也具有很翔实的内容。刘宜新指出生态省应当满足"生态环境质量领先"、"社会经济发展与生态环境建设兼顾"、"绿色 GDP 最大化"、"可持续发展战略的全面落实"以及"一流生活质量的创建"五项基本诉求，这是实现生态省建设理想目标的必要条件和基本要素。王如松论述了生态政区建设必须具备三个支撑点，即生态安全、循环经济与和谐社会，这也是生态省建设所要达到的最终目标。[④] 凌欣也基本提出了相似的基本条件，即生态省建设要达到具备良好的生态产业、优质的生态环境、和谐的生态人居。[⑤] 一些学者对生态省建设提出了具体的发展模式，如白效明提出的生态省的建设可以走环境经济兼顾，局部和整体共生、眼前和长远并重的"三

---

① 郑琰珠：《区域生态环境建设的理论与实践研究——以福建省为例》，博士学位论文，福建师范大学，2003 年。

② 王辉丰：《海南建设生态省的理论依据及其长期性和艰巨性》，《海南大学学报》（自然科学版）2001 年第 1 期。

③ 吴榜华：《论人类社会发展的生态哲学基础》，《吉林农业大学学报》2000 年第 S1 期。

④ 王如松：《生态政区建设的系统框架》，《环境保护》2007 年第 3A 期。

⑤ 凌欣：《生态省建设的理论与实践研究》，博士学位论文，中国海洋大学，2008 年。

赢"模式，① 马世骏所主张的"社会—经济—自然复合生态系统"发展模式②以及王明初等提出的绿色发展模式，③ 这些要求与模式的提出也构成了生态省建设的主要内容。贲克平认为从宏观把握我国生态省，至少应该从以下三方面加以全面建设：体现现代文明的生态文化建设、在循环经济思想指导下的生态产业建设、促进人与自然和谐的生态环境建设。④ 王松霈强调用生态经济学理论指导生态省建设，以实现发达的经济、良好的生态和文明的社会。⑤ 何文傅也通过以上三方面对生态省建设进行阐述，并进一步指出"生态保护是基础，经济发展是条件，社会进步是目的"，在此基础上提出了生态省的主要特征和结构。⑥ 颜家安提出海南作为生态示范省的带动作用，要努力做到保持生态环境质量领先、生态文化建设和人民生活质量一流、经济发展与生态建设相协调。⑦ 王松霈强调生态省建设还是要以发展经济为中心，但是生态省的经济建设是一种新型的经济建设，即从原来的传统型经济转变到新的生态经济协调型经济的基础上，并且要将体现循环经济原理的六大体系：生态经济体系、资源保障体系、环境承载体系、城乡建设体系、生态文化体系和能力建设体系渗透到生态省建设过程中。⑧

　　从生态省建设基本要求和核心内容来看，内容是生态省建设要求的体现，是在贯彻生态省建设要求下的具体实践活动。生态省建设不同于传统意义上的环境保护与生态建设，而是一种新的社会发展模式，是强调生态、经济与社会协调发展的模式。从体系构建来看，涉及自然生态、社会生态、产业生态三个不同层次不同内涵之间的关系，具体而言生态省建设涵盖了生态保护与建设、生态产业发展、生态人居建设、生态文化建设等方面内容。

---

　　① 白效明：《吉林省生态环境及生态省建设的研究》，吉林大学出版社 2001 年版。
　　② 张云云、朱玉利：《中国生态省建设研究及思考》，《经济研究导刊》2009 年第 16 期。
　　③ 王明初、陈为毅：《经济发展与生态保护的两难选择——生态省建设：科学发展观的海南诠释》，《当代经济研究》2005 年第 12 期。
　　④ 贲克平：《中国生态省建设实践与理论探索》，《学会月刊》2004 年第 6 期。
　　⑤ 王松霈、黄正夫：《用生态经济学理论指导生态省建设》，《江西财经大学学报》2005 年第 1 期。
　　⑥ 何文傅：《关于实施生态省建设的思考》，《中国环境管理》1999 年第 6 期。
　　⑦ 颜家安：《推进生态省建设再释放能量——"科学发展观与生态省建设暨纪念生态省理论提出十周年"回顾与展望》，《今日海南》2008 年第 12 期。
　　⑧ 王松霈、黄正夫：《用生态经济学理论指导生态省建设》，《江西财经大学学报》2005 年第 1 期。

(二) 海南生态省建设研究

从生态省建设的基本理论指导、发展模式和主要内容来看，生态省建设是一个系统过程，其特点表现在系统性、协调性、整体性和高效性，这为海南生态省建设提供了发展方向。海南自1999年建设生态省以来，取得了显著成效：循环经济发展显现成效，环境进一步改善，生态文明村建设蓬勃发展，[①] 这也被证明是海南建省以来最佳的发展模式。在海南这一首个生态示范省份，其区域性特点要求生态省建设要因地制宜，在基本理论指导下创新性的发展具有地区特色的生态实践活动，学者针对海南生态省建设的主要内容、现实存在的问题与解决途径以及发展趋势也做了大量的研究。

1. 海南生态体系构建

王明初认为海南生态省建设的主基调是"绿比金贵"，核心战略是环境立省，发展模式是绿色模式，这一模式可以分解为以下三个模块：(1) 热带森林岛建设；(2) 绿色产业格局建设，其内容涵盖生态林业、生态农业、生态工业及生态旅游业的发展；(3) 生态文化建设，包括生态道德、生态法制、文明生态村建设。[②] 这三个模块基本涵盖了生态省建设的主要内容，为海南生态省建设提供了明确的方向和具体的工作内容。王如松通过总结海南建省以来的各种发展成败经验，探讨并提出了社会—经济—自然平衡、协调、持续发展的海南生态省建设的"三赢"模式和规划管理方法。并分别对海南生态省建设的"区域生态保育与景观建设"、"生态省的产业发展与循环经济构架"、"人居环境建设与城乡环境保护"、"生态文化与能力建设"提出了具体的建设措施。[③] 从生态省体系构建来看，各位学者的论述焦点都集中于经济、环境和社会三方面，因此其发展内容也是从以上三方面展开。

2. 海南生态经济发展

经济发展与生态建设是现代社会发展的一对固有矛盾体，尤其对于海南这样一个生态比较脆弱的省份，生态建设与经济发展的问题更值得研究。黄

---

① 凌欣：《生态省建设的理论与实践研究》，博士学位论文，中国海洋大学，2008年。

② 王明初、陈为毅：《经济发展与生态保护的两难选择——生态省建设：科学发展观的海南诠释》，《当代经济研究》2005年第12期。

③ 王如松：《海南生态省建设的理论与实践》，化学工业出版社2004年版。

邦升认为，保护海南独特的生态环境无可厚非，但是生态省建设不排斥发展工业，国内外实践证明，新型工业完全可以解决环境污染问题，解决经济发展与生态环境协调的问题。因此得出结论：海南要建设生态省，实现经济、社会的可持续发展，必须有强大的经济实力和产业基础作支撑。作者通过丹麦卡伦堡共生体系所体现的工业发展与生态环境相协调的典范为海南建立以及促进生态省建设提供了借鉴。① 王松霈从宏观上对生态省建设提出了自己的见解，他认为生态省的建设是建立在"经营生态"的基础上，追求生态经济系统的总体结构最优。尤其要根据生态省（市、县）各自生态和经济条件，因地制宜，建立具有自己地区特色和生态经济优势生态的经济产业。② 这也是为防止生态产业盲目建设和大搞面子工程。吕康东指出推进生态经济建设需要建立三大生态产业体系：生态农业、循环经济与生态服务业。③ 陈坤从生态经济学阐述生态省需要建设包括生态农业、林业、有机食品产业、生态制造产业、生态旅游产业等一批生态产业。④

在生态省重点产业建设方面，许多专家和学者也提出了一些具有可操作性的建议，如发展生态农业、生态林业、旅游业，开展生态贸易等。张治礼认为海南要实施热带高效农业可持续发展战略，搞大的生态农业并要处理好西部半湿润半干旱草原区、东部山区和中部大中城市密集区三大区域生态农业的发展模式问题。⑤ 林媚珍认为海南的林业发展要始终贯彻可持续发展的理念，发展林业应作为海南生态省建设的基础性工程来抓。⑥ 汪素芹指出海南独特的自然环境为生态贸易奠定了很好的基础，应围绕绿色产品的开发、消费、包装、销售，营造绿色企业、创建绿色品牌等方面采取相应的措施，实施生态贸易发展策略。⑦ 曹天禄指出海南旅游业可持续发展是根据海南旅游资源开发利用现状，结合社会经济发展总目标而提出的一项发展战略。为

---

① 黄邦升、黄锐：《海南生态省建设与可持续工业发展战略》，《海南广播电视大学学报》2004 年第 4 期。

② 王松霈、黄正夫：《用生态经济学理论指导生态省建设》，《江西财经大学学报》2005 年第 1 期。

③ 吕康东：《论生态文明理念下生态省建设的必要性》，《现代商贸工业》2009 年第 23 期。

④ 陈坤：《生态经济学视野中的生态省建设》，《学习与探索》2003 年第 2 期。

⑤ 张治礼、张银东：《海南省实施热带高效农业可持续发展战略研究》，《华南农业大学学报》2001 年第 2 期。

⑥ 林媚珍、张镱锂：《海南林业可持续发展战略的思考》，《经济地理》2000 年第 6 期。

⑦ 汪素芹：《海南发展生态贸易及其战略》，《海南大学学报》（社会科学版）1999 年第 4 期。

此，要采取环境保护、提高行业整体素质，与生态省建设和发展热带高效农业相结合等措施来实现这一战略。① 张建萍提出了开发海南生态旅游产业相关的策略，尤其是生态旅游人才培养、旅游资源开发规划编制等相关建议的提出值得深入研究。② 生态经济的发展一方面为生态省建设带来了经济利益，同时也促进了本区域生态环境的优化，因此生态产业的建设与发展可以起到双赢的效果。

3. 海南生态文化建设

从生态文化的主要内容来看，海南生态文化建设要从四方面着手：（1）建立公民生态意识与生态法制教育体系；（2）开展生态科学知识和生态法律、法规知识普及活动；（3）营造促进生态省建设的社会氛围；（4）建立完善公众参与机制。③ 海南生态文明村建设作为生态文明建设的重要载体要予以特别关注，王家忠认为生态文明村建设在全国取得了很好的示范作用，其改善村容村貌的沼气"三联通"生态环保模式，改善人居工程的庭院生态模式，培养新型农民的科技生态文明村模式，发挥地区优势的特色经济文明村模式等方式手段都应该是继续发扬并要持续创新发展的主要内容，并着重提出海南生态文明村建设要注重科学性与价值性的统一的重要性与必要性。④ 法制建设是生态省建设的法律保障，王政提出了生态省法制建设的原则：（1）统筹兼顾，循序渐进；（2）因地制宜，突出地方特点。⑤ 蔡守秋则提出了生态省法制建设的主要内容：提高对生态省建设及其法制保障的重要性的认识；抓好现有法律法规的执行，加强生态法的实施和法律服务；实行严格、公正的行政执法和司法，切实发挥生态法的法律调整作用和保障作用。⑥ 学者在法律方面的研究大多是从宏观上把握，对于如海南等地方性法规建设的研究缺失，这既有我国法律政策在全国性统一而地方法规建设不健全的根本原因，也一定程度上体现了学术界在我国生态省建设在法律研究还有待于继续深入。

---

① 曹天禄：《论海南旅游业可持续发展的几个问题》，《琼州大学学报》2000年第1期。
② 张建萍：《生态旅游与海南生态旅游开发》，《海南大学学报（社会科学版）》1999年第3期。
③ 海南省林业局：《生态文化促进海南生态省建设》，《中国林业》2007年第10A期。
④ 王家忠：《海南生态文明村建设的理论思考》，《海南师范大学学报》（社会科学版）2007年第4期。
⑤ 王政、马品懿：《论建设生态省的法制保障》，《科技情报开发与经济》2006年第12期。
⑥ 刘新宜：《生态省建设的基本诉求评析》，《环境保护》2001年第8期。

4. 海南生态省建设的问题与对策

海南在生态省建设中取得了很大的成就，但是其制约性因素和在发展中面临的问题也同样存在，学者对这些问题的剖析和解决策略将为海南生态省建设提供参考。

江泽林等通过调研，比较系统地总结了海南生态省建设过程中还存在的一些问题：一是全社会生态环境意识认识与生态省的要求还有差距；二是生态省产业基础比较薄弱；三是推进生态省建设的长效机制有待进一步建立；四是生态省建设的科技支撑能力较弱。[①] 颜家安也总结了海南生态省建设中的问题：一是重大决策的综合评估机制尚未建立；二是重大规划的环境影响评价尚未开展；三是产业规划及相应扶持政策尚不完善；四是生态省建设缺乏相关的理论及科技支撑；五是合理的生态补偿机制体制欠缺；六是生态文化尚未真正深入人心。[②] 这些问题既有生态省建设的普遍性现象，也有海南自己突出显现的制约性问题，另外一些学者从不同学科，以专业性视角对海南生态省建设中存在的问题和解决对策进行深入研究。韩宁从循环经济的金融支持角度进行研究，他认为海南的循环经济发展还面临众多障碍。在金融支持上，由于对循环经济认识不够充分，还没有出现专门的金融政策，因而导致在资金投入、金融生态环境等方面不足，形成金融支持链上的连锁反应。[③] 因此要通过完善政府的服务功能，建立市场化的金融支持机制与金融监管体系，以及建立循环经济的法制基础等一系列措施实现海南循环经济的发展和生态建设。海南人口压力和人才储备是海南生态省建设急需解决的人文问题。刘新宜指出人口因素是生态危机的重要解释因子，可分为数量和质量两大问题，海南生态省建设面临令人担忧的人口形势——数量增幅长期居高不下，质量提高则进展缓慢。这些问题若不能及时解决，生态省建设将难以顺利展开。张三夕认为建设海南生态示范省，精神性要素比生产性要素更为重要。这些精神性要素，即专家系统的作用、全民生态意识的培养及可持续发展的战略眼光，在一定程度上弥补了生产要素的不足，并将对海南生态

---

① 江泽林：《按照科学发展观建设生态海南和谐海南》，《经济管理》2006 年第 11 期。

② 颜家安：《推进生态省建设再释放能量——"科学发展观与生态省建设暨纪念生态省理论提出十周年"回顾与展望》，《今日海南》2008 年第 12 期。

③ 韩宁：《金融支持海南循环经济发展探析》，《特区经济》2010 年第 6 期。

示范省建设的成败起决定性的作用。① 徐丽芬主要探讨了海南人力资源总体不能满足生态省建设，需要作为生态建设主要力量的环保系统人力资源明显不足等问题。② 为了解决海南人才不足问题，海南首先要构建高层次人才竞争机制。其次还要在强化吸引人才软环境上进行全方位建设。针对公民生态意识的薄弱，有学者提出了要在以下方面全面提升生态文化建设：（1）建立公民生态意识与生态法制教育体系；（2）开展生态科学知识和生态法律、法规知识普及活动；（3）营造促进生态省建设的社会氛围；（4）建立完善公众参与机制。③ 吉洪从巴西生态城市建设中得出启示，强调通过强力发展低碳经济把文明生态村和低碳生态城镇建设结合起来。④

　　海南生态省建设在政策法规上问题尤为突出，在与环境保护相关的森林、土地、自然资源等方面，由于部门利益的差异会导致各种各样的政策失灵。如王峰认为在自然资源产权管理与价格定位机制上，资源产权不明晰，"自然资源无价"等都有待于政策调整。⑤ 王家忠研究了在海南生态文明村建设中，城乡发展差别的二元化结构致使生态文明村建设在价值取向和价值导向的建构上与科学性和价值性统一原则严重错位，这一诟病是长期的政策失误造成的。⑥ 黄晓林⑦、郑琰珠⑧等对生态省建设的法律保障进行了研究，在法律法规上主要表现在由于强调法制的统一性，而没有在法制统一的前提下对特殊地区实行特殊的法律规范，导致关于生态省建设的全国性法律法规缺乏实际操作性；在现有的地方立法框架体系下，大都是以部门立法为主，难免带有部门利益倾向；由于区域性地方综合立法的缺失，因地制宜的专项立法也不健全，如清洁生产法规、重点区域整治法规、地方资源保护法规等都有待于建立和完善。因此，针对以上政策法律方面的障碍，在资源产权和价格定制方面提出依照市场经济规律建立起高效利用资源和保护环境的内在

① 张三夕：《论海南生态建设的精神性要素》，《新东方》2000 年第 1 期。
② 徐丽芬：《生态省建设与海南人才竞争机制》，《新东方》2009 年第 8 期。
③ 海南省林业局：《生态文化促进海南生态省建设》，《中国林业》2007 年第 10A 期。
④ 吉洪：《从巴西绿色经济看海南生态省建设》，《今日海南》2010 年第 6 期。
⑤ 王峰：《自然资源产权、价格与环境资源保护》，《华南热带农业大学学报》2000 年第 2 期。
⑥ 王家忠：《海南生态文明村建设的理论思考》，《海南师范大学学报》（社会科学版）2007 年第 4 期。
⑦ 黄晓林：《生态省建设的法制保障》，《理论学刊》2004 年第 4 期。
⑧ 郑琰珠：《区域生态环境建设的理论与实践研究——以福建省为例》，博士学位论文，福建师范大学，2003 年。

机制，加强国有资产产权管理和解决资源价格合理化。在生态文明村建设中要重视弱势群体的利益，实现全面的农村生态文明建设。海南在法律法规建设方面还要进行积极的探索，既要国家也要地方政府，这些具体对策都具有很强的针对性，这也是对海南政府能力建设的考验。

5. 海南生态省建设的未来展望

海南在生态省建设中积累了丰富的经验，也存在很多不足。我国十七大报告首次提出了生态文明建设，2009 年国家正式启动海南国际旅游岛建设，将其纳入国家发展规划中，这些政策方针的提出与实施对于海南生态省建设是很好的发展机遇，也是海南如何在新时期突破生态省建设难题，实现跨越式发展的重大挑战。放眼未来，学者对海南未来的生态建设提出了自己的见解。

王明初认为海南面对经济发展与生态保护的两难选择，应该转变思路，将生态省建设与经济特区相融合，建设有生态特色的经济特区，简称"生态经济特区"。海南在未来的发展中主要关注点应该是进行绿色 GDP 的积累，创建具有人类生存示范区、生态经济示范区和和谐社会示范区特色的生态经济特区。[①] 创建生态经济特区在王明初的多篇论文中都得到论述，如《实现从经济特区到生态经济特区的跨越——对海南生态省建设的思考》、《经济发展与生态保护的两难选择——生态省建设：科学发展观的海南诠释》[②] 等都表达了对未来海南生态省建设应转向生态经济特区建设的新思路。颜家安创新性地提出了要把海南建设成为生态特区。[③] 因为随着社会经济的发展，海南经济特区的政策优势正在弱化。我国正在建设的生态省份已经达到 14个，海南岛作为首个生态省的优势正在下降，政策优惠也在逐渐扩散，海南就处于生态省建设与经济特区发展的尴尬境地。因此，颜家安认为在海南经济特区创新难以进一步突破，环境保护仍需大力加强的情况下，不如索性抛弃经济特区这块"鸡肋"，从按照"以经济建设为中心"建立的生态省转向

---

① 王明初、陈为毅：《实现从经济特区到生态经济特区的跨越——对海南生态省建设的思考》，《当代经济研究》2007 年第 8 期。

② 王明初、陈为毅：《经济发展与生态保护的两难选择——生态省建设：科学发展观的海南诠释》，《当代经济研究》2005 年第 12 期。

③ 颜家安：《海南岛生态环境变迁研究》，科学出版社 2008 年版。

遵循科学发展观理念建立特色的生态特区，将海南省作为示范生态特区在全国及世界范围内推广生态特区是生态省的继承和创新。① 创建海南生态特区，将国家体制授予的特区定位与自身所具有的特别优势创造性地结合起来，真正形成海南自我发展根据的特区优势，有利于减缓本地区发展经济的压力，使其放开手脚更好地保护环境，推动海南真正实现在生态优良的环境中取得经济发展。王明初所提出的生态经济特区是要在更加有利于环境保护的优惠政策下更好地实现海南生态省建设，后者更加强调海南作为我国特殊生态省份的重要性，强调生态保护在海南未来发展中的首要地位，这二者从一定程度上存在着耦合，都体现了海南生态保护前提下的社会发展，只是在字面定义上存在差异。

探讨海南未来发展还必须充分考虑在国际旅游岛规划这一大背景下，国际旅游岛建设是国家在新的发展战略下对海南发展的全面提升，学者就国际旅游岛建设这一背景下对海南未来的生态省建设做了论述。杨英姿认为海南生态文明建设的未来发展，既是以国际旅游岛建设为实践载体，又必须服务于国际旅游岛建设；既要秉承生态文明内涵谋划国际旅游岛建设的方方面面，又要在国际旅游岛建设过程中落实、充实、深化生态文明内涵；既要在国际旅游岛建设中使生态文明产业化，又要使国际旅游岛成为生态文明的具化。一言以蔽之，生态文明是国际旅游岛建设的核心理念和发展方向，国际旅游岛是生态文明建设的实现形式和实践载体，国际旅游岛是生态文明岛。② 作者主要从生态文明与国家旅游岛的关系进行了分析，国际旅游岛是生态文明建设的载体，生态省建设则是实现生态文明的重要步骤，因此国际旅游岛作为区域性的发展规划，因而也是海南生态省建设的实践载体与实现形式。熊安静根据国际旅游岛建设的发展规划提出了海南生态省应该利用新契机，在创建低碳经济试验示范区、建立低碳产业体系方面发挥经济特区的地位和优势，先行先试，努力探索转变经济增长方式、促进绿色协调可持续发展的新路子。③ 王明初从旅游业出发，指出充分利用国际旅游岛规划这一

① 颜家安、颜敏：《从经济特区到生态特区——海南特区发展面临的第二次历史性抉择》，《中国科技论坛》2005 年第 3 期。
② 杨英姿：《生态文明：海南国际旅游岛建设的定向与定位》，《生态经济》2010 年第 5 期。
③ 杨英姿：《生态文明：海南国际旅游岛建设的定向与定位》，《生态经济》2010 年第 5 期。

利好政策，建立符合国际惯例的旅游行政体制、出入境能力体制和交通管理体制，真正实现海南国际旅游岛在实现海南生态文明建设中的作用。①

（三）海南生态省建设的思考

通过对生态省基本概念、理论基础和主要内容以及海南生态省建设的主要内容、存在的问题与对策的研究总结可以看出，我国关于生态省建设研究存在的问题主要表现在以下几方面。

第一，理论创新需要继续深入。从理论基础上来看，生态省建设的理论支撑还是非常薄弱的，虽然大多数学者提出了生态省建设的理论基础是可持续发展理论、生态学和生态经济学，并且取得了一些成效，但是其他如生态伦理学、区域论、系统论、循环经济学等能够真正作为理论指导渗透到生态省建设中的理论很少或者只是泛泛而谈；生态省建设是一项系统工程，其构建包括生态产业、生态文化、生态自然等体系下的多项内容以及生态省建设最终目标达成的具体指标和评价体系，有关学者进行了论述，但是从所查阅参考文献来看，现有研究显然不足以支撑全国性和地方性生态省建设的要求。因此理论创新以及生态省建设的基本问题还需要从总体上把握，从区域性着手。

第二，参与主体研究需要多元化。我国生态省的建设主要是一种政府行为，是一种自上而下的行动，主要是在国家环保部和各试点省份的省级政府的号召之下开展的。从学者所研究的领域来看也大多为政府行为的领域，这也是我国生态省建设实践在学术研究上的反映，但是作为一项关乎人类社会发展方式重大转变的实践活动，脱离了社会其他组织和个人的参与这一重要的基础，生态省建设战略的实施效果就大打折扣。因此怎样调动企业和公众参与生态省建设的积极性，是我国进一步推进生态省建设的关键。特别对于海南生态省建设来看，海南作为一个农村人口占大多数的省份，生态文明村建设又是海南生态省建设目标的重中之重，农民生态素质的提高是关键性因素，因此在生态省建设中企业与公众的角色定位等研究还需要学者的探索。

第三，新背景下海南生态省建设需要新思路。21 世纪是生态文明的世

① 王明初、陈为毅：《建设国际旅游岛，实现海南绿色崛起》，《求是学刊》2009 年第 20 期。

纪。生态省建设是我国在贯彻建设生态文明社会，坚持走可持续发展道路下的创新，没有国外现成的模式和经验可循，只能通过自身的发展过程，参考各试点省份的经验摸索前进。生态省建设是一个理论问题，更是一个实践问题，海南作为特殊的生态省建设省份，既有发展经济的迫切期望，又面临保护特殊而脆弱的生态环境的困境，海南如何在新的发展时期进行制度安排与完善，如何更加详细地制定达到生态省建设目标的各项具体要求还需要更进一步的借鉴与实地研究。尤其是国家给予了海南国际旅游岛建设的优惠政策，在这一发展新时期，在学术界几篇文章中涉及国际旅游岛建设下海南生态省发展方向与定位，但是，学者关于海南生态省建设还没有展开新的研究，将海南生态省建设与国际旅游岛建设联系起来进行研究基本还处于空白，这一状况还需要进行进一步探讨改进。

二、海南的自然生态优势

生态省建设是我国在提出走可持续发展道路后，在省域范围内实行的保护环境与发展经济的区域发展模式。在全国环境问题日益严重的情况下，生态省建设作为区域环境保护的主要载体以及实现可持续发展的推动力量，必须具备一系列基本的生态环境保护的条件，如一定的生态环境承载力，经济发展作为物质基础，科学技术作为推动力量，生态文化作为生态建设的软实力，国家及地方政府的政策扶持与经济支持等等。海南是首个生态示范省和经济特区，从 1999 年生态省建立至今已经 12 年，从海南的现实情况来看，已经初步具备生态资源、生态文化以及相应的战略支持三大优势，并且是海南最独特、最有竞争力的三大优势。

海南生态省建设的自然生态优势主要体现在优越的气候与环境区位、丰富多彩的资源以及良好的环境质量上。

（一）气候与环境区位优势

（1）海南气候优势：由于海南省地处热带和亚热带的特殊位置，典型的海岛热带雨林生态系统使它日照充足，年光照时间达到 1750—2650 小时。海南四面环海，受季风影响，雨水丰沛，为生物生长和人们生活提供了充足的水源。全年气温在 22℃—26° 之间，年均气温 23.8℃，长夏短冬，素有

"天然大温室"的美称。① 地理位置、日照、降水与季风等因素使海南形成气候宜人，夏不酷热，冬不严寒，四季常青的典型气候环境，这为海南生态省建设创造了良好的气候条件。

（2）环境区位优势：海南是一个岛屿型省份，长期的自然演化使整个海岛形成一个相对独立的区域生态系统，大陆的空气污染、气候灾害、疫病等外来危害由于受海南岛的阻隔，在到达海南岛时已经大大减弱甚至对海南没有直接影响，这对海南保持优越的自然生态提供了很好的屏障。从海南自身地理优势来看，海南地域不大，但却有广阔的多样性的生物圈，在绿色植物中，高达60%的森林覆盖率使其具有的调节气候、保湿温度、涵养水源等特殊功能，对防止荒漠化、水源枯竭和物种灭绝等生态危机都能起到关键性作用，即使受到一定的破坏，由于海南高温高湿的气候条件，物质循环快，效率高，因此恢复绿色与再造生态环境也比较容易，对维护生态平衡十分有利；海南四面环海，海洋强大的过滤和净化能力能够稀释大气污染物，受南海大气环流的影响，海风日夜不停地对海岛的空气进行过滤和净化，而一场台风或暴风更是对整个海岛的一次大清理和大洗浴，海南至今仍没有一座生活污水处理厂而依然保持优越的生态环境，在很大程度上就得益于巨大的环境容量。因此，独立的生态系统、生物多样性以及四面环海的独特区位优势都使得海南相对于其他生态省份，在进行生态省建设中能够以较少的成本实现较高的环境效益，也为经济的持续快速增长创造了良好的环境空间。

（二）丰富的资源优势

在中国社科院发布的《中国省域环境竞争力发展报告（2005—2009）》中，海南在水环境竞争力、大气环境竞争力与土地环境竞争力中都位于前列，② 但在经济、技术、文化等综合竞争力方面仍处于全国第三层次，这充分说明海南最大的环境竞争力优势仍是优越的环境资源，获得长期社会发展最大的动力与源泉就是要以环境资源带动全省的经济发展。海南的资源优势主要有绿色的生物资源、广阔的蓝色海洋资源以及作为海南生态建设最为重

---

① 何君陆、林宏平：《人文生态建设是海南生态省建设的关键》，《海南广播电视大学学报》2007年第1期。

② 常红：《全国资源环境竞争力排名：云南西藏四川居前三》，http：//www.chinadaily.com.cn/hq-pl/zggc/2011－03－01/content_ 1901826.html，2011－3－01/2013－10－11。

要的支柱产业——旅游资源。

（1）绿色生物资源优势：海南全省都处在北回归线以南，是我国唯一的热带省份和最大的"热带宝地"，良好的热带环境为海南生物多样性提供了基本条件。[①] 海南作为我国最大的热带作物区，热带经济作物、水果和珍贵木材广泛分布；海南岛的热带生态大农业已经成为第一产业中的支柱产业，这能够从根本上保障农村生态环境的保护与建设。在动物多样性上，据统计资料显示，海南已知的野生植物有 4600 多种，其中 500 余种是海南岛特有的；陆生野生动物中，两栖类有 43 种，占全国总数的 19%；爬行类116 种，占全国总数的 33%；鸟类 420 余种，占全国总数的 30.7%；兽类112 种，占全国总数的 18.6%；列入国家一、二类重点保护的野生动物有105 种。体型巨大的圆鼻巨蜥、终身生活在树上的海南长臂猿、灵巧美丽的海南坡鹿、凶猛的野生蟒蛇等等，更是大自然馈赠给海南岛热带雨林的精灵。[②] 国际生态学家评价海南是世界上为数不多的小区域生物种类最多、最复杂的地区之一，生物多样性在维系自然界物质循环、能量转换、净化环境以及促进生物进化和自然演替等方面发挥着重要的作用。从国土面积、国民生产总值以及社会综合竞争力来看，海南在全国都处于较低水平，但是从生物资源所占比例来看，海南在全国的资源竞争力都处于首位，这对研究生物多样性具有极其重要的生态价值，对于海南生态平衡的维护具有重要意义。

（2）蓝色海洋资源优势：海南陆地面积只有 3.4 万平方公里，不到全国陆地总面积的 0.5%，但海洋面积却是最大的省份，210 万平方公里的海域占全国海域面积的 2/3，并且具有环岛 1580 公里的海岸线。海南是我国唯一拥有海洋管辖权的省份，海南对南海的管辖与开发对于延伸产业发展具有广阔的潜力：开发南海资源可以形成一个关联度极高的海洋产业链，如海洋运输业、海水养殖业、海洋渔业、海盐业、海洋旅游业、海洋油气业等，[③] 尤其是南海具有巨大的油气和植物资源储存，这些战略性资源的开发不仅仅是海南未来发展的物质储备和充足动力，而且因为这些新兴海洋资源的利用效

①　符国基：《生态省是海南可持续发展的战略选择》，《海南大学学报》2003 年第 4 期。

②　《海南雨林生物多样性》，http：//www. chinadaily. com. cn/dfpd/hainan/2011 – 05 – 21/content_2681528_ 3. html，2011 – 05 – 21/2013 – 10 – 11。

③　周文彰：《海南南海资源开发基地》，《经济前沿》2002 年第 1 期。

率高、污染度低等特点，海洋资源的科学开发与利用将大大缓解传统资源对环境的污染。从海洋旅游资源来看，海南蓝色生态资源主要有滨海生态旅游资源和河湖泉瀑等，这在为扩展海南生态旅游提供了广阔的发展空间的同时，也为海南生态建设在空气质量和生态环境质量方面保持全国领先的地位提供了后备保障。因此可以预测，海南的蓝色海洋资源将成为海南生态省建设的巨大优势，也是未来发展中大有作为的领域。

（3）多彩的旅游资源优势：阳光、海水、沙滩、绿洲、空气是海南发展旅游产业的五大自然要素，据统计，生态旅游业占海南国民生产总值的15%以上，已经成为海南生态建设的必要条件。海南除了在气候宜人等方面有着独特的发展优势外，完整多样的天然植被，丰富多彩的地形地貌以及各种地热、温泉和浓郁的民族风情，[①] 这些得天独厚的条件决定了海南具有巨大的发展生态旅游资源的潜力。椰风海韵、沙软潮平、海水清澈、空气清新，为海南建成热带海岛海滨旅游度假胜地提供了有利自然条件；海南具有特色的热带海岛、珊瑚礁海岸和红树林海岸在旅游项目中具有很强的吸引力，珊瑚礁在水下形成了独特的生态群落，有极大的开发潜力；[②] 具有"天然海岸卫士"之称的红树林不仅对沿岸防风护堤有重要作用，而且能够形成独特的海岸生态景观，被誉为"海上森林公园"；全岛独流入海的河溪有150多条，大小湖泊、人工水库星罗棋布，可开发出淡水养殖、游钓业、漂流、探险、观光等一系列旅游项目；海南的大小泉点有几十处，可开发为兼具健身、康疗、运动、娱乐、水上表演等多功能于一体的观光度假项目。民族风俗文化如少数民族的生产习俗、宗教信仰、文化艺术、传统婚俗等具有浓郁的区域特色，尤其是黎族已有多种文化被列入中国非物质文化遗产保护名录，这对海南开发民族旅游具有很大的效用。旅游业是能够最大限度地保持和发挥海南生态环境优势的产业，也是最有可能成为支撑海南可持续发展的主导产业。特别是2009年国际旅游岛建设规划的提出，国家给予海南省的更加开放的出入境、航权政策和更加灵活的旅游及相关产业的开放政策，将为海南发展成与夏威夷、巴厘岛相媲美的国际旅游目的地提供更好的契机。

---

① 符国基：《生态省是海南可持续发展的战略选择》，《海南大学学报》2003 年第 4 期。
② 何君陆、林宏平：《人文生态建设是海南生态省建设的关键》，《海南广播电视大学学报》2007 年第 1 期。

（三）良好的环境质量优势

海南优良的生态环境质量已经得到全世界的公认，中国社会科学研究院发布的《2009 年中国可持续发展战略报告》把海南的环境支持系统排列为全国第一位。《2010 年全国生态环境质量状况》显示，全国 2010 年生态环境质量指数海南位列第三。海南省大部分的城镇环境空气质量达国家一级水平，其他区域空气环境质量都符合国家二级标准，在世界 45 个国家 158 个城市的空气质量统计中，三亚排名第二、海口排名第五，① 海口市连年被评为"全国环境综合整治十佳城市"，三亚市被列为全国生态环境示范区，文昌市被列为全国五十家农业生态县。2010 年，海口、三亚、琼海、五指山、儋州 5 市率先达到文明生态城市的基本要求。最近的几次人口普查结果表明，海南省人口寿命居全国之冠，被美誉为长寿岛。② 海南良好的环境质量在全国是一流的，加上其生态的多样性和独特性，使得海南在生态省建设中，无须太多的投入，只要采取科学的方法对目前良好的生态环境严格地加以保护，其成效便十分显著。

三、海南独特的生态文化优势

一个地区的生态文化是生态保护与建设的软实力，也是关乎生态保护长期发展，实现生态省建设目标的重要支撑力量。生态文化的实质是一个民族在适应、利用和改造环境及其被环境所改造的过程中，在文化与自然互动关系的发展过程中所积累和形成的知识和经验，这些知识和经验就蕴含和表现在这个民族的宇宙观、生产方式、生活方式、社会组织、宗教信仰和风俗习惯等等之中。③ 海南生态文化主要表现在独有的少数民族传统生态文化和在生态省建设过程中逐步形成的现代生态文化，其中现代生态文化包括海南人民在生产生活方式以及相关组织与文化建设规划中所体现的生态保护的意识与行为。

（一）独特的少数民族生态文化

由于海南独特的历史与地理发展背景，海南各族人民在发展过程中形成

---

① 唐少霞等：《立足热带海岛资源特色，打造南国旅游资源品牌》，《经济地理》2004 年第 4 期。
② 马金辉：《对海南引入"长庚养生文化村"的设想》，《农村经济与科技》2007 年第 9 期。
③ 刘建等：《论生态补偿对生态文化建设的促进作用》，《中国软科学》2007 年第 9 期。

了朴素的自然生态观和特定的生态文化内涵。从文化类型学和地域文化的视角对海南文化分类，可分为汉族文化、黎族文化、苗族文化和回族文化等,① 其中最有特色的少数民族文化是在海南具有长期发展历史的黎族和苗族的民族生态文化。民族生态文化是在特有的民族宗教信仰、风俗习惯和生产生活方式等所体现出来的，在本民族的发展历程中都不同程度推动着生态保护。

黎族文化是一种自然形态的民族文化，具有原始淳朴的文化特质。② 黎族是海南岛最早的居民，也是海南目前人口最多的少数民族，在其长达3000年的民族发展中，黎族逐步形成了能够自我调适、适应可持续发展的本民族特有的文化传统，涵盖物质文化、精神文化、行为文化和制度文化的方方面面，与黎族文化有很大相似之处的苗族在海南传统文化中也占据重要的作用。这些少数民族的传统文化具有以下特点：一是关于环境保护的内容丰富，在这些民族的生活中，如饮食、服饰、建筑、宗教、制度、伦理、民俗等方面都有所体现。关于环境保护方面，他们首先倡导的是人与自然的和谐，在宗教信仰中，崇拜自然、祖先和图腾，这是在与自然相处中形成的。在生产生活方式上，他们追求天人合一的理念，人与自然和谐已经深埋他们的骨子里，这是生态文化的基础。这些灿烂多彩的传统民俗文化为海南进行生态省建设提供了难得的民俗文化资源，也对生态建设的观念提升具有很大的促进作用。虽然一些认识是基于生产力不发达所产生的被动适应大自然的结果，但是对于制约人们盲目开采资源、破坏环境的行为等方面仍然发挥着保护环境的作用；二是原生性强，由于海南岛自身独立的生态系统，加上黎族与苗族大多生活在较为偏僻的中西部地区，这种近乎与外界隔绝的发展状态使得自身的文化免受外界冲击并原汁原味地保存下来。③ 黎苗的特有民族文化与生态保护相交融，形成了新型的生态民族文化，对于新时期的生态旅游具有强烈的吸引力，同时对少数民族地区的生态保护起到间接的保护作用。

---

① 周萍：《发展与创新海南区域文化，推动海南国际旅游岛建设》，《新东方》2009 年第 10 期。
② 王海：《碰撞中的交融与传承——试论黎族文化的特点及成因》，《华南师范大学学报》（社会科学版）2005 年第 3 期。
③ 尹正江：《海南中部地区黎苗文化生态乡村旅游开发研究》，《江西农业学报》2009 年第 5 期。

（二）逐步完善的现代生态文化

现代生态文化是伴随工业社会环境问题的出现而形成的。中共十七大报告首次提出了生态文明建设，并正式成为中国特色社会主义理论体系的一部分，而建设生态文化则是社会主义生态文明建设的重要组成部分。中共十六届三中全会又提出了"以人为本，全面协调可持续的科学发展观"，将生态文化理念植根于对环境问题和经济社会可持续发展的关心和追求之中，为加强生态文化建设提供了思想基础和制度保障。这是国家从宏观层面对现代生态文化发展规划，而从海南自身生态文化建设来看，海南根据本地的生态环境特点，结合原有的传统民族生态文化，形成区域性新的现代生态文化。生态文化是反映人与自然、社会与自然、人与社会之间和睦相处、和谐发展的一种社会文化，是吸取各种文化精华的现代化的文化，因而具有更广泛的内涵与外延，内容与思想也更加丰富。海南现代生活中所体现的有关环境保护的生态文化主要有海洋生态文化、丰富的群众文化与生态文艺文化。

海南是一个海洋大省，在发展海洋捕捞和渔业生产中形成了有利于海洋环境保护的海洋生态文化。在渔业捕捞中，临高渔歌，海神崇拜等都对海洋可持续利用与发展产生了积极作用，[1] 这些传统文化不仅拓展了海南自身生态文化的空间，而且这种文化的形成已经上升为人们思想中的固有意识，对于海洋环境保护具有深远的影响。海南具有丰富的群众文化与丰富的生态文艺文化，这是海南发展生态文化的动力源泉。海南居民深受我国传统儒家文化的影响，在认知方式、行为倾向、人格特征乃至心理活动等方面都打上这种传统文化的烙印，平和、仁爱的心态和生活处事之道，是孕育海南生态文化的肥沃土壤，也是海南环境保护之好的社会基础。海南人在饮食居住交通等方面都一定程度体现着与自然和谐相处的原生态，在饮食上，海南人追求绿色、无污染和纯天然的食品，讲究清淡、可口；在房屋居住上，海南居民大多住的是庭院小屋，房前屋后种有瓜果，既美观又环保；在交通工具选择

---

① 陈太宇：《海南国际旅游岛文化建设中存在的问题及对策研究》，《淮海工学院学报》（社会科学版）2011 年第 3 期。

上，大排放、高污染的交通工具比较少见，主要是电动车和摩托车，污染小，[1] 这与其他城市高度的交通拥挤与交通污染形成很大的反差。这种生态的生活方式源自于海南人有着根深蒂固的思想：保护环境比发展经济更为重要。

在现代生态文化的建设方面，海南政府发挥了重要的作用。海南政府在《海南生态省建设纲要》中明确指出"生态文化是生态省建设的重要组成部分"，将生态文化放在政府决策的高度来规划海南的生态文化建设蓝图。为生态省建设提供理论、舆论支持，海南成立了"海南省生态环境教育中心"和"海南省生态文化研究会"等文化组织，组织"建设生态省学术研讨会"、"WTO 与海南生态产业学术研讨会"、"海南生态与文化国际研讨会"等生态文化论坛，加强生态省建设理论和生态文化的探索与研究；为宣传生态文化知识，举办了各种生态理论报告会，组织讲师团下基层，普及生态省建设知识。[2] 组织开展"建设千里生态走廊，让宝岛更加文明志愿者行动"和"关爱我们的家园海南青少年创建生态省行动"，大力营造生态文化和全民参与氛围；[3] 在推进农村生态文明村建设中，建好乡镇科技文化阵地，健全科技网络，设立农业 110 服务中心，为新农村科技文化活动提供良好条件。同时依托农村文化站（室），开展生态科普讲座、展览和生态文化展评展演等活动，并组织开展"海南十大名镇、百座名村"评选活动，倡导农民建设文明生态家园，推动生态文明建设。[4] 这些具体举措对海南生态文化的形成与完善发挥了重要作用。

四、海南生态省建设的战略优势

（一）海南生态省建设的战略与规划体制保障

生态省建设是一项涵盖生态、经济与社会等领域复合系统的区域可持续

---

[1]　夏宁、夏锋：《低碳经济与绿色发展战略——对在海南率先建立全国第一个环保特区的思考》，《中国软科学》2009 年第 10 期。

[2]　张力军：《大力发展循环经济，扎实推进生态省建设》，《环境保护》2005 年第 10 期。

[3]　《建设生态省与生态保护和建设》，http：//www.hainan.gov.cn/data/news/2006/02/7521，2006 - 03 - 16/2013 - 10 - 11。

[4]　宣文：《海南省着力建设生态文明，增强全面协调可持续发展能力》，《海南日报》2009 年 1 月 4 日。

发展的示范建设，这是关乎海南未来社会经济发展的重要发展战略，必须在政策上具有一定的支持与保障。国家对海南省政府所赋予的地方立法权，使其具备在环境保护方面实行先行先试的条件，保证了海南省政府在制定地方法规政策上的积极主动性，也促进了海南政府根据本省特殊情况制定特殊的法规政策的需求。在海南政府的政策、法规与生态实践方面，海南省政府在将海南建设成为生态示范省的战略规划中发挥了关键性作用，主要表现在为推动生态省建设所作的努力上。

1. 海南社会发展模式的意识转变

海南在建省办经济特区以来有过艰辛曲折的历程，在建省初期由于急于社会进步和发展经济，海南选择了大力发展以外贸、房地产为龙头的发展之路的产业政策，急于求成的政策偏差导致海南房地产泡沫和地方性金融危机，使海南经济增长速度连续三年居于全国末位，而与此同时以资源环境为依托的热带高效农业、旅游业和资源工业却悄然成长起来，海南惨痛的发展经验使其重新思考发展思路，开始寻找立足本身优势，适应本省特点的发展道路。1996年初，省委、省政府出台发展建设新兴工业省、热带高效农业基地和度假休闲旅游胜地的"一省两地"战略，海南产业发展的立足点发生了根本性变化。1999年，省人大常委会通过《海南生态省建设规划纲要》，并经国家批准成为全国第一个生态示范省份，生态省建设自此成为海南经济社会发展的基本战略，海南在发展观念上实现了从传统发展模式到可持续发展模式的转变，并随着生态省建设的发展不断深化。进入新世纪后，海南开始了在科学发展观指导下寻求新的发展模式的探索，在我国十七大将生态文明纳入社会主义理论体系后，海南又进一步将生态省提升为"生态立省"，这是海南在探索符合自身发展特点道路的实践中凝练和概括出来的核心战略思想，是适应科学发展观、顺应时代发展潮流的先进理念。2008年海南又提出了将海南建设成为国际旅游岛的规划，并于2009年将其上升为国家发展战略规划，这是海南生态省建设在新阶段的进一步升华，是对我国构建和谐社会和建设生态文明的重要推动力量，也是实现海南经济发展方式转变和和谐社会发展的战略性选择。

2. 海南政府推动生态省建设形成的政策体系

海南生态省的发展历程还可以通过海南省政府在为推动生态省建设，从发展战略高度上对生态省建设的重视程度看出。1999 年，海南省人大二次会议通过《关于建设生态省的决定》，并经国家环保总局正式批准为我国第一个生态省，随后海南省人大批准并通过了《海南生态省建设规划纲要》，赋予了建设生态省的法律地位，也成为全国率先对生态建设立法的省份，这既是对海南跨世纪可持续发展战略的充实和完善，也是海南成为经济特区以来不懈探索的必然选择。2005 年，海南人大会议通过《海南生态省建设规划纲要的决定》，目标是把海南建设成为"具有良好热带生态系统、发达的生态经济体系、人与自然和谐共处的生态文化氛围、一流生活环境和生活质量的符合可持续发展要求的省份"。随后，《海南省国民经济和社会发展第十一个五年规划纲要》提出，"要进一步提高生态省建设水平，大力发展循环经济，努力打造最宜人居的环境特色，逐步把海南建设成气候宜人、环境优美、交通便捷、生活舒适的宜居地区，成为全国人民心目中理想的'第二居住地'"。2007 年，海南省第五次党代会明确提出"坚持生态立省、开放强省、产业富省、实干兴省"的方针，把生态省建设提高到"生态立省"的高度，并放到了经济社会发展战略的首位。2009 年，海南省政府又提出了建设国际旅游岛的发展规划并上升为国家发展战略的高度，获得了一系列的国家优惠政策。

在具体政策规则制定上，海南人大与政府在生态省建设纲要的总体要求下，先后制定或修订了 50 多项与生态省建设有关的地方法规。为促进生态省建设，加强全省自然保护区体系建设，制定《海南省自然保护区发展规划》，通过清理整顿和新建扩建，形成 60 多个规范完善的由陆地和海洋自然保护区组成的全省自然保护区体系；为了更好地发挥本省旅游资源优势，海南人大作出《关于加强重点景区、沿海重点区域规划管理的决定》，从限定新建建筑物范围、降低建筑容积率和密度、严格限制开挖山体、填海活动以及实行环境影响评价等方面，规范开发建设行为，强化了规划管理，务求开发建设与生态环境保护相协调。为促进热带高效农业的发展，则作出了《海南经济特区农药管理若干规定》，针对农药经营市场中存在的经营秩序混乱等急需规范的问题，设立了农药经营的行政许可制度，从生产、销售等环节强化对农产品农药残留量的检测，[①] 保证了农产品的食用安全。为发挥好海南省海洋产业的独特优势，充分利用中央赋予海南省独有的海域行政管辖权制定了《海南省实施〈中华人民共和国海域使用管理法〉办法》，从海域使用的统一管理、海域的开发和利用、海域功能区划的设定、近海污染的防治等方面，规范了海南省海域的综合管理和利用，[②] 促进了海南省海洋产业的快速、健康发展。在海南生态省建设的12年时间内，已经初步形成了生态省建设的法规体系，确保了生态省建设规范有序、健康发展。

（二）国家对海南生态省建设的战略支持

1. 国家生态文明理念的完善与推动作用

海南生态省建设的提出与发展是在我国关于环境保护与发展的观念转变中逐步形成的，1995年，我国率先制定了实施可持续发展战略的国家21世纪议程，海南根据我国可持续发展理念提出了建立首个生态示范省份；进入21世纪，随着党在十六大确定的"走生产发展、生活富裕和生态良好的文明发展道路，全面建设小康社会"的奋斗目标。中共十七大将生态文明建设纳入我国特色社会主义理论体系中，十六届三中全会明确提出了"以人为本，全面、协调、可持续的科学发展观"，这些为生态省建设明确了指导思想和奋斗目标。通过我国生态文明建设的不断完善，海南生态省建设的理论支撑与实践活动也在与时俱进，海南人大会议先后通过了《海南生态省建设规划纲要的决定》，《海南省国民经济和社会发展第十一个五年规划纲要》，并于2007年明确提出"坚持生态立省、开放强省、产业富省、实干兴省"的方针，把生态省建设提高到"生态立省"的高度。2009年，海南省政府又提出了建设国际旅游岛的发展规划上升为国家发展战略的高度，获得了一系列的国家优惠政策。海南生态省建设的理念形成是与国家发展战略相一致的，随着国家战略的指导与生态实践的经验总结，海南最终形成了较为完善的生态理论体系。

2. 海南国际旅游岛上升为国家发展战略后的生态建设前景

2009年12月31日，国家在全面分析解决影响海南省发展的深层次问题

---

① 秦醒民：《努力用好"两个立法权" 为构建和谐海南提供法制保障》，《海南人大》2006年第12期。

② 秦醒民：《努力用好"两个立法权" 为构建和谐海南提供法制保障》，《海南人大》2006年第12期。

的基础上，对海南省的区位发展优势和未来发展战略转型作出了科学判断，审议通过了《国务院关于推进海南国际旅游岛建设发展的若干意见》，国际旅游岛建设上升为国家战略，海南省也因此迎来了继建省办经济特区之后的又一次重大历史发展机遇。《国务院关于推进海南国际旅游岛建设发展的若干意见》将海南国际旅游岛的战略定位为我国"旅游业改革创新的试验区、全国生态文明建设示范区、世界一流的海岛休闲度假旅游目的地、南海资源开发与服务基地和国家热带现代农业基地"，从国家对国际旅游岛的战略定位上来看，国际旅游岛无不与生态省建设有着内在的紧密联系。

建设全国生态文明建设示范区是要坚持"生态立省、环境优先，在保护中发展，在发展中保护，推进资源节约型和环境友好型社会建设，探索人与自然和谐相处的文明发展之路，使海南成为全国人民的四季花园"，国际旅游岛建设必须依托海南优越的自然生态环境，以生态文明为指向，以节约能源资源、保护生态环境、清洁循环生产、绿色环保消费、人居环境优美、人与自然和谐共生为文化内涵，使生态文化成为国际旅游岛建设的内在支撑与特色标志，并要积极宣传生态文明理念使之成为全社会共识，从而为国际旅游岛建设的生态方向打下坚实的社会基础。国际旅游岛建设需要在体制上加以创新，在生态文明建设的背景下，体制创新就是要秉承生态文明内涵，体现生态文明理念，建立符合生态文明发展方向和适应国际旅游岛科学发展需要的创新体制机制，通过体制创新，做到集约高效地开发使用自然资源，合理节约地配置社会资源，积极有效地保护自然生态环境。

未来海南生态省建设的发展方向也必须既要以国际旅游岛为实践载体，同时必须服务于国际旅游岛建设。国际旅游岛发展的龙头产业为旅游业，作为无烟工业的旅游业，在第三产业占据绝对主导地位的海南省具有巨大的发展潜力，与旅游相关的现代服务业将随旅游业的发展不断兴起与壮大，进而推动全省经济社会的全面进步，这与国家建设国际旅游岛，转变海南经济发展方式与产业结构的目标是一致的；同时发展以旅游业为先导的第三产业也是充分利用海南自然环境、区位优势，符合海南长期可持续发展的必然选择。因此，生态文明建设是海南国际旅游岛建设必须秉承的核心理念与发展方向，国际旅游岛是生态文明建设的实现形式和实践载体，二者是内在统一的。

五、结论

归结海南生态省建设的优势之处可以看出，海南自然生态环境的优越性为生态省建设提供了前提条件，海南独有的生态优势能够保证生态建设在较为优越的基础上，以相对于其他地区较低的环境成本便可实现较好的生态收益，这对加快生态省建设是最基本的前提。生态文化作为生态省建设的软实力，具有潜在的作用，生态文化在改变人们向着有利于环境友好的行为方式方面起着潜移默化的作用，对于生态环境破坏与污染则具有一定的约束与限制作用，因此要不断深化对生态文化的建设，为海南生态省建设创造深厚的文化底蕴。海南独特的文化优势还在于具有丰富的少数民族传统文化，传统文化在本民族内部发展的广泛性与长期性决定了必须在生态省建设中进行保护，并不断扬长避短，引导传统文化朝着有利于生态保护的方面发展。作为我国首个经济特区和生态示范省份，海南获得了巨大的国家战略支持，政策优惠不仅仅关乎海南的生态建设，而且对海南的经济、社会发展都具有持久性的动力，最大限度地利用政策优惠，在生态保护和社会发展中认真贯彻执行国家战略规划是海南省未来发展的必要途径。无可置否，海南在经济发展水平、人才与科技力量等社会综合竞争力上仍处于全国落后水平，这也是海南在未来发展中必须加快建设的方向与目标，但是生态省建设不单纯是传统意义上的环境保护与生态建设，而是涵盖了社会经济发展的各个方面，是一项具有长期性、综合性、复杂性的系统工程，加快推进生态省建设也就是在战略高度上实现海南省的可持续发展。海南未来的生态省建设必须借助丰富的生态资源、传统生态文化和国家战略支持三大优势，最大限度地发挥其特殊作用，最终实现海南经济效益、社会效益和环境效益的统一。

后　记

　　本书是集体撰写的成果，写作时间、风格和学术思路不尽一致，不足之处，敬请各界专家批评指正，我们会在今后学习、研究过程中进一步加强调查研究、深入学习基本理论，作出更好的研究成果来。本书在编写过程中参考了各界专家学者的研究成果，特此致谢。本书写作分工如下：第一章（杨洋、何春阳、赵媛媛、李通、乔云伟）、第二章（杨洋、何春阳、刘志锋）、第三章（杨洋、何春阳、李晓兵）、第四至九章（马学广）、第十章（马学广、李贵才）、第十一章（王书明、宗鹏飞）、第十二章（王书明、梁芳）、第十三章（王书明、周艳、李岩）、第十四章（王书明、崔璐）、第十五章（王书明、高琳）、第十六章（王书明、高琳）、第十七章（王书明、宗鹏飞）、第十八章（王书明、许真）、第十九章（王书明、蔡萌萌）、第二十章（王书明、金娟）、第二十一章（金娟、王书明）、第二十二章（王书明、高晓红）。王书明负责统稿修改。我们在实地调研过程中先后得到了有关部门和领导的关怀和支持，张晓宇、张曦兮、李鑫、张志华等研究生帮助修改脚注、参考文献、编写目录等，在此一并致谢。

王书明

2013 年 10 月 30 日

于中国海洋大学崂山校区